U0182147

大学计算机基础

主　编　周　兵
副主编　朱圣烽　杨　庆　孙慧君　贺子彧

科学出版社

北京

内 容 简 介

本书根据教育部高等学校大学计算机课程教学指导委员会提出的"大学计算机基础"课程教学目标要求和全国计算机等级考试大纲编写而成，主要内容包括：计算机基础知识、操作系统基础、Word 文字处理软件、Excel 电子表格软件、PowerPoint 演示文稿软件、计算机网络基础、程序设计基础等 7 个部分。

本书内容丰富、层次清晰、图文并茂、通俗易懂，不仅包括当代大学生必须掌握的计算机基础知识和基本技能，还包括网络文化安全知识。本书在注重基础知识、基本原理和基本方法的同时，采用案例教学的方式培养学生的计算机应用能力，突出理论与实践的紧密结合。

本书可作为大学非计算机专业"大学计算机基础"课程的教学用书，也可作为计算机培训用书。

图书在版编目（CIP）数据

大学计算机基础/周兵主编. —北京：科学出版社，2021.7
ISBN 978-7-03-068875-0

Ⅰ.①大… Ⅱ.①周… Ⅲ.①电子计算机-高等学校-教材 Ⅳ.①TP3

中国版本图书馆 CIP 数据核字（2021）第 100492 号

责任编辑：戴 薇 宫晓梅 / 责任校对：王 颖
责任印制：吕春珉 / 封面设计：东方人华平面设计部

科学出版社 出版
北京东黄城根北街 16 号
邮政编码：100717
http://www.sciencep.com

铭浩彩色印装有限公司 印刷
科学出版社发行 各地新华书店经销
＊

2021 年 7 月第 一 版 开本：787×1092 1/16
2021 年 7 月第一次印刷 印张：22 3/4
字数：537 000
定价：59.00 元
（如有印装质量问题，我社负责调换〈铭浩〉）
销售部电话 010-62136230 编辑部电话 010-62135319-2030

前　言

随着计算机科学和信息技术的飞速发展及计算机的普及，国内高校的计算机基础教育已踏上了新的台阶，步入了一个新的发展阶段。各专业对学生的计算机应用能力提出了更高的要求。为了适应这种新发展，许多学校修订了计算机基础课程的教学大纲，课程内容不断推陈出新。编者根据教育部高等学校计算机基础课程教学指导分委员会提出的《关于进一步加强高等学校计算机基础教学的意见暨计算机基础课程教学基本要求（试行）》，结合《中国高等院校计算机基础教育课程体系》报告，编写了本书。

全书共分 7 章，主要内容包括：第 1 章计算机基础知识，介绍计算机的基础知识和基本概念、计算机的组成和工作原理、数据在计算机中的表示形式和网络文化安全等；第 2 章操作系统基础，介绍操作系统基础知识、Windows 10 操作系统的基本操作、软件与硬件管理、文件管理、系统管理与维护等；第 3 章 Word 文字处理软件，介绍文字处理中的文档排版技术，及表格、图形、图像、数学公式、邮件合并、SmartArt 图等技术等；第 4 章 Excel 电子表格软件，介绍工作表的创建、编辑、格式化，公式和函数的使用、数据的图表化及数据的管理和分析等；第 5 章 PowerPoint 演示文稿软件，介绍演示文稿的创建、编辑、排版、主题设置、样式设置与管理、动画设置、母版设计、交互设计等；第 6 章计算机网络基础，介绍网络的基本概念、局域网、Internet 技术、信息检索等；第 7 章程序设计基础，介绍算法的基本概念、常见的数据结构及 Python 程序设计等。

本书第 1 章由孙慧君编写，第 2 章由朱圣烽编写，第 3 章～第 5 章由周兵编写，第 6 章由贺子彧编写，第 7 章由杨庆编写。编者在编写本书的过程中，得到了汉江师范学院数学与计算机科学学院领导和教师的大力支持，在此一并表示感谢！

由于编者水平有限，疏漏与不妥之处在所难免，恳请读者批评指正，并多提宝贵意见，以便修订。

目　　录

第 1 章　计算机基础知识

1.1　计算机的发展

在人类历史发展的长河中,人们发明了各种各样既省时又省力的工具以辅助自身来处理多种事物,如发明了算盘用于帮助计算,发明了打字机用于帮助书写等。其中,计算工具的发展经历了由简单到复杂、从低级到高级的历程,如从绳结、算筹,到算盘、加法器、分析机,再到机械计算机等,直到 20 世纪 40 年代才发明了能够综合处理各种事务的电子计算机。

1.1.1　计算机的诞生和发展

1. 电子计算机的诞生

1946 年 2 月 14 日,出于美国军方对弹道研究的计算需要,世界上第一台通用计算机 ENIAC（electronic numerical integrator and computer,电子数字积分计算机）在美国宾夕法尼亚大学诞生,如图 1-1 所示。

图 1-1　世界上第一台通用计算机 ENIAC

ENIAC 使用了 18000 个电子管,占地面积约 $170m^2$,重约 30t,耗电功率约 150kW,每秒可进行 5000 次加法运算或 400 次乘法运算。第一台通用计算机诞生的目的是军事方面的应用,但它也和其他军工产品一样,随着技术的成熟逐渐走向民用。虽然 ENIAC 与当今计算机相比是落后的,但是它标志着人类开始步入以电子科技为主导的新纪元。

2. 计算机的发展历程

计算机从诞生至今，只有半个多世纪，然而它发展之迅速、普及之广泛、对整个社会和科学技术影响之深远，远非其他任何学科所能比拟。在推动计算机发展的众多因素中，电子元器件的发展起着决定性作用。此外，计算机系统结构和计算机软件技术的发展也起了重要作用。随着数字科技的革新，计算机差不多每 10 年就更新换代一次。根据计算机所采用的基本电子元器件和使用的软件情况，可将其发展分成 4 个阶段，习惯上称为四代，如表 1-1 所示。

表 1-1　计算机的发展历程

发展阶段	电子元器件	主存	处理方式	运算速度/(次/秒)	主要应用
第一代 （1946～1958 年）	电子管	磁心、磁鼓存储器	机器语言 汇编语言	几千～几万	科学计算和军事计算
第二代 （1959～1964 年）	晶体管	磁心、磁鼓存储器	监控程序 作业批量连续处理 高级语言编译	几十万	数据处理领域
第三代 （1965～1970 年）	中小规模集成电路	磁心、磁鼓、半导体存储器	操作系统 多道程序 实施系统 会话式高级语言	几十万～几百万	科学计算、数据处理、工业控制等
第四代 （1971 年至今）	大规模和超大规模集成电路	半导体存储器	实时、分时处理 网络操作系统 数据库系统	几百万～上亿	深入各行各业，家庭和个人开始使用计算机

（1）第一代计算机——电子管计算机

1946 年到 20 世纪 50 年代末期是计算机发展的第一代。其特征是采用电子管作为计算机的基本电子元器件，内存采用水银延迟线，外存有纸带、卡片、磁带和磁鼓等。

第一代计算机已经采用了二进制数，用电位"高"和"低"、电子元器件的"导通"和"截止"来表示"1"和"0"。此时的计算机还没有系统软件，科学家们只能用机器语言或汇编语言编程。由于受到研制水平及制造工艺的限制，第一代计算机造价高昂，主要用于军事和科学研究工作。除 ENIAC 外，第一代著名的计算机还有 EDVAC、EDSAC、UNIVAC 等。

（2）第二代计算机——晶体管计算机

从 20 世纪 50 年代末期到 60 年代中期是计算机发展的第二代。1947 年，美国物理学家巴丁、布拉顿和肖克莱合作发明了晶体管装置，并于 1956 年获诺贝尔物理学奖。晶体管比电子管功耗少、体积小、重量轻、工作电压低且工作可靠性好。这一发明引发了电子技术的根本性变革，对科学技术的发展具有划时代意义，给人类社会带来了不可估量的影响。1954 年，贝尔实验室制成了第一台晶体管计算机 TRADIC，使计算机体积大大缩小。1958 年，美国研制成功了全部使用晶体管的计算机，从而诞生了第二代计算机。

第二代计算机的运行速度比第一代计算机的运行速度提高了近百倍。其基本特征是用晶体管代替了电子管，内存普遍采用磁心，每个磁心可存储 1 位二进制数；外存采用磁盘。第二代计算机的运算速度提高到了每秒几十万次，内存容量扩大到几十万字节，价格大幅度下降。

在软件方面也有了较大发展，面对硬件的监控程序已经投入实际运行并逐步发展成为操作系统。人们已经开始使用 FORTRAN、ALGOL60、COBOL 等高级语言编写程序，这使计算机的使用率大大提高。自此之后，计算机的应用从数值计算扩大到数据处理、事务处理、工业过程控制等领域，并开始进入商业市场。其代表机型有 IBM 7090、UNIVAC Ⅱ、TRADIC 等。

（3）第三代计算机——中小规模集成电路计算机

从 20 世纪 60 年代中期到 70 年代初期是计算机发展的第三代。20 世纪 60 年代初期，美国的基尔比和诺伊斯发明了集成电路（integrated circuit，IC）。集成电路工艺可以在几平方毫米的单晶硅片上集成由十几甚至上百个电子元器件组成的逻辑电路。其基本特征是逻辑元器件采用小规模集成电路（small scale integrated circuit，SSI）和中规模集成电路（medium scale integrated circuit，MSI）。此后，集成电路的集成度以每 3～4 年提高一个数量级的速度增长。第三代计算机的运算速度可达每秒几十万次到几百万次。随着存储器的进一步发展，第三代计算机的体积越来越小，价格越来越低，软件也越来越完善。

这一时期，计算机同时向标准化、多样化、通用化、机种系列化发展。系统软件发展到了分时操作系统，它可以使多个用户共享一台计算机的资源。在程序设计语言方面则出现了以 Pascal 语言为代表的结构化程序设计语言，还有会话式的高级语言，如 Basic 语言，计算机开始广泛应用于各个领域。其代表机型有 IBM 360 系列、Honeywell 6000 系列、富士通 F230 系列等。

（4）第四代计算机——大规模和超大规模集成电路计算机

从 20 世纪 70 年代初期至今是计算机发展的第四代。第四代计算机的基本元器件采用大规模集成电路（large scale integrated circuit，LSI）和超大规模集成电路（very large scale integrated circuit，VLSI），在硅半导体上集成大量的电子元器件，并且使用集成度很高的半导体存储器替代磁心存储器，基本运算的运算速度可达每秒几百万次至上亿次。这使计算机的体积、重量、成本大幅度降低。

操作系统随着计算机软件的进一步发展不断完善，应用软件的开发已逐步成为一个现代产业。计算机的应用已渗透到社会生活的各个领域。

特别值得一提的是，这一时期出现了微型计算机。微型计算机的问世真正使人类认识了计算机并能广泛使用计算机。1971 年 11 月，美国 Intel 公司把运算器和控制器集成在一起，成功地用一块芯片实现了中央处理器（central processing unit，CPU）的功能，制成了世界上第一片微处理器 Intel 4004，并以它为核心组成微型计算机 MCS-4。随后，许多公司（如 Motorola 公司、Zilog 公司等）争相研制微处理器，制成微型计算机。微型计算机以其功能强、体积小、灵活性大、价格低廉等优势，显示出了强大的生命力。短短几十年时间，微处理器和微型计算机已经经历了数代变迁，其日新月异的发展速度是其他任何技术所不能比拟的。

计算机从第一代到第四代，其体系结构是相同的，即由运算器、控制器、存储器、输入设备、输出设备组成，称为冯·诺依曼体系结构。

3. 我国计算机工业的发展

中国电子计算机的科研、生产和应用是从 20 世纪 50 年代中后期开始的。1956 年，在周总理亲自主持制定的《十二年科学技术发展规划》中，就把计算机列为发展科学技术的重点之一，并筹建了中国第一个计算技术研究所，自此中国的计算机事业开始了自己的征程。

20 世纪 60 年代中期，我国决定放弃单纯追求提高运算速度的技术政策，确定了发展系列机的方针，提出联合研制小、中、大 3 个系列计算机的任务，以中小型机为主，着力普及和运用。从此，中国计算机工业开始有了政策性指导，重点研究开发国际先进机型的兼容机、研制汉字信息处理系统和发展微型计算机。

20 世纪 70 年代末，我国又陆续研制出 256 位和 1024 位 ECL（emitter-coupled logic，射极耦合逻辑）高速随机存储器（random access memory，RAM），后者达到国际同期的先进水平。

20 世纪 80 年代，国际计算机行业出现了新的变化，美国 IBM 公司于 1981 年推出了个人计算机（personal computer，PC），从此计算机开始进入家庭。PC 的出现得益于 CPU 的价格不断下降和速度不断提高。我国及时了解到这一发展趋势，在 1983 年 2 月召开的全国计算机协调工作会议上，把生产 IBM PC 兼容机定为发展方向，当时没有任何设计图纸可供参考，完全靠我们自己进行摸索。1983 年，银河-Ⅰ号巨型计算机研制成功，运算速度达每秒 1 亿次，这是我国高速计算机研制的一个重要里程碑；1985 年，电子工业部计算机管理局成功研制与 IBM PC 机兼容的长城 0520CH 微型计算机；1987 年和 1988 年，国产的 286 微型计算机——长城 286 和国产 386 微型计算机——长城 386 被推出。

1992 年，国防科技大学研究出银河-Ⅱ号通用并行巨型机，峰值速度达每秒 4 亿次浮点运算（相当于每秒 10 亿次基本运算操作），为共享主存的四处理机向量机，其 CPU 是采用中小规模集成电路自行设计的，总体上达到 80 年代中后期国际先进水平。

1997 年，国防科技大学研制成功银河-Ⅲ号百亿次并行巨型计算机系统，采用可扩展分布共享存储并行处理体系结构，由 130 多个处理节点组成，峰值速度为每秒 130 亿次浮点运算，系统综合技术达到 90 年代中期国际先进水平。

2000 年，我国自行研制成功的高性能计算机"神威Ⅰ"，其主要技术参数和性能指标达到国际先进水平。我国成为继美国、日本之后世界上第三个具备自主研制高性能计算机能力的国家。

2002 年，曙光公司推出完全自主知识产权的龙腾服务器，龙腾服务器采用了"龙芯-1" CPU，采用了曙光公司和中国科学院计算技术研究所联合研发的服务器专用主板，采用曙光 Linux 操作系统。该服务器是国内第一台完全实现自有产权的产品，在国防、安全等部门发挥重大作用。

2003 年，百万亿次数据处理超级服务器曙光 4000L 通过国家验收，再一次刷新国产超级服务器的历史纪录，使国产高性能计算机产业再上新台阶。

2008 年，联想集团的深腾系列运算速度达每秒 106.5 万亿次，目前的"神威-Ⅱ"的运算速度达每秒 300 万亿次。

2009 年，我国第一台国产千万亿次"天河一号"超级计算机问世，如图 1-2 所示。它使中国成为继美国之后世界第二个研制千万亿次超级计算机的国家。"天河一号"在 2010 年 11 月的"世界超级计算机 500 强"排行榜中位列第一，它的研制成功，标志着中国超级计算机研制能力实现了从百万亿次到千万亿次的重大跨越。

图 1-2 "天河一号"超级计算机

2015 年 11 月，"天河"家族的新贵"天河二号"连续 6 次问鼎世界运算速度最快的超级计算宝座。

2016 年 6 月，由国家并行计算机工程技术研究中心研制的"神威·太湖之光"（图 1-3），取代"天河二号"登上榜首，不仅速度比第二名的"天河二号"快出近 2 倍，其效率也提高了 3 倍。同年 11 月，我国研究人员依托"神威·太湖之光"超级计算机的应用成果首次荣获"戈登·贝尔奖"，实现了我国高性能计算应用成果在该奖项上零的突破。

图 1-3 "神威·太湖之光"超级计算机

2017 年 11 月，"神威·太湖之光"以每秒 9.3 亿亿次的浮点运算速度第四次夺冠。作为算盘这一古老计算器的发明者，中国拥有了历史上计算速度最快的工具，目前中国超级计算机上榜总数量也超过美国，名列第一。

2018 年 11 月 12 日，第一期全球超级计算机 500 强榜单在美国达拉斯发布，中国超级计算机"神威·太湖之光"位列第三名。

2020 年 6 月，全球超级计算机 500 强榜单公布，"神威·太湖之光"排名第四。

1.1.2　计算机的分类

随着计算机技术的发展和应用的推动，尤其是微处理器的发展，计算机的类型越来越多样化。

根据用途及其使用的范围，计算机可以分为专用计算机（简称专用机）和通用计算机（简称通用机）。专用机大多是针对某种特殊要求和应用而设计的计算机，有专用的硬件和软件，扩展性不强，一般功能比较单一，难以升级，也不能当作通用机使用。通用机则是为了满足大多数应用场合而设计的计算机，可灵活应用于多个领域，通用性强。为照顾多个应用领域，通用机的系统一般比较复杂，功能全面，支持它的软件也五花八门，应有尽有。通用机可以应用于各个场合，只需配置相应的软件即可。与专用机相比，通用机的应用非常广泛，是生产量最多的机型。

按信息处理方式，计算机可分为模拟计算机和数字计算机两大类。模拟计算机的主要特点是，参与运算的数值由不间断的连续量表示，其运算过程是连续的。模拟计算机由于受元器件质量的影响，其计算精度较低，应用范围较窄，目前已很少生产。数字计算机的主要特点是，参与运算的数值用断续的数字量表示，其运算过程按数字位进行计算。数字计算机由于具有逻辑判断等功能，以近似人类大脑的"思维"方式工作，因此又被称为"电脑"。

按物理结构，计算机可分为单片机（IC 卡，由一片集成电路制成，其体积小、质量轻、结构简单）、单板机（IC 卡机、公用电话计费器等）和芯片机（手机、掌上电脑等）。

从计算机的运算速度等性能指标来看，计算机主要有高性能计算机、微型计算机、工作站、服务器、嵌入式计算机等。这种分类标准不是固定不变的，只能针对某一个时期。

1. 高性能计算机

高性能计算机是指目前速度最快、处理能力最强的计算机，在过去被称为巨型计算机或大型计算机。它是当代运算速度最快、存储量最大、通道速度最快、处理能力最强、工艺技术性能最先进的通用超级计算机。高性能计算机代表了一个国家的科学技术发展水平，世界上只有少数几个国家能生产高性能计算机。

中国的巨型计算机之父是 2004 年国家最高科学技术奖获得者金怡濂院士。他在 20 世纪 90 年代初提出了一个我国超大规模巨型计算机研制的全新的跨越式方案。这一方案把巨型计算机的峰值运算速度从每秒 10 亿次提升到每秒 3000 亿次以上，跨越了两个数量级，闯出了一条中国巨型计算机赶超世界先进水平的发展道路。金怡濂院士是我国"神威"超级计算机的总设计师。

高性能计算机的数量不多，但有着重要和特殊的用途。在军事上，其可用于战略防御系统、大型预警系统、航天测控系统等。在民用方面，其可用于大区域中长期天气预报、大面积物探信息处理系统、大型科学主板和模拟系统等。

2. 微型计算机

微型计算机（简称微机）是一种面向个人的计算机。其体积小、功耗低、功能强、可靠性高、结构灵活，对使用环境要求低，一般家庭和个人都能买得起，因而得到了迅速的普及和广泛的应用。微机的普及程度代表了一个国家的计算机应用水平。微机技术发展迅速，平均每 2～3 个月就有新产品出现，每 1～2 年产品就更新换代一次，每 3～4 年芯片的集成度、性能便可提高一个数量级。

微机的问世和发展，使计算机真正走出了科学的殿堂，进入人类社会生产和生活的各个方面。计算机从过去只限于少数专业人员使用到普及广大民众，成为人们工作和生活中不可缺少的工具，从而将人类社会推向了信息时代。

微机的种类很多，主要分为 3 类：台式计算机、笔记本计算机和掌上电脑。

3. 工作站

工作站是一种介于微机和小型机之间的高档微机系统。其运算速度比微机快，且有较强的联网功能。工作站通常配有高分辨率的大屏幕显示器和大容量的内存、外存，具有较强的数据处理能力与高性能的图像处理功能。

工作站一般有较特殊的用途，如图像处理、计算机辅助设计等。需要注意的是，它与网络系统中的"工作站"虽然名称相同，但含义不同。网络上的"工作站"常常泛指联网用户的节点，以区别于网络服务器。

4. 服务器

服务器是一种在网络环境中为多个用户提供服务的计算机系统。从硬件上来说，一台普通的微机也可以充当服务器，关键是它要安装网络操作系统、网络协议和各种服务软件，具有大容量的存储设备和丰富的外设，要求有较快的运行速度。服务器的管理和服务有文件、数据库、图形、图像，以及打印、通信、安全、保密和系统管理、网络管理等，服务器上的资源可供网络用户共享。

5. 嵌入式计算机

嵌入式计算机是作为一个信息处理部件，嵌入应用系统之中的计算机。嵌入式计算机与通用机的最大区别是运行固化的软件，用户很难改变，甚至不能改变。嵌入式计算机目前广泛用于各种家用电器之中，如电冰箱、自动洗衣机、数字电视机、数码相机等。

1.1.3　未来新型计算机

从 1946 年世界上第一台通用计算机诞生以来，电子计算机已经走过了 70 多年的历程。计算机的体积不断变小，但速度不断提高。然而，人类的追求是无止境的，一刻也没有停止过研究更好、更快、功能更强的计算机。计算机将朝着微型化、巨型化、网络化和智能化方向发展。但是，目前大多数的计算机被称为冯·诺依曼计算机。从目前的研究情况来看，未来新型计算机将可能在以下几个方面取得革命性的突破。

1．生物计算机

生物计算机即脱氧核糖核酸（deoxyribonucleic acid，DNA）分子计算机，主要由生物工程技术产生的蛋白质分子组成的生物芯片构成，通过控制 DNA 分子间的生化反应来完成运算。

20 世纪 70 年代，人们发现 DNA 处于不同状态时可以代表信息的有或无。DNA 分子中的遗传密码相当于存储的数据，DNA 分子间通过生化反应，从一种基因代码转变为另一种基因代码。反应前的基因代码相当于输入数据，反应后的基因代码相当于输出数据。只要能控制这一反应过程，就可以制成 DNA 计算机。

以色列科学家在《自然》期刊上宣布，他们已经研制出一种由 DNA 分子和酶分子构成的微型生物计算机。一万亿个这样的计算仅一滴水大小，每秒可以进行 10 亿次运算，而且准确率超过 99.8%，这是全球第一台生物计算机。以色列魏茨曼科学研究所的科学家说，他们使用两种酶作为计算机"硬件"，DNA 作为"软件"，输入和输出的"数据"都是 DNA 链。把溶有这些成分的溶液恰当地混合，就可以在试管中自动发生反应，进行"运算"。

目前，在生物计算研究领域已经有了新的进展。在超微技术领域也取得了某些突破。制造出了微型机器人，长远目标是让这种微型机器人成为一部微小的生物计算机，它们不仅小巧玲珑，还可以像微生物那样自我复制和繁殖，可以钻进人体杀死病毒，修复血管、心脏、肾脏等内部器官的损伤，或者使引起癌变的 DNA 突变发生逆转，从而使人延年益寿。

2．分子计算机

分子计算机的运行靠的是分子晶体可以吸收以电荷形式存在的信息，并以更有效的方式进行组织排列。凭借着分子纳米级的尺寸，分子计算机的体积将剧减。此外，分子计算机的耗电可大大减少并能更长期地存储大量数据。

加利福尼亚大学洛杉矶分校和惠普公司研究小组曾在英国《科学》期刊上撰文，称他们通过把能生成晶体结构的轮烷分子夹在金属电极之间，制作出分子"逻辑门"电路的基础元件。美国橡树岭国家实验室则采用把菠萝中的一种微小蛋白质分子附着于金箔表面并控制分子排列方向的方法，制作出逻辑门。这种蛋白质可在光照几万分之一秒的时间内产生感应电流。基于单个分子的芯片体积会比现在的芯片体积大大减小，而效率大大提高。

3．光子计算机

光子计算机利用光子取代电子进行数据运算、传输和存储。在光子计算机中，不同波长的光表示不同的数据，可快速完成复杂的计算工作。制造光子计算机，需要开发出可以用一条光束来控制另一条光束变化的晶体管。尽管目前可以制造出这样的装置，但是它庞大而笨拙，用其制造一台计算机，体积将有一辆汽车那么大。因此，短期内光子计算机很难达到实用状态。

与传统的硅芯片计算机相比，光子计算机有三大优势：①光子的传播速度无与伦比，电子在导线中的运行速度与其无法相比，采用硅光子技术后，其传播速度可达每秒万亿字节；②光子不像带电的电子那样相互作用，因此经过同样窄小的空间通道可以传送更多的数据；③光无须物理连接。如果能将普通的透镜和激光器做得很小，足以装在微芯片的背面，那么未来的计算机就可以通过稀薄的空气传递信号了。根据推测，未来光子计算机的运行速度可能比今天的超级计算机快 1000～10000 倍。

1990 年，美国贝尔实验室宣布研制出世界上第一台光子计算机。它采用砷化镓光子开关，运算速度达每秒 10 亿次。尽管这台光子计算机与理论上的光子计算机还有一定的差距，但已显示出强大的生命力。目前，光子计算机的许多关键技术，如光存储技术、光存储器、光电子集成电路等都已经取得了重大突破。预计在未来 10～20 年内，这种新型计算机可取得突破性进展。

4. 量子计算机

量子计算机是指利用处于多现实态下的原子进行运算的计算机，这种多现实态是量子力学的标志。在某种条件下，原子世界存在着多现实态，即原子和亚原子、粒子可以同时存在于此处和彼处，可以同时表现出高速和低速，可以同时向上或向下运动。如果用这些不同的原子状态分别代表不同的数字或数据，就可以利用一组具有不同潜在状态组合的原子，在同一时间对于某一问题的所有答案进行探寻，再利用一些巧妙的手段，就可以使代表正确答案的组合脱颖而出。

把量子力学和计算机结合起来的可能性，是由美国著名物理学家理查德·费因曼在 1982 年首次提出的。随后，英国牛津大学物理学家戴维·多伊奇于 1985 年初步阐述了量子计算机的概念，并指出并行处理技术会使量子计算机比传统计算机功能更强大。美国、英国、以色列等国家都先后开展了有关量子计算机基础研究。2001 年年底，美国 IBM 公司的科学家专门设计将多个分子放在试管内作为 7 个量子计算机，成功地进行了量子计算机的复杂运算。

与传统计算机相比，量子计算机具有解题速度快、存储量大、搜索功能强和安全性高等特点。

5. 展望

第一代至第四代计算机代表了过去和现在，从新一代计算机可以展望计算机的未来。虽然目前这些新型计算机还远没有达到实用阶段，人们也只是搭建出以人脑神经系统处理信息的原理为基础设计的非冯·诺依曼计算机模型，但有理由相信，就像巴贝奇的分析机模型和图灵的图灵机都先后变成现实一样，如今还在研制中的非冯·诺依曼计算机，将来也必将成为现实。

1.2　计算机的应用

计算机及其应用已渗透到社会的各个行业，正在改变着人们传统的工作、学习和生活方式，推动着社会的发展。

1.2.1　计算机的应用领域

1.　工商

工商领域是应用计算机较早的领域之一，现在大多数公司依赖计算机维持自身的正常运转。

在银行中，计算机每天都要处理大量的文档，如支票、存款单、取款单、贷款、抵押清偿等票据，账户的结算更是通过计算机来完成的。另外，所有银行都提供了自动化服务，如 24 小时服务的自动柜员机、电子转账、账单自动支付等。这些服务都需要计算机来完成。对于银行业来说，计算机技术最大的优点是提高处理的效率。

在商业中，零售商店运用计算机管理商品的销售情况和库存情况，为管理者提供最佳的决策，实现了电子商务（即利用计算机和网络进行商务活动）。

在建筑业中，建筑物的内部和外部都可以使用计算机进行详细的设计，生成动画形式的三维视图。在正式动工之前，不仅可以预览完工后的效果，还可以检测设计是否完整及是否符合标准。

在制造业中，从面包机到航天器等各种类型的产品都可以使用计算机进行设计。计算机设计的图形可以是三维图形，可以在屏幕上自由旋转，从不同的角度表现设计，清晰地展现所有独立的部件。计算机还可以生产设备，实现从设计到生产的完全自动化。

2.　教育

早期的计算辅助教育是非常机械的。通常，计算机在屏幕上显示一道题，让学生输入或选择答案，这种软件不能激发学生的创造力和想象力。随着多媒体的广泛应用，教育软件不仅仅显示简单的文字和图像，还可以显示音乐、语音、三维动画及视频。有些软件采用真人发音方式，让学生更加投入地练习发音；有些软件采用仿真技术，屏幕上再现现实世界中的某些事物，如让医学院的学生在计算机上进行人体解剖实验。开展计算机辅助教学不仅使学校教育发生了根本性变化，还让学生在学校就能体验计算机的应用，使学生牢固地树立计算机的应用意识。

计算机在教育领域的另一个重要应用是远程教育。当今的网络技术和通信技术已经能够在不同的站点之间建立起一种快速的双向通道，突破了时空的限制，改变了传统教育模式，极大地激发了学生学习知识的兴趣，减少了教育中人力、物力的投入，节省了学生往返学校的时间，增加了知识的传播效率。这种远程教育形式不仅适用于在校学生，也适用于一般业余进修者，学习者可以通过电视广播、辅导专线、互联网等多种渠道进行学习。这样不仅扩大了教育范围，还丰富了学习方式。

3.　医药

计算机在医学行业的应用非常普遍，医院的日常事务采用计算机进行管理，如电子病历、电子处方等。各种用途的医疗设备也都由计算机自动控制。

在医药领域，计算机的另一项重要的用途是医学成像。它能够帮助医生清楚地看到病人体内的情况，而不损伤身体。计算机断层成像（computerized tomography，CT）从不同的角度使用 X 射线照射病人，得到其体内器官的一系列二维图像，最后生成一个真实的三维构造。磁共振成像（magnetic resonance imaging，MRI）通过测量人体内化学元素发出的无线电波，由计算机将信号转成二维图形，最后也可以生成三维场景。

与 Internet 同步发展起来的还有远程诊疗技术。一个偏远地方的医院可能既没有先进的设备，又没有专家。利用远程会诊系统，一个北京的专家可以根据传来的图像和资料，对当地医院的疑难病例进行会诊，甚至指导当地的医生完成手术。这种远程会诊系统可使病人避免长途奔波之苦，并能及时收到来自专家的意见，以免贻误治疗时机。

4. 政府

许多政府部门使用计算机管理日常业务，实现办公自动化。为了适应信息化建设的现实需求和面对信息时代、知识经济的挑战，提高行政效率，政府已经开始充分利用网络优势，在不远的将来我们会看到一个全新的政府——"电子政府"。

电子政府就是在网上成立一个虚拟的政府，在 Internet 上实现政府的工作职能。凡是在线下可以完成的政府职能工作，在线上大多能完成（一些特殊情况除外）。政府上网以后，可以在网上向所有公众公开政府部门的有关资料、档案、日常活动等。在网上建立政府与公众相互交流的桥梁，为公众与政府部门打交道提供方便，并从网上行使对政府的民主监督权利。同时，公众也可以在网上办理与政府有关的各项事务，如纳税、项目审批等。在政府部门内部各部门之间也可以通过 Internet 互相联系，各级领导在网上向各部门做出各项指示，指导各部门的工作。

5. 娱乐

计算机游戏已经不再像早期的下棋游戏那么简单了，现在的计算机游戏多为多媒体网络游戏。远隔千山万水的玩家可以把自己置身于虚拟现实中，通过 Internet 可以对战。在虚拟现实中，游戏通过特殊装备为玩家营造身临其境的感受，甚至有些游戏还要求带上特殊的目镜和头盔，将三维图像直接带到玩家的眼前，使其感觉似乎真的处于一个"真实"的世界中，有的还要求带上特殊的手套，真正"接触"虚拟现实中的物体。

计算机在电影中的主要应用是制作电影特技，通过计算机巧妙地合成和剪辑，制作出在现实世界中无法拍摄的场景，营造令人震撼的视觉效果。

今后计算机娱乐的一个发展趋势是游戏和影视剧的互动，即在拍摄影视剧的同时制作相应的游戏。影视剧中的主人翁与游戏中的主人翁会相互切换，真正做到剧中有我、游戏中有他、游戏与影视剧融为一体。

计算机的应用在音乐领域是无处不在的，计算机不仅可以录制、编辑、保存和播放音乐，还可以改变音乐的效果。例如，从 Internet 下载高保真的音乐，直接在计算机上制作数码音乐等。

6. 科研

计算机在科研领域一直占有重要的地位。现在许多实验室用计算机监视与收集实验及模拟期间的数据，随后用软件对结果进行统计分析，并判断它们的重要性。在许许多多的科研工作中，计算机都是不可缺少的工具。

7. 家庭

计算机已经进入家庭，家庭信息化使家庭所有的信息产品都将实现数字化，报纸、期刊、书籍、照片、音乐、声音、影像等信息的处理、存储和传输也在应用数字化技术。这样就可以通过计算机对各种信息进行统一处理。设置在家庭的大容量计算机不仅能够接收报纸、期刊和书籍等信息，还能够通过有线或无线接收电影、音乐等信息产品和新闻、天气预报等电视节目。它不仅是信息接收装置，还是从家庭向外发送信息的中心。家庭、学校、政府机关、医院、企事业单位等都被连接在一起。申请、申报、订货、咨询等过去通过电话和到邮局去办理的手续今后都可以在电子认证的前提下改用网络，并且由于采用了移动通信技术，出差在外也能够享受像在家里那样的服务。组装了微处理器的数字化家庭电器经由家庭内网络与 Internet 联网，由计算机对水、电、燃气等进行有效控制，达到节约能源和资源的目的。

1.2.2　计算机的应用类型

归纳起来，计算机的应用主要有以下几种类型。

1. 科学计算

科学计算又称为数值计算，是计算机最早的应用领域。科学计算主要是指在国防、航天等尖端研究领域中十分庞大而复杂的计算，这些计算必须利用计算机速度快、精度高、存储容量大的特点。例如，天气预报需要求解大型线性方程组；导弹飞行需要在很短的时间内计算出它的飞行轨迹并控制其飞行；宏观的天文数字计算和微观的分子结构计算都离不开计算机。

2. 数据处理

数据处理又称为非数值计算，是指利用计算机来加工、管理和操作任何形式的数据资料，包括对数据资料的收集、存储、加工、分类、排序、检索、发布等一系列工作。传输和处理的数据有文字、图形、声音、图像等各种信息。数据处理包括办公自动化、财务管理、金融业务、情报检索、计划调度、项目管理、市场营销、决策系统的实现等。

特别值得一提的是，我国成功地将计算机应用于印刷业，真正告别了"铅与火"的时代，进入了"光与电"的时代。近年来，国内许多机构纷纷建设自己的管理信息系统（management information system，MIS）；生产企业也开始采用制造资源规划（manufacturing resource planning，MRP）软件；商业流通领域逐步使用电子数据交换（electronic data interchange，EDI）系统，即无纸贸易。

数据处理是计算机应用最广泛的领域，其特点是要处理的原始数据量大，而算数运算比较简单，并有大量的逻辑运算和判断，其结果要求以表格或图形等形式存储或输出。事实上，计算机在非数值计算方面的应用已经远远超过了在数值计算方面的应用。

3. 生产过程控制

过程控制又称为实时控制，是指使用计算机实时采集检测数据，按最佳值迅速地对控制对象进行自动控制或自动调节。利用计算机进行过程控制，不仅可以大大提高控制的自动化水平，还可以提高控制的及时性和准确性，从而改善劳动条件、提高质量、节约能源、降低成本。计算机过程控制已在化工、冶金、机械、电力、石油和轻工业领域得到了广泛的应用，且效果非常显著。

例如，化工生产过程中对原料配比、温度、压力的控制，机械加工中数控机床对加工工序及切割精度的控制，巷道掘进作业中的机械手，等等。计算机在现代家用电器中也有不少应用，如全自动洗衣机也是由计算机程序控制的。

4. 计算机辅助技术

计算机辅助技术的应用非常广泛，主要有计算机辅助设计（computer aided design，CAD）、计算机辅助制造（computer aided manufacturing，CAM）和计算机集成制造系统（computer integrated manufacturing system，CIMS）。

CAD 通过计算机帮助设计人员进行设计，实现最优的设计方案，同时利用计算机绘图，不仅提高了设计质量，还大大缩短了设计周期。在我国，建筑设计、机械设计、电子电路设计等行业的 CAD 系统已相当成熟。

CAM 就是使用计算机进行生产设备的管理、控制和操作的过程。例如，在产品的制造过程中，使用计算机控制机器的运行，处理生产过程中所需要的数据，控制和处理材料的流动，以及对产品进行检验等。使用 CAM 技术可以提高产品质量、降低成本、缩短生产周期、改善劳动统计。

CIMS 是指将以计算机为中心的现代化信息技术应用于企业管理与产品开发制造的新一代制造系统，是 CAD、CAPP（computer aided process planning，计算机辅助工艺规划）、CAE（computer aided engineering，计算机辅助工程）、CAQC（computer aided quality control，计算机辅助质量控制）、PDMS（product data management system，产品数据管理系统），以及管理与决策、网络与数据库及质量保证系统等子系统的技术集成。CIMS 将设计、制造与企业管理相结合，全面统一考虑一个制造企业的状况，合理安排工作流程和工序，使企业实现整体最优效益。

5. 电子商务

电子商务（electronic commerce，EC）是指利用计算机和网络进行的商务活动。具体来说，是指在 Internet 开放的网络下，基于客户端/服务器模式，主要为电子商户提供服务、实现消费者的网上购物、商户之间的网上交易和在线电子支付的一种商业运营模式。

Internet 上的电子商务可以分为 3 个方面：信息服务、交易和支付。其主要内容包括电子商情广告、电子选购和交易、电子交易凭证的交换、电子支付与结算、售后的网上服务等。其主要交易类型有企业与个人的交易和企业之间的交易两种。参与电子商务的实体有 4 类：顾客、商户、银行及认证中心。

电子商务是 Internet 爆炸式发展的直接产物，是网络技术应用的全新发展方向。Internet 本身所具有的开放性、全球性、低成本及高效率的特点，也成为电子商务的内在特征，并使电子商务大大超越了作为一种新的贸易形式所具有的价值。它不仅会改变企业本身的生产、经营及管理活动，还将影响整个社会的经济运行结构。

电子商务对人们的生活方式也产生了深远影响，网上购物、网上搜索功能可以方便地让顾客货比多家。同时，消费者将能够以一种很轻松自由的自我服务方式来完成交易，从而使用户对服务的满意度大幅度提高。

6. 多媒体技术

多媒体又称为超媒体，是一种以交互方式将文本、图形、图像、音频、视频等多种媒体信息，经过计算机设备的获取、操作、编辑、存储等综合处理后，以单独或合成的形态表现出来的技术和方法。特别是将图形、图像和声音结合起来表达客观事物，在方式上非常生动、直观，易被人们接受。

人们熟悉的报纸、电影、电视都是以它们各自的媒体进行信息传播的。有些是以文字为媒体，有些是以图像为媒体，有些是以图、文、声、像为媒体。以电视为例，虽然它也是以图、文、声、像为媒体，但它与多媒体系统存在明显的区别：电视观赏的全过程是被动的，而多媒体系统为用户提供了交互特征，极大地调动了人的主动性和积极性；人们过去熟悉的图、文、声、像等媒体大多是以模拟量进行存储和传播的，而多媒体是以数字量进行存储和传播的。

多媒体技术以计算机技术为核心，将现代声像技术和通信技术融为一体，以追求更自然、更丰富的接口界面，因而其应用领域十分广泛。它不仅覆盖计算机的绝大部分应用领域，同时还拓宽了新的应用领域，如可视电话、视频会议系统等。实际上，多媒体系统的应用以极强的渗透力进入人们工作和生活的各个领域，正改变着人们的工作和生活方式，成功地塑造了一个绚丽多彩的划时代的多媒体世界。

7. 人工智能

人工智能（artificial intelligence，AI）是指用计算机来模拟人类的智能行为，包括理解语言、学习、推理和解决问题等。目前，一些智能系统已经替代人的部分脑力劳动，获得了实际的应用，尤其是在机器人、专家系统、模式识别等方面。

人工智能是计算机学科的一个分支，被认为是 21 世纪的三大尖端技术（基因工程、纳米科学、人工智能）之一。近年来，人工智能得到了迅速发展，并在很多学科领域得到了广泛应用，取得了丰硕的成果。目前，人工智能已逐步成为一个独立分支，无论在理论和实践上都已自成一个系统。

总之，计算机的广泛应用是千万科技工作者集体智慧的结晶，是人类科学发展史上卓越的成就之一，是人类进步与社会文明史上的里程碑。计算机技术及其应用已渗透到人类社会的各个领域，改变着人们传统的工作、生活方式。各种形态的计算机就像一把"万能"的钥匙，任何问题只要能够用计算机语言进行描述，就都能在计算机上加以解决。从航天飞行到交通通信，从产品设计到生产过程控制，从天气预报到地质勘探，从图书馆管理到商品销售，从资料的收集检索到教师授课、学生考试、学生作业等，计算机都得到了广泛的应用，发挥着不可替代的作用。

1.2.3　计算机应用技术的新发展

1. 云计算

云计算是指通过网络以按需、易扩展的方式获得所需资源和服务。这种服务既可以是信息技术服务、软件服务、网络相关服务，也可以拓展为其他领域服务。

云计算的核心思想和根本理念是资源来自网络，并将大量用网络连接的计算资源统一管理和调度，构成一个计算资源池向用户提供按需服务，提供资源的网络被称为"云"。"云"中的资源在使用者看来是可以无限扩展的，并且可以随时获取，按需使用，随时扩展，按使用量付费。就像煤、气、水、电一样，取用方便，费用低廉，而其最大的不同在于它是通过互联网进行传输的。

2. 大数据

数据是指存储在某种介质上包含信息的物理符号，进入电子时代后，人们生产数据的能力得到飞速提升，而这些数据的增加促使了大数据的产生。大数据是指无法在一定时间范围内用常规软件工具进行捕捉、管理、处理的数据集合，对大数据进行分析不仅需要采用集群的方法获取强大的数据分析能力，还需要研究面向大数据的新数据分析算法。

针对大数据进行分析的大数据技术，是指为了传送、存储、分析和应用大数据而采用的软件和硬件技术，也可将其看作面向数据的高性能计算系统。从技术层面来看，大数据与云计算的关系密不可分，大数据必须采用分布式架构对海量数据进行分布式数据挖掘，这使它必须依托云计算的分布式处理、分布式数据库、云存储和虚拟化技术。

大数据技术处理的数据源类型多种多样，在不同的场合通常需要使用不同的处理方法。在处理大数据的过程中，通常需要有采集、导入、预处理、统计分析、数据挖掘和数据展现等步骤。在适当工具的辅助下，对广泛异构的数据源进行抽取和集成，按照一定的标准统一存储数据，并通过合适的数据分析技术对其进行分析，最后提取信息，选择合适的方式将结果展示给终端用户。

例如，搜索引擎就是非常常用的大数据系统，它能有效地完成互联网上数据量巨大的信息的收集、分析和处理工作。搜索引擎系统大多基于集群架构，其发展为大数据研究积累了宝贵经验。

3. 物联网

物联网是新一代信息技术的重要组成部分，物联网就是物物相连的互联网。这里有两层意思：①物联网的核心和基础仍然是互联网，是在互联网基础上延伸和扩展的网络；②其用户端延伸和扩展到了任何物品与物品之间，进行信息交换和通信。因此，物联网的定义是，通过射频识别、红外感应器、全球定位系统、激光扫描器等信息传感设备，按约定的协议把任何物品与互联网相连接，进行信息交换和通信，以实现对物品的智能化识别、定位、跟踪、监控和管理的一种网络。

物联网被视为互联网的应用扩展，应用创新是物联网发展的核心，以用户体验为核心的创新是物联网发展的灵魂。与传统的互联网相比，物联网有其鲜明的特征。首先，它是对各种感知技术的广泛应用，物联网上部署了海量的多种类型传感器，每个传感器都是一个信息源，不同类型的传感器所捕获的信息内容和信息格式不同，传感器获得的数据具有实时性，即按一定的频率周期性地采集环境信息，并不断地更新数据。其次，它是一种建立在互联网上的泛在网络，物联网技术的重要基础和核心仍旧是互联网，通过各种有线和无线网络与互联网融合，将物体的信息实时、准确地传递出去。物联网上的传感器定时采集的信息需要通过网络传输，由于其数据量极其庞大，形成了海量信息，在传输过程中，为了保障数据的正确性和及时性，必须适应各种异构网络和协议。物联网不仅提供了传感器的连接，而且其本身也具有智能处理的能力，能够对物体实施智能控制。物联网将传感器和智能处理相结合，利用云计算、模式识别等智能技术，扩充其应用领域。物联网从传感器获得的海量信息中分析、加工和处理出有意义的数据，以适应不同用户的不同需求，发现新的应用领域和应用模式。

4. VR 技术、AR 技术、MR 技术与 CR 技术

（1）VR 技术

VR（virtual reality，虚拟现实）技术又称灵境技术，是以沉浸性、交互性和构想性为基本特征的计算机高级人机界面。它综合利用了计算机图形学、仿真技术、多媒体技术、人工智能技术、计算机网络技术、并行处理技术和多传感器技术，模拟人的视觉、听觉、触觉等感觉器官功能，使人能够沉浸在计算机生成的虚拟世界中，并能够通过语言、手势等自然方式与之进行实时交互，创建了一种适人化的多维信息空间。VR 技术的研究和开发萌生于 20 世纪 60 年代，进一步完善和应用于 20 世纪 90 年代到 21 世纪初，并逐步向 AR（augmented reality，增强现实）技术、MR（mixed reality，混合现实）技术和 CR（cinematic reality，影像现实）技术等方向发展。

（2）AR 技术

AR 技术是一种实时计算摄影机影像位置及角度，并赋予其相应图像、视频、3D 模型的技术。AR 技术的目标是在屏幕上把虚拟世界套入现实世界，然后与之进行互动。VR 技术是百分之百的虚拟世界，但 AR 技术是以现实世界中的实体为主体，借助数字技术让用户可以探索现实世界并与之交互。VR 技术看到的场景、人物都是虚拟的，而 AR 技术看到的场景、人物半真半假，现实场景和虚拟场景的结合需要借助摄像头进行拍摄。在拍摄画面的基础上结合虚拟画面进行展示和互动。

AR 技术包含多媒体、三维建模、实时视频显示及控制、多传感器融合、实时跟踪及注册、场景融合等多项新技术。AR 技术与 VR 技术的应用领域类似，如尖端武器、飞行器的研制与开发、数据模型的可视化、虚拟训练、娱乐与艺术等。但 AR 技术对真

实环境进行增强显示输出的特性，使其在医疗、军事、古迹复原、工业维修、网络视频通信、电视转播、娱乐游戏、旅游展览、建设规划等领域的表现更加出色。

（3）MR 技术

MR 技术可以被看作 VR 技术和 AR 技术的结合，VR 技术是纯虚拟数字画面，AR 技术是在虚拟数字画面上加上裸眼现实。MR 技术则是数字化现实加上虚拟数字画面，它结合了 VR 与 AR 的优势。利用 MR 技术，用户不仅可以看到真实世界，还可以看到虚拟物体，将虚拟物体置于真实世界中，让用户可以与虚拟物体进行互动。

（4）CR 技术

CR 技术是 Google 公司投资的 Magic Leap 公司提出的概念，通过光波传导棱镜设计，多角度地将画面直接投射于用户的视网膜，直接与视网膜交互产生真实的影像和效果。CR 技术与 MR 技术的理念类似，都是物理世界与虚拟世界的集合，所完成的任务、应用的场景、提供的内容，都与 MR 相似。与 MR 技术的投射显示技术相比，CR 技术虽然投射方式与 MR 技术不同，但本质上仍是 MR 技术的不同实现方式。

5. 3D 打印

3D 打印是一种快速成型技术，以数字模型文件为基础，运用特殊蜡材、粉末状金属或塑料等可黏合材料，通过逐层打印的方式来构造三维物体。

3D 打印需借助 3D 打印机来实现。3D 打印机的工作原理是把数据和原材料放进 3D 打印机中，机器按照程序把产品一层一层地打印出来。可用于 3D 打印的介质种类非常多，如塑料、金属、陶瓷、橡胶类物质等。3D 打印还能结合不同的介质，打印出不同质感和硬度的物品。

3D 打印技术作为一种新型的技术，在模具制造、工业设计等领域的应用十分广泛。在产品制造过程中，可直接使用 3D 打印技术打印出零部件，同时，3D 打印技术在珠宝、鞋类、工业设计、建筑、工程施工、汽车、航空航天、医疗、教育、地理信息系统、土木工程等领域都有所应用。

1.3　计算机系统的组成及工作原理

计算机系统分为计算机硬件系统和计算机软件系统两大部分。

计算机是人研制出来模拟人脑工作原理的机器设备，其组成和工作原理难免会打上人的烙印。计算机硬件是组成计算机的全部物质实体部件，相当于人的全部身体器官。计算机软件则是计算机工作中用到的全部技术方法和必要的数据资料，相当于人进行脑力思维时所用到的各种知识和思维素材。计算机系统的结构如图 1-4 所示。

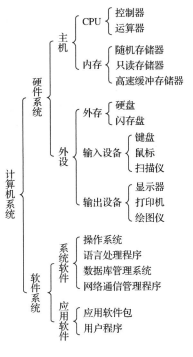

图 1-4　计算机系统的结构

1.3.1　计算机硬件系统

计算机的硬件有很多，根据冯·诺依曼体系结构将计算机硬件系统分为以下 5 部分。

1. 运算器

运算器是计算机中完成算术运算和逻辑运算的部件。运算器主要由算术逻辑单元、寄存器及一些控制数据传送的电路组成。算术逻辑单元是运算器中实现算术逻辑运算的电路，寄存器是运算器中的数据暂存器。运算器中往往设置多个寄存器，每个寄存器都能保存一个数据。寄存器可以直接为算术逻辑单元提供参加运算的数据，运算的中间结果也可以保存在寄存器中。这样，一些简单的运算过程就可以在运算器内部完成，不需要频繁地与存储器打交道，从而提高了运算速度。

2. 控制器

控制器是计算机的指挥中心，它根据程序中指令的要求，指挥和协调计算机各个部件工作。控制器主要由指令寄存器、指令译码器、指令计数器及其他一些电路组成。当计算机执行程序时，指令计数器保存着要执行的下一条指令的地址，控制器根据这个地址，从内存中取出指令并送到指令寄存器。指令译码器对指令寄存器中的指令代码进行分析后，发出各种相应的操作指令，指挥计算机的有关部件进行工作。

3. 存储器

存储器是现代信息技术中用于保存信息的记忆设备。其主要功能是存储程序和各种数据,并能在计算机运行过程中高速、自动地完成程序或数据的存取。存储器是具有"记忆"功能的设备,它采用具有两种稳定状态的物理元件来存储信息。这些元件也称为记忆元件。在计算机中采用只有两个数码"0"和"1"的二进制来表示数据。记忆元件的两种稳定状态分别表示为"0"和"1"。常见的内存设备有随机存储器、只读存储器、高速缓冲存储器,外存设备有硬盘、闪存盘等。

4. 输入设备

输入设备能把数据和程序转换成数字信号,并通过计算机的接口电路将这些信号按顺序送入计算机的存储器中。输入设备包括鼠标、键盘、扫描仪等。

5. 输出设备

输出设备可将计算机处理后的二进制信息转换成人们可以识别的数字、图形、声音等形式。最常用的输出设备有显示器、打印机、绘图仪等。

1.3.2　计算机软件系统

相对于计算机硬件而言,软件是计算机无形的部分,是计算机的灵魂。例如,一个人不仅要有基本的骨骼架构(相当于计算机的硬件),还要有神经系统、循环系统、消化系统等(相当于计算机的软件),这样才能成为一个完整的人。软件可以对硬件进行管理、控制和维护。根据软件的用途可将其分为系统软件和应用软件。如图 1-5 所示为计算机系统层次图。

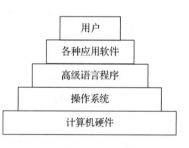

图 1-5　计算机系统层次图

1. 系统软件

系统软件能够调度、监控和维护计算机资源,扩充计算机功能,提高计算机效率。系统软件是用户和裸机的接口,主要包括操作系统、语言处理程序、数据库管理系统等,其核心是操作系统。

(1)操作系统

操作系统是最基本、最重要的系统软件,用来管理和控制计算机系统中硬件和软件资源的大型程序,是其他软件运行的基础。操作系统负责对计算机系统的全部软、硬件和数据资源进行统一控制、调度和管理。其主要作用是提高系统的资源利用率、提供友好的用户界面,从而使用户能够灵活、方便地使用计算机。目前比较流行的操作系统有 Windows、Mac、UNIX、Linux 等。

(2)语言处理程序

人与人交流需要语言,人与计算机交流同样需要语言。人与计算机交流信息使用的语言称为程序设计语言。按照其对硬件的依赖程度,通常把程序设计语言分为 3 类:机器语言、汇编语言和高级语言。

1)机器语言是一种由二进制代码"0"和"1"组成的一组代码指令,是唯一可以被计算机硬件直接识别和执行的语言。机器语言的优点是占用内存小、执行速度快。但机器语言的编写程序工作量大、程序阅读性差、调试困难。

2）汇编语言是使用一些能反映指令功能的助记符来代替机器指令的符号语言。每条汇编语言的指令均对应唯一的机器指令。这些助记符一般是人们容易记忆和理解的英文缩写，如加法指令 ADD、减法指令 SUB、移动指令 MOV 等。一条汇编指令通常由操作码和操作数两部分组成，操作码用来描述指令的功能，操作数用来描述操作对象。汇编语言在编写、阅读和调试方面有很大的进步，要执行用汇编语言编写的程序通常需要取指令、分析指令、译码指令和执行指令，比机器语言编写的程序执行速度慢，比高级语言编写的程序执行速度快，汇编语言仍然是一种面向过程的语言，编程复杂，可移植性差。

3）高级语言是一种独立于机器的语言。高级语言的表达方式接近于人们日常使用的自然语言和数学表达式，并且有一定的语法规则。高级语言编写的程序运行要慢一些，但是编程简单易学、可移植性好、可读性强、调试容易。常见的高级语言有 Basic、Python、C、Java 等。

除机器语言外，采用其他程序设计语言编写的程序，计算机都不能直接运行，这种程序称为源程序，必须将源程序翻译成等价的机器语言程序，即目标程序，才能被计算机识别和执行。负责把源程序翻译成目标程序的是语言处理程序。将汇编语言程序翻译成目标程序的语言处理程序称为汇编程序。将高级语言程序翻译成目标程序有两种方式，即解释方式和编译方式，对应的语言处理程序是解释程序和编译程序。

解释程序：对高级语言程序逐句解释执行。这种方法的特点是程序设计的灵活性大，但程序的运行效率较低。Basic 语言就采用这种程序。

编译程序：把高级语言所写的程序作为一个整体进行处理，编译后与子程序库链接，形成一个完整的可执行程序。这种程序的缺点是编译和链接较费时，但可执行程序运行速度很快。FORTRAN 和 C 语言等都采用这种程序。

（3）数据库管理系统

数据库管理系统主要面向解决数据处理的非数值计算问题，对计算机中存放的大量数据进行组织、管理、查询。目前，常用的数据库管理系统有 SQL Server、Oracle、MySQL、Access 等。

2. 应用软件

应用软件是用户为解决各种实际问题而编制的计算机应用程序及相关资料，如微软的 Office 系列，就是针对办公的应用软件。计算机软件已发展成为一个巨大的产业，软件的应用范围也涵盖了生活的方方面面，因此很多问题都有相应的软件来解决。如表 1-2 所示为常用的应用软件。

表 1-2　常用的应用软件

软件种类	软件举例
办公应用	Microsoft Office、WPS 等
平面设计	Photoshop、Illustrator、Freehand、CorelDRAW

续表

软件种类	软件举例
视频编辑和后期制作	Adobe Premiere、After Effects、Ulead 的会声会影
网站开发	FrontPage、Dreamweaver
辅助设计	AutoCAD、Rhino、Pro/E
三维制作	3ds Max、Maya
多媒体开发	Authorware、Director、Flash
程序设计	Visual Studio.Net、Boland C++、Eclipse

1.3.3　计算机的工作原理

　　计算机的工作原理为存储程序和执行指令，是美籍匈牙利科学家冯·诺依曼于 1946 年提出来的。其工作过程是，当用计算机执行某任务时，必须将这一任务分解成若干个步骤，即编制一个程序，每个步骤由具体的指令来完成。将编好的程序和数据由输入设备输入计算机的存储器中保存起来，向计算机发出运行命令，然后计算机通过程序计数器，自动、顺序、逐条取出指令加以识别，并根据指令由控制器向各部件发出控制信号，各部件自动执行相应的操作，程序执行完后显示输出结果，如图 1-6 所示。

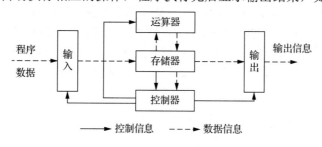

图 1-6　计算机的工作原理

1.4　微机的硬件组成

　　微机是指以微处理器为基础，配以内存及输入/输出（input/output，I/O）接口电路和相应的辅助电路的计算机。常见的微机有台式计算机、笔记本计算机和掌上电脑。其中，台式计算机在工作和学习中最常见，无论是什么配置的台式计算机，都有显示器、键盘、鼠标、主机。主机内又安装有主板、外存、内存、CPU、显卡等。

1.4.1　主板

　　计算机主板又称为主机板、系统板或母板，是一块矩形电路板，上面安装了组成计算机的主要电路系统，并带有扩展插槽和多种接插件的接口，用以插装各种接口卡和有关部件，是微型计算机运行的核心部件之一，主板品质和性能的好坏将直接影响整机的性能。主板上的各种接口、插槽、插座如图 1-7 所示。

图 1-7　主板上的各种接口、插槽、插座

主板结构分为 AT、Baby-AT、ATX、Micro ATX、LPX、NLX、Flex ATX、EATX、WATX 及 BTX 等。其中，AT 和 Baby-AT 是之前的老主板结构，已经被淘汰；而 LPX、NLX、Flex ATX 则是 ATX 的变种，多见于国外的品牌机，国内不多见；EATX 和 WATX 则多用于服务器/工作站的主板；ATX 是市场上最常见的主板结构，扩展插槽较多，PCI（peripheral component interconnection，外设部件互连）插槽数量为 4～6 个，大多数主板采用此结构；Micro ATX 又称为 Mini ATX，是 ATX 结构的简化版，扩展插槽较少，PCI 插槽数量为 3 个或 3 个以下，多用于品牌机并配备小型机箱；而 BTX 则是 Intel 制定的新一代主板结构，但尚未流行便被放弃，继续使用 ATX。

芯片组是主板的核心组成部分，几乎决定了主板的功能，进而影响整个计算机系统性能的发挥。按照在主板上排列位置的不同，芯片通常分为北桥芯片和南桥芯片。北桥芯片提供对 CPU 的类型和主频、内存的类型和最大容量、ISA/PCI/AGP 插槽、ECC（error checking and correction，差错校验）纠错等的支持。南桥芯片则提供对键盘控制器、实时时钟控制器、USB（universal serial bus，通用串行总线）、Ultra DMA/33（66）EIDE 数据传输方式和高级能源管理等的支持。其中，北桥芯片起着主导性的作用，也称为主桥。

BIOS 芯片也是微机主板上很重要的一块芯片，用来保存当前系统的硬件配置和用户对某些参数的设置。BIOS 芯片中保存有 BIOS 程序，BIOS 程序的主要作用是负责从计算机开始加电到完成操作系统引导之前的各个部件和接口的检测和管理。用户可以在开机时按 Delete 键或 F2 键进入 BIOS 设置程序，对微机的系统参数进行设置，可以通过对 CMOS 电池放电还原到初始设置。

1.4.2　CPU

运算器和控制器合称为 CPU。CPU 的作用是处理数据、存取数据或指令、协调各部件的工作等。CPU 技术发展很快，平均每 18 个月 CPU 的速度、功耗、体积、性价比就有一个数量级的提高。

CPU 产品分为×86 系列和非×86 系列两类。×86 系列 CPU 只有 Intel 和 AMD 两家公司生产，产品用于台式计算机、笔记本计算机、高性能服务器等领域。非 ×86 系列 CPU

主要有 ARM（安媒）公司的 ARM 系列 CPU、IBM 公司的 PowerPC 系列 CPU，非×86 系列 CPU 主要用于军事、航空等领域，如中国的"龙芯"CPU，产品主要用于工业控制领域。

1．CPU 的组成

CPU 外观看上去是一个矩形块状物，中间凸起部分是 CPU 核心部分的金属封装壳，在金属封装壳内部是一片指甲大小的、薄薄的硅晶片，称为 CPU 核心。在这块小小的硅晶片上，密布着上亿个晶体管，它们相互配合，协调工作，完成各种复杂的运算和操作。金属封装壳周围是 CPU 基板，它将 CPU 内部的信号引接到 CPU 引脚上。基板下面有许多密密麻麻的镀金引脚，它们是 CPU 与外部电路连接的通道，如图 1-8 所示。

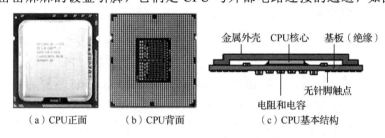

（a）CPU 正面　　　（b）CPU 背面　　　（c）CPU 基本结构

图 1-8　Intel 公司的 CPU 外观和基本结构

2．CPU 的技术性能

（1）CPU 字长

CPU 字长是指 CPU 内部运算单元一次处理二进制数据的位数，如 64 位处理器，一次能处理 64 位二进制数据。目前，微机的 CPU 绝大部分是 64 位处理器产品。

（2）CPU 主频

CPU 主频是指 CPU 内核（整数和浮点数运算器）电路的实际运行频率。提高 CPU 的工作频率也可以提高 CPU 的性能，现在主流的 CPU 工作频率为 2.0GHz 以上。CPU 的频率越高，它的工作功率越大。部分台式计算机 CPU 的发热功率达到了 90W 以上，CPU 的发热会造成工作不稳定等一系列问题。因此，降低 CPU 工作功率一直是 CPU 设计和制造的技术难题。

（3）CPU 线宽（制造工艺）

CPU 线宽是指在硅晶片内部各元件之间的连接线宽度，以 nm 为单位。线宽数值越小，生产工艺越先进，CPU 内部功耗和发热量就越小。目前，CPU 生产工艺已达到 22nm 的加工精度。

（4）CPU 高速缓存

CPU 高速缓存可以极大地改善 CPU 的性能。目前，CPU 的高速缓存容量为 1～10MB，甚至更高。高速缓存也从一级发展到三级。

1.4.3　内存

内存是微机的重要部件之一，它是存放程序与数据的装置。在计算机中，内存按其功能特征可以分为以下 3 类。

1. 只读存储器

只读存储器（read-only memory，ROM）是一种只能读取数据的内存。在制造过程中，将数据烧录于线路中，其内容在被写入后不能更改，断电后 ROM 中的数据仍然保存。

2. RAM

RAM 是与 CPU 直接交换数据的内存。它可以随时读写，而且速度很快，通常作为操作系统或其他正在运行中的程序和数据的临时数据存储媒介。

3. 高速缓冲存储器

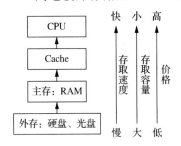

高速缓冲存储器（Cache）是一个临时存储器，它的容量较小，但交换速度很快。Cache 的出现主要是为了解决 CPU 运算速度与内存读写速度不匹配的矛盾，因为 CPU 运算速度要比内存读写速度快很多，这样会使 CPU 花费很长时间等待数据到来或把数据写入内存。在 Cache 中的数据是内存中的一小部分，但这一小部分是短时间内 CPU 即将访问的，当 CPU 调用大量数据时，就可以先从 Cache 中调用，从而加快读取速度。Cache-内存存储系统结构如图 1-9 所示。

图 1-9　Cache-内存存储系统结构

1.4.4　外存

外存又称为辅助存储器（简称辅存），用于存放当前不立即使用的数据。由于内存是 CPU 可以直接访问的，同 CPU 关系密切，因此要求存取速度快。内存由半导体存储体构成，成本高，一般容量较小，不能存放大量的数据。为了存放更多的数据，人们使用了容量大、成本低的外存。常见的外存的种类如下。

1. 硬盘

硬盘具有读取速度快、容量大、使用方便等特点。目前，硬盘分为固态硬盘（solid state disk，SSD）、机械硬盘、混合式硬盘（hybrid hard disk，HHD）。SSD 采用闪存颗粒来存储，机械硬盘采用磁性碟片来存储，HHD 是把磁性硬盘和闪存集成到一起的一种硬盘。

对于机械硬盘，容量的大小和驱动器的速度是衡量硬盘性能的重要指标。现在微机使用的硬盘的容量大都在 500GB 以上，硬盘的转速在 5400r/min（转/分）以上，一些高档计算机使用的硬盘转速可达到 15000r/min。

2. 光盘存储器

光盘存储器由光盘、光盘驱动器（简称光驱）等组成，如图 1-10 所示。光盘用来记录数据，光驱用来读取数据。光盘由屏蔽层、反射层、记录层和保存层等组成。光盘中有很多记录数据的沟槽和"陆地"，当激光投射到光盘的沟槽时，盘片就像镜子一样将激光反射回去。由于光盘沟槽的深度是激光波长的 1/4，从沟槽上反射回来的激光与从"陆地"反射回来的激光走过的路程正好相差半个波长。根据光干涉原理，这两部分激光会产生干涉，相互抵消，即实际上没有反射光。如果两部分激光都是从沟槽或"陆地"上反射回来的，就不会产生光干涉相消的现象。因此，光盘中每个沟槽边缘代表数据"1"，其他地方则代表数据"0"。

图 1-10 光盘和光驱

按照读写方式分类，光盘可分为只读光盘（如 DVD-ROM）、一次性刻录光盘（如 DVD-R）、反复读写光盘（如 DVD-RW）。按容量进行分类，光盘可分为 CD-ROM（容量为 650MB）、DVD-ROM（容量为 4.7～17GB）、BD-ROM（容量为 23GB 和 27GB）等。

3. 移动存储设备

在计算机刚普及的时候，人们经常使用软盘来交换信息。随着信息技术的发展，软盘已经不能满足人们的要求了。近几年来，各种新型的大容量、方便携带的移动存储设备逐渐成为人们的首选工具。

1）Flash 存储设备：又称为 U 盘或闪存盘。它利用闪存芯片作为存储介质，采用 USB 接口，可擦写 100 万次以上，能存储任何数据文件，并能更为方便地与计算机进行数据交换。

2）移动硬盘：由台式计算机或笔记本计算机的硬盘改装而成，目前，市场上移动硬盘的容量基本在 320GB 以上，常用的接口有 USB 2.0、USB 3.0 和 IEEE 1394，用这 3 种接口的移动硬盘最高数据传输率分别是 480Mb/s、512Mb/s 和 1600Mb/s。

1.4.5 总线和接口

1. 总线

总线是微机中各种部件之间共享的一组数据通信线路。每条总线都要传送 3 类信号：地址信号、数据信号和控制信号，这样每条总线就包括地址总线、数据总线和控制总线 3 个组成部分。地址总线传送内存或 I/O 接口的地址信号；数据总线传送计算机要处理的数据信号；控制总线传送各种控制信号。

为了方便总线与各类扩展设备相连，总线向扩展设备提供符合总线标准的插槽，任何扩展设备只要符合总线标准，都可以直接插入插槽中使用，这样就有利于增强计算机系统设计的灵活性和可扩展性。

主板上有 7 大总线，它们是 FSB（front side bus，前端总线）、MB（memory bus，内存总线）、南北桥连接总线、PCI-E、PCI、USB、少针脚总线。总线的工作频率与位宽是非常重要的技术指标。

FSB 由主板上的线路组成，没有插座。FSB 负责 CPU 与北桥芯片之间的通信与数据传输，总线位宽为 64 位，工作频率为 100～166MHz。

MB 负责北桥芯片与内存之间的通信与数据传输，总线位宽为 64 位，数据传输频率为 200MHz、266MHz、400MHz、533MHz 或更高。主板上一般有 4 个 DIMM（dual in-line memory modules，双列直插式内存组件）插座，它们用于安装内存。

PCI-E 是目前微机上流行的一种高速串行总线。PCI-E 总线采用点对点串行连接方式，这个和以前的并行通信总线大小不同。它允许和每个设备建立独立的数据传输通道，不用再向整个系统请求带宽，这样也就轻松地提高了总线带宽。PCI-E 总线根据接口对位宽要求的不同而有所差异，分为 PCI-E ×1/×2/×4/×8/×16/×32，因此，PCI-E 总线的接口长短也不同，×1 最短，越往上则越长。PCI-E ×16 图形总线接口包括两条通道，一条可由显卡单独到北桥芯片，而另一条可由北桥芯片单独到显卡，每条单独的通道均拥有 4GB/s 的数据传输带宽。PCI-E ×16 总线插槽用于安装独立显卡，有些主板将显卡集成到主板北桥芯片内部，因此不需要另外安装独立显卡。

PCI 总线插槽一般有 3～5 个，主要用于安装一些功能扩展卡，如声卡、网卡、电视卡、视频卡等。PCI 总线位宽为 32 位，工作频率为 33MHz。

USB 接口一般在主板后部，它支持热插拔。

2. I/O 接口

I/O 接口一般是指外设的适配电路。由于计算机的外设种类繁多，CPU 和不同的外设进行数据交换时，往往存在速度不匹配、信息格式不匹配等问题。因此，CPU 与外设之间的数据交换必须通过接口来实现。

现在各种 I/O 接口大多直接集成在主板上，这些接口主要有键盘通用 PS/2 接口、HDMI 接口、USB 接口、IEEE 1394 接口、VGA 接口、网络接口、SATA 接口、音频接口等。

1.4.6　输入设备

输入设备是向计算机输入程序、数据和命令的部件，常见的输入设备有键盘、鼠标、扫描仪等。

1. 键盘

键盘是向计算机输入数据的主要设备，由按键、键盘架、编码器、键盘接口及相应的控制程序等部分组成。键盘根据按键接触方式不同可分为触点式键盘和非触点式键盘两大类。常见的机械式键盘属于触点式键盘，而电容式键盘属于非触点式键盘。

2．鼠标

鼠标也是一个输入设备，广泛用于图形用户界面环境。鼠标通过 PS/2 接口或 USB 接口与主机连接。鼠标的工作原理是，当移动鼠标时，它把移动距离及方向的信息转换成脉冲信号送入计算机，计算机再将脉冲信号转换为鼠标指针的坐标数据，从而达到指示位置的目的。目前，常用的鼠标为光电式鼠标，上面一般有 2～3 个按键。对鼠标的操作有移动、单击、双击、拖动等。

3．扫描仪

扫描仪是利用光电技术和数字处理技术，以扫描方式将图形或图像信息转换为数字信号的装置。目前，使用的是 CCD（charge coupled device，电荷耦合器件）阵列组成的电子扫描仪，其主要技术指标有分辨率、扫描幅面、扫描速度等。

1.4.7　输出设备

输出设备用来输出计算机运算或处理后所得的结果。常见的输出设备有显示器、打印机等，其中显示器是标准的输出设备。

1．显示器

显示器用于显示输入的程序、数据或程序运行的结果等，它能以数字、字符、图形和图像等形式显示运行结果。在微机系统中，主要有两种类型的显示器，一种是传统的阴极射线管显示器，另一种是液晶显示器。

显示器的主要技术参数有屏幕尺寸、点距、显示分辨率和刷新频率等。

2．打印机

打印机是将输出结果打印在纸张上的一种输出设备。从打印原理来说，目前市场上常见的打印机大致分为喷墨打印机、激光打印机和针式打印机。按打印颜色来分，打印机可分为单色打印机和彩色打印机；按工作方式分，打印机可分为击打式打印机和非击打式打印机。击打式打印机常为针式打印机，这种打印机正在从商务办公领域淡出；非击打式打印机常为喷墨打印机和激光打印机。

激光打印机的主要技术参数有打印速度、打印分辨率、硒鼓寿命、最大打印尺寸等。

1.5　数据在计算机中的表示

按进位规则进行计数的方法称为进位计数制，简称进位制。在日常生活中，经常遇到不同的进制数，如十进制数、十二进制数、六十进制数等。计算机内部使用的是二进制数，人们为了使用方便还引入了八进制数和十六进制数。

1.5.1 进位计数制

任意进制数都包含数码、基数和位权这 3 个基本要素。其中，数码是指某种进制数中包含的基本符号，如十进制数的数码为 0、1、2、…、9，二进制数的数码为 0、1。基数是指某种进制数中包含基本数码的个数，如十进制数的基数是 10，二进制数的基数是 2。同理，R 进制数包含的数码为 0、1、2、…、R-1，基数为 R。位权是指某种进制数中每一位固定位置对应的单位值。位权的大小是以基数为底的，数码所在位置的序号为指数的整数次幂，如十进制数 123.4 中的"1"的位权是 10^2，数码"2"的位权是 10^1，数码"3"的位权是 10^0，数码"4"的位权是 10^{-1}，即 $123.4=1\times10^2+2\times10^1+3\times10^0+4\times10^{-1}$。在计算机中，常用进制数如表 1-3 所示。

表 1-3　常用进制数

进位制	二进制	八进制	十进制	十六进制
数码	0、1	0、1、…、6、7	0、1、…、8、9	0、1、…、9, A、B、…、F
基数	2	8	10	16
位权	2^i	8^i	10^i	16^i
规则	逢二进一	逢八进一	逢十进一	逢十六进一
标识	B	O	D	H

任意一个 R 进制数 N 都可以按权展开成多项式之和，即

$$N=a_{n-1}R^{n-1}+a_{n-2}R^{n-2}+\cdots+a_0R^0+a_{-1}R^{-1}+\cdots+a_{-m}R^{-m}$$

其中，a_i 表示数码，R^i 表示位权，$i=-m$、$-m+1$、…、-1、0、1、2、…、$n-1$。

1.5.2 不同进制数之间的转换

1. R 进制数转换为十进制数

R 进制数转换为十进制数可以按权展开，然后进行求和。例如，将二进制数 1011001.101 转换为十进制数：

$(1011001.101)_B=1\times2^6+0\times2^5+1\times2^4+1\times2^3+0\times2^2+0\times2^1+1\times2^0+1\times2^{-1}+0\times2^{-2}+1\times2^{-3}=(89.625)_D$

又如，将十六进制数 A12 转换为十进制数：

$$(A12)_H=10\times16^2+1\times16^1+2\times16^0=(2578)_D$$

2. 十进制数转换为 R 进制数

当把十进制数转换为 R 进制数时，要对整数部分和小数部分分别进行转换，然后将转换后的结果组合在一起即可。

（1）整数部分的转换

整数部分的转换采用"除 R 取余法"，即将十进制整数不断除以 R 取余数，直到商为零。第一次得到的余数是 R 进制数的最低位，最后一次得到的余数是 R 进制数的最高

位，将所得余数从高位到低位依次排列即可。

例如，将十进制数 181 转换为二进制数（图 1-11）。

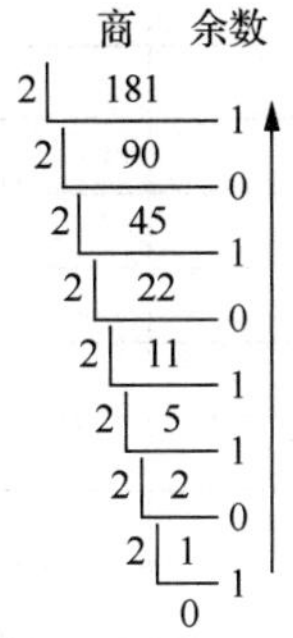

图 1-11　十进制数转换为二进制数的过程

所以，$(181)_D=(10110101)_B$。

（2）小数部分的转换

小数部分的转换采用"乘 R 取整法"，即将十进制小数不断乘以 R 并取整，直到小数部分为零或满足精度为止。第一次得到的整数是 R 进制数的最高位，最后一次得到的整数是 R 进制数的最低位，将所得整数从高到低依次排列即可。

例如，将十进制小数 0.6875 转换为相应的二进制数（图 1-12）。

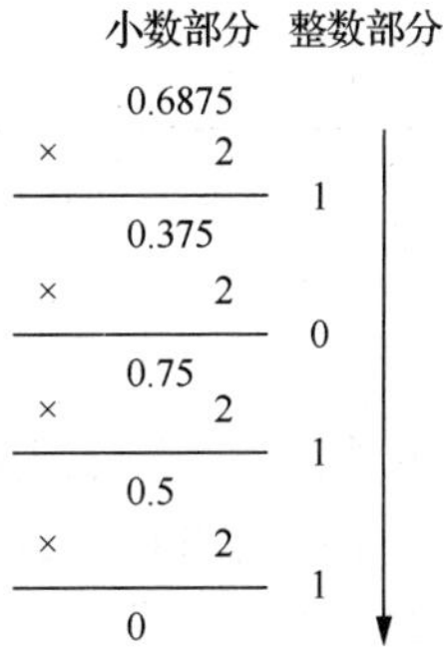

图 1-12　十进制小数转换为二进制数的过程

所以，$(0.6875)_D=(0.1011)_B$。

3. 二进制数与八进制数、十六进制数之间的相互转换

由于二进制数、八进制数和十六进制数之间存在一种特殊关系，即 $2^3=8$、$2^4=16$，因此，每 3 位二进制数对应 1 位八进制数，每 4 位二进制数对应 1 位十六进制数，反之亦然。二进制数与八进制数之间的对应关系如表 1-4 所示，二进制数与十六进制数之间的关系如表 1-5 所示。

表 1-4 二进制数与八进制数之间的对应关系

二进制	八进制
000	0
001	1
010	2
011	3
100	4
101	5
110	6
111	7

表 1-5 二进制数与十六进制数之间的对应关系

二进制	十六进制	二进制	十六进制
0000	0	1000	8
0001	1	1001	9
0010	2	1010	A
0011	3	1011	B
0100	4	1100	C
0101	5	1101	D
0110	6	1110	E
0111	7	1111	F

二进制数转换为八进制数的方法：以小数点为界，整数部分从右向左，小数部分从左向右，每 3 位划分为一组，不足 3 位的用 0 补足 3 位，然后将每组用 1 位八进制数取代，即可得到对应的八进制数。

二进制数转换为十六进制数的方法：以小数点为界，整数部分从右向左，小数部分从左向右，每 4 位划分为一组，不足 4 位的用 0 补足 4 位，然后将每组用 1 位十六进制数取代，即可得到对应的十六进制数。

八进制数转换为二进制数的方法：每位八进制数转换成对应的 3 位二进制数，去掉前后多余的 0，即可得到相应的二进制数。

十六进制数转换为二进制数的方法：每位十六进制数转换成对应的 4 位二进制数，去掉前后多余的 0，即可得到对应的二进制数。

例如，将二进制数 11101110.0010101 转换为八进制数。

<u>011</u> <u>101</u> <u>110</u>.<u>001</u> <u>010</u> <u>100</u>

  3   5   6 . 1   2   4

所以，$(11101110.0010101)_B=(356.124)_O$。

例如，将二进制数 1100100.0010101 转换为十六进制数。

<u>0110</u>   <u>0100</u>.<u>0010</u>   <u>1010</u>

  6   4 . 2   A

所以，$(1100100.0010101)_B=(64.2A)_H$。

例如，将八进制数 724.354 转换为对应的二进制数。

$$\underline{\quad 7 \quad\ \underline{\ 2\ }\ \ \underline{\ 4\ }\ .\ \underline{\ 3\ }\ \ \underline{\ 5\ }\ \ \underline{\ 4\ }}$$
111　010　100 . 011 101 100

所以，$(724.354)_O=(111010100.0111011)_B$。

例如，将十六进制数 CD.C 转换为二进制数。

$$\underline{\ C\ }\quad \underline{\ D\ }\ .\ \underline{\ C\ }$$
1100　1101 . 1100

所以，$(CD.C)_H=(1100\ 1101.11)_B$。

1.5.3　数据的表示与编码

在计算机中，既可以处理数值数据，又可以处理各种字符数据。数值数据有多种编码，如二进制码、十进制码、BCD（binary coded decimal，二进制编码的十进制）码，其中二进制码在计算机中的表示又有原码、反码和补码。同样道理，字符、符号、汉字等字符数据也应按照一定规则编码，以便统一交换、传输和处理,如西文 ASCII（American Standard Code for Information Interchange，美国信息交换标准）码、汉字国标区位码等。

1. 西文字符编码 ASCII 码

西文字符包括大小写字母、数字、标点和控制字符等。西文字符编码就是用不同的二进制数分别表示这些字符，其编码方案很多，常用的编码有 ASCII 码和 EBCDIC 码。ASCII 码虽然是美国国家标准，但已经被国际标准化组织（International Organization for Standardization，ISO）认定为国际标准，在世界范围内通用。ASCII 字符是用一个 7 位二进制数进行编码。7 位 ASCII 码可以表示 $2^7=128$ 个字符，其中通用控制字符 34 个，阿拉伯数字 10 个，大、小写英文字符 52 个，各种标点符号和运算符号 32 个，具体如表 1-6 所示。

表 1-6　ASCII 码字符表

低 4 位	高 3 位							
	000	001	010	011	100	101	110	111
0000	NUL	DEL	SP	0	@	P	.	p
0001	SOH	DC1	!	1	A	Q	a	q
0010	STX	DC2	"	2	B	R	b	r
0011	ETX	DC3	#	3	C	S	c	s
0100	DOT	DC4	$	4	D	T	d	t
0101	ENG	NAK	%	5	E	U	e	u
0110	ACK	SYN	&	6	F	V	f	v

低4位	高3位							
	000	001	010	011	100	101	110	111
0111	BEL	ETB	'	7	G	W	g	w
1000	BS	CAN	(	8	H	X	h	x
1001	HT	EM	)	9	I	Y	i	y
1010	LF	SUB	*	:	J	Z	j	z
1011	VT	ESC	+	;	K	[	k	{
1100	FF//	FS	,	<	L	"	l	|
1101	CR	GS	−	=	M	]	m	}
1110	SO	RS	.	>	N	↑	n	~
1111	SI	US	/	?	O	↓	o	DEL

由表 1-6 可知：A 的 ASCII 码的值为$(1000001)_2$，十进制数为 65。

a 的 ASCII 码的值为$(1100001)_2$，十进制数为 97。

数字 0 的 ASCII 的值为$(0110000)_2$，十进制数为 48。

在可显示字符串中，根据字符的 ASCII 码的值由小到大排序，有以下规律：

空格(32)<数字 0～9(48～57)<大写字母 A～Z(65～90)<小写字母 a～z(97～122)

2. 汉字的编码

使用计算机处理信息时，一般要用到汉字。对汉字信息的处理，涉及汉字的输入、加工、存储和输出等几个方面。由于汉字是象形文字，且字形复杂，因此，不可能用少数几个确定的符号将汉字完全表示出来，汉字必须有自己独特的编码。

（1）汉字国标码

为了适应计算机处理汉字信息的需要，1981 年我国颁布了 GB 2312—1980《信息交换用汉字编码字符集 基本集》。该标准选出 6763 个常用汉字和 682 个非常用汉字字符，为每个字符规定了标准代码，其中一级汉字 3755 个，以汉语拼音为序号进行排列，二级汉字 3008 个，以偏旁部首进行排列。GB 2312 字符集构成一个 94 行 94 列的二维表，行号为区号，列号为位号。为了处理与存储方便，每个汉字在计算机内部分别用 2 字节来表示。例如，"学"字的区号是 49、位号是 07，区位码即为 4907，用 2 字节的二进制数表示为$(00110001)_B$和$(00000111)_B$。

将汉字的区位码转换为国标码可以简单地用下列公式来描述：

$$国标码 = 区位码的十六进制形式 + 2020H$$

（2）汉字机内码

汉字机内码是供计算机系统内部进行存储、加工处理、传输使用的代码，又称为汉字内部码。由于文本中通常混合使用汉字和西文字符，汉字信息如不特别标识，就会与单字节的 ASCII 码混淆。因此将一个汉字看成两个扩展的 ASCII 码，使表示汉字的 2 字节的最高位都为 1，并且汉字的区码和位码都加上 A0H，保证把 2 字节的最高位一律由"0"变成"1"，其余 7 位不变。例如，"保"字的国标码为 3123H，前字节为 00110001B，后字节为 00100011B，高位变成"1"后为 10110001B 和 10100011B，即 B1A3H，因此，

"保"字的机内码就是 B1A3H。

将一个汉字的国标码转换为机内码可以用下列公式来描述：

$$汉字机内码=汉字国标码+8080H$$

（3）汉字输入码（外码）

汉字输入码是为了将汉字通过键盘输入计算机而设计的代码。汉字输入码方案很多，综合起来可分为流水码、拼音类输入码、字形类输入码和音形结合输入码。例如，五笔字型输入法是一种字形类输入法；智能 ABC 是一种拼音类输入法。汉字的输入编码和汉字的机内码是不同范畴的概念。对于同一个字，不管采用什么样的输入法，其机内码都是相同的。

（4）汉字字形码

汉字字形码是汉字字库中存储的汉字字形的数字化信息，用于汉字的显示和打印。目前，汉字字形的产生方式大多是点阵方式，因此汉字字形码主要是指汉字字形点阵的代码。汉字字形点阵有 16×16 点阵、24×24 点阵、32×32 点阵、64×64 点阵等。一个汉字方块中行数、列数分得越多，描绘的汉字越细微，但占用的存储空间也就越多。汉字字形点阵中每个点的信息都要用一位二进制码表示。16×16 点阵的字形码，需要用 32 字节（16×16/8=32）表示。

1.5.4　计算机的存储容量与存储单位

自电子数字计算机诞生以来，计算机的内存和外存存储容量得到突飞猛进的扩充。了解一般存储容量和存储单位对于正确判断存储设备是非常必要的，是学习使用计算机必备的基本常识。

描述计算机的存储单位主要有以下几个。

1）1 个二进制位称为 1bit，读作 1 比特。

2）8 个二进制位称为 1Byte，也称为 1 字节（单位字符为 B），读作 1 拜特。

3）更大的单位有 1KB=1024B，1MB=1024KB，1GB=1024MB，1TB=1024GB，1PB=1024TB。

目前主流 PC 的内存容量为 8～16GB，主流硬盘的容量为 500GB～2TB，主流闪存盘的容量在 16GB 左右。

一张由数码相机所拍摄的照片一般占用 3～5MB 存储空间；一个能播放 1h 左右的高清晰电影一般占用 700MB 左右的存储空间；压缩的 MP3 格式的音乐文件容量主要根据播放的时间长度影响占用的存储空间，大约为每分钟 1MB。

1.6　网络文化安全

网络文化的内部结构可以分为网络文化的主体——网民；网络文化的客体——网络的硬件、软件和网络的通信协议；网络文化的中介——通过网络平台传输的信息及其意义；网络文化的价值——通过网络而形成的人们新的价值观和生活方式。网络文化在传播时具有高度的无序化、难控制、无政府、自由化等特点，网民常常出现价值主体自我化、价值导向多元化、价值目标模糊化、实现价值手段虚拟化和道德行为方式上漠视权威、无视中心、忽视规则等现象，同时由于网络的特点，很多人认为在信息化高度发达的今天已经无密可保、无密能保，往往在不经意间造成重大的网络文化安全事件。构建科学的网络文化安全体系才能实现网络文化安全的目的，本节主要从物质技术、法律制度和网民素质方面介绍网络文化安全的三大保障。其中，网民素质的保障是最关键、最有效的保障。

1.6.1　物质技术保障

网络文化是以计算机技术和通信技术的融合为物质基础的，因此计算机技术的安全和通信技术的安全就成了网络文化安全的物质基础。但是，技术也具有两面性，它既可以为安全提供保障，也可以为安全埋下隐患。本节主要从计算机硬件安全、计算机软件安全和网络通信技术安全 3 个方面进行阐述。

1. 计算机硬件安全

目前，西方发达国家尤其是美国掌握了计算机网络的大部分核心技术，这一优势日益成为美国进行信息殖民的主要途径之一。它的突出特点是美国出口和转让技术时，设置或降低技术的标准和等级，以此来影响、左右进口国的技术信息及相关密码，进而使进口其技术的国家在技术和信息上严重依赖于美国。例如，美国商务部 2018 年 4 月 16 日宣布，未来 7 年将禁止美国公司向中兴通讯股份有限公司销售零部件、商品、软件和技术。中兴断芯事件暴露出我国整机产品强、核心元器件弱，应用软件强、基础软件弱，信息产业建立在他国基础软硬件之上、核心技术受制于他人的窘况。这一事件警示我们要将核心技术研发提升到国家安全层面，强化基础软硬件研发。对国外的技术依赖必然造成技术封锁，而对西方的信息依赖也会产生类似问题。因此，在硬件的生产过程中我国要拥有自主知识产权，技术创新，大力打造"中国芯"。例如，华为麒麟芯片及完全自主研发、设计和生产的验钞机"中国芯"。

2. 计算机软件安全

只有硬件部分，没有安装任何软件的电子计算机叫作裸机。在裸机上先安装操作系统，才能再安装其他应用软件。计算机软件包括系统软件（如操作系统、编译软件、数据库等）和应用软件（如 Microsoft Office、IE 浏览器等）。

首先要保证软件的来源安全。下载软件时尽量去官方网站下载，不要使用盗版软件，因为其他网站的软件可能含有病毒等，而且下载的软件还可能捆绑其他软件，这就会导致本来只想安装一种软件，结果却安装了很多额外的软件。

（1）系统软件的安全

NetMarketShare 2019 年 1 月发布的操作系统装机率报告显示，微软操作系统的市场份额占有率超过 80%。正版的 Windows 操作系统需要授权才能使用，PC 可能使用盗版的操作系统，但是企业绝对不能使用盗版操作系统，否则会构成侵权行为。

即使使用国外的正版操作系统，也可能会出现安全问题。例如，在第二届世界智能大会"智能科技与网络安全"论坛上，倪光南称："操作系统我担心几个方面，其中包括被监控、被劫持、被病毒木马攻击、漏洞风险、证书加密风险、不掌握知识产权等，我建议都用国产操作系统，之后，大概病毒攻击、网络攻击还会有，但会相当少；另外，国产的操作系统我们自己不会加后门，肯定比较好。"

为了不再受国外操作系统厂商的控制和影响，也为了避免政策、竞争等大环境变动带来的隐患，急需我国自主研发的操作系统。我们要提升自己的实力，拥有软件核心技术自主权。中国操作系统（COS）是继银河麒麟、YunOS、同洲960之后又一款国产操作系统，基于Linux研发，可通过虚拟机实现安卓应用安装及使用。只有拥有软件核心技术自主权，才能保证系统软件的相对安全。

（2）应用软件的安全

后门是留在入侵系统中一直运行着的程序，黑客可以通过后门访问受控制的系统，甚至通过后门安装间谍软件。间谍软件是一种恶意软件，它负责收集用户个人信息、敏感信息（如密码、信用卡号、PIN码等）或系统信息并将其发送给另一方的软件。有些间谍软件可能在系统中留有后门。

可通过以下几种措施来保证应用软件的安全。

1）安装有效的防病毒软件。国内的防病毒软件主要有360杀毒软件、金山毒霸、瑞星杀毒软件、百度卫士、腾讯电脑管家等，国外的防病毒软件主要有卡巴斯基杀毒软件、小红伞杀毒软件、迈克菲（McAfee）杀毒软件等。防病毒软件能够检测计算机中的恶意软件（如病毒或蠕虫等），一旦发现恶意软件，可以解除或删除恶意程序。

2）安装反间谍软件。反间谍软件主要有安博士反间谍软件SpyZero、Windows Defender反间谍软件、AVG Anti-Spyware、CounterSpy等。反间谍软件可以保护用户隐私并防止有害程序外泄和恶用。设置反间谍软件定期扫描系统，一旦发现间谍软件及时处理。

3）及时进行补丁的安装、更新。计算机系统、软件在进行设计时难免会有漏洞，要注意系统、软件的升级工作，及时进行补丁的安装、更新有助于修补软件漏洞，防止遭受黑客等的攻击。

3. 网络通信技术安全

网络通信技术安全是指信息在传输过程中不会被破坏、窃取和修改。

（1）信息加密

信息在网络中进行传输时，可能会被黑客窃取、篡改等。对信息进行加密，可以使信息能够安全地传输。

加密根据密钥是否相同分为对称加密和非对称加密。如果在发送者加密过程中和接收者解密过程中使用的是同一个密钥，那么就是对称加密。如果加密过程和解密过程使用的是不同的密钥，那么就是非对称加密。

如图1-13所示，对称加密中由于发送者和接收者使用相同的秘钥，发送者和接收者都可以否认发送和接收的过程。因此对称加密的不可抵赖性不能满足。

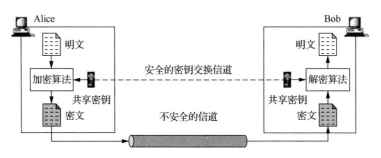

图 1-13　对称加密原理

如图 1-14 所示，非对称加密中发送者采用自己的私钥加密信息，接收者使用发送者的公钥解密信息。由于私钥只有发送者自己才有，因此发出去的信息一定是发送者发送的，具有不可抵赖性。

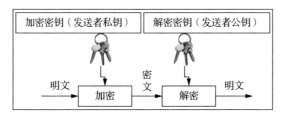

图 1-14　非对称加密的认证模式

（2）数字签名

发送的信息如何避免不被篡改呢？可以运用散列函数技术。如图 1-15 所示，发送方利用散列函数产生信息的摘要，将摘要和信息发送出去。接收方利用相同的散列函数计算收到的信息的摘要，如果计算出的摘要和收到的摘要相同，那么信息没有被篡改。

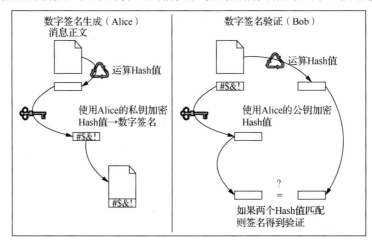

图 1-15　散列函数在数字签名中的使用

1.6.2 法律制度保障

1.《中华人民共和国网络安全法》

《中华人民共和国网络安全法》（以下简称《网络安全法》）由中华人民共和国第十二届全国人民代表大会常务委员会第二十四次会议于 2016 年 11 月 7 日通过，自 2017 年 6 月 1 日起施行。《网络安全法》是为了保障网络安全，维护网络空间主权和国家安全、社会公共利益，保护公民、法人和其他组织的合法权益，促进经济社会信息化健康发展而制定的法律。

《网络安全法》主要包含"网络安全支持与促进""网络运行安全""网络信息安全""监测预警与应急处置""法律责任"等内容。

"网络安全支持与促进"这一章从国家、国务院和省、自治区、直辖市人民政府、企业和高等学校、职业学校等多个方面规定了他们相应的职责，以及对于网络安全的支持和促进作用。

"网络运行安全"主要是保障网络免受干扰、破坏或未经授权的访问，防止网络数据泄露或被窃取、篡改，以及保障关键基础设施（如公共通信和信息服务、能源、交通、水利、金融、公共服务、电子政务等重要行业和领域）的运行安全。

"网络信息安全"主要是关于用户信息的安全保存和使用。网络运营者应当对其收集的用户信息严格保密，并建立健全用户信息保护制度。不得泄露、篡改、毁损其收集的个人信息。不得非法收集、售卖个人信息给他人或组织。

"监测预警与应急处置"是网络安全监测预警和信息通报制度。制定网络安全事件应急预案、消除安全隐患，防止危害扩大，并及时向社会发布与公众有关的警示信息。

"法律责任"是指违反了相关法律要采取的措施。例如，罚款、暂停相关业务、停业整顿、关闭网站、吊销相关业务许可证或吊销营业执照、处五日以上十五日以下拘留等。

《网络安全法》明确了网络空间主权的原则、网络产品和服务提供者的安全义务、网络运营者的安全义务，完善了个人信息保护规则，建立了关键信息基础设施保护制度，确立了关键信息基础设施重要数据跨境传输的规则。

2.《互联网信息服务管理办法》

《互联网信息服务管理办法》（国务院令第 292 号）是为了规范互联网信息服务活动，促进互联网信息服务健康有序发展制定的办法。

《互联网信息服务管理办法》主要是针对网络服务提供者制定的法律法规。它规定了网络服务提供者应该遵守的条例，对于经营性互联网服务实行许可制度，对于非经营性互联网服务实行备案制度。如图 1-16 所示，北京百度网讯科技有限公司的公安备案号为"11000002000001"。

把百度设为主页　关于百度　About Baidu　百度推广
©2019 Baidu 使用百度前必读 意见反馈 京ICP证030173号　京公网安备110000020000001号

图 1-16　百度公司的公安备案号

《互联网信息服务管理办法》第十五条规定互联网信息服务提供者不得制作、复制、

发布、传播含有下列内容的信息：

  （一）反对宪法所确定的基本原则的；

  （二）危害国家安全，泄露国家秘密，颠覆国家政权，破坏国家统一的；

  （三）损害国家荣誉和利益的；

  （四）煽动民族仇恨、民族歧视，破坏民族团结的；

  （五）破坏国家宗教政策，宣扬邪教和封建迷信的；

  （六）散布谣言，扰乱社会秩序，破坏社会稳定的；

  （七）散布淫秽、色情、赌博、暴力、凶杀、恐怖或者教唆犯罪的；

  （八）侮辱或者诽谤他人，侵害他人合法权益的；

  （九）含有法律、行政法规禁止的其他内容的。

  第十六条规定互联网信息服务提供者发现其网站传输的信息明显属于本办法第十五条所列内容之一的，应当立即停止传输，保存有关记录，并向国家有关机关报告。

  3. 《计算机信息网络国际联网安全保护管理办法》

  《计算机信息网络国际联网安全保护管理办法》是由中华人民共和国国务院于 1997 年 12 月 11 日批准，公安部于 1997 年 12 月 16 日公安部令（第 33 号）发布，于 1997 年 12 月 30 日施行，2011 年 1 月 8 日根据《国务院关于废止和修改部分行政法规的决定》进行了修订。

  《计算机信息网络国际联网安全保护管理办法》主要包含单位和个人禁止的网络活动、安全保护责任、安全监督和法律责任等内容。

  第五条规定任何单位和个人不得利用国际联网制作、复制、查阅和传播下列信息：

  （一）煽动抗拒、破坏宪法和法律、行政法规实施的；

  （二）煽动颠覆国家政权，推翻社会主义制度的；

  （三）煽动分裂国家、破坏国家统一的；

  （四）煽动民族仇恨、民族歧视，破坏民族团结的；

  （五）捏造或者歪曲事实，散布谣言，扰乱社会秩序的；

  （六）宣扬封建迷信、淫秽、色情、赌博、暴力、凶杀、恐怖，教唆犯罪的；

  （七）公然侮辱他人或者捏造事实诽谤他人的；

  （八）损害国家机关信誉的；

  （九）其他违反宪法和法律、行政法规的。

  第十条规定互联单位、接入单位及使用计算机信息网络国际联网的法人和其他组织应当履行下列安全保护职责：

  （一）负责本网络的安全保护管理工作，建立健全安全保护管理制度；

  （二）落实安全保护技术措施，保障本网络的运行安全和信息安全；

  （三）负责对本网络用户的安全教育和培训；

  （四）对委托发布信息的单位和个人进行登记，并对所提供的信息内容按照本办法第五条进行审核；

  （五）建立计算机信息网络电子公告系统的用户登记和信息管理制度；

  （六）发现有本办法第四条、第五条、第六条、第七条所列情形之一的，应当保留有关原始记录，并在 24 小时内向当地公安机关报告；

（七）按照国家有关规定，删除本网络中含有本办法第五条内容的地址、目录或者关闭服务器。

第十五条规定省、自治区、直辖市公安厅（局），地（市）、县（市）公安局，应当有相应机构负责国际联网的安全保护管理工作。

第十六条规定公安机关计算机管理监察机构应当掌握互联单位、接入单位和用户的备案情况，建立备案档案，进行备案统计，并按照国家有关规定逐级上报。

第二十条规定违反法律、行政法规，有本办法第五条、第六条所列行为之一的，由公安机关给予警告，有违法所得的，没收违法所得，对个人可以并处 5000 元以下的罚款，对单位可以并处 1.5 万元以下的罚款；情节严重的，并可以给予 6 个月以内停止联网、停机整顿的处罚，必要时可以建议原发证、审批机构吊销经营许可证或者取消联网资格；构成违反治安管理行为的，依照治安管理处罚法的规定处罚；构成犯罪的，依法追究刑事责任。

第二十一条规定有下列行为之一的，由公安机关责令限期改正，给予警告，有违法所得的，没收违法所得；在规定的限期内未改正的，对单位的主管负责人员和其他直接责任人员可以并处 5000 元以下的罚款，对单位可以并处 1.5 万元以下的罚款；情节严重的，并可以给予 6 个月以内的停止联网、停机整顿的处罚，必要时可以建议原发证、审批机构吊销经营许可证或者取消联网资格。

（一）未建立安全保护管理制度的；

（二）未采取安全技术保护措施的；

（三）未对网络用户进行安全教育和培训的；

（四）未提供安全保护管理所需信息、资料及数据文件，或者所提供内容不真实的；

（五）对委托其发布的信息内容未进行审核或者对委托单位和个人未进行登记的；

（六）未建立电子公告系统的用户登记和信息管理制度的；

（七）未按照国家有关规定，删除网络地址、目录或者关闭服务器的；

（八）未建立公用账号使用登记制度的；

（九）转借、转让用户账号的。

4. 《中华人民共和国计算机信息系统安全保护条例》

为了保护计算机信息系统的安全，促进计算机的应用和发展，保障社会主义现代化建设的顺利进行，《中华人民共和国计算机信息系统安全保护条例》于 1994 年 2 月 18 日由中华人民共和国国务院令第 147 号发布，根据 2011 年 1 月 8 日《国务院关于废止和修改部分行政法规的决定》进行了修订。

此条例主要包含了计算机信息系统的安全保护、安全监督制度等，并规定了相应的法律责任。安全保护制度主要描述计算机信息系统的建设和应用应遵守的规定，运输、携带、邮寄计算机信息媒体进出境应当如实向海关申报，对计算机病毒和危害社会公共安全的其他有害数据的防治研究工作等。公安机关对计算机信息系统安全保护工作行使监督职权。

5. 《计算机信息系统国际联网保密管理规定》

为了加强计算机信息系统国际联网的保密管理，确保国家秘密的安全，根据《中华人民共和国保守国家秘密法》和国家有关法规的规定，制定了《计算机信息系统国际联网保密管理规定》。它描述了中华人民共和国境内的计算机信息系统与外国的计算机信息网络连接应该遵守的规定。

保密制度描述了涉及国家秘密的计算机信息系统，涉及国家秘密的信息，在进行国际联网中应该遵守的规定。在网上开设电子公告系统、聊天室、网络新闻组的单位和用户不得发布、谈论和传播国家秘密信息。各级保密工作部门的相应机构或人员负责监督互联单位、接入单位及用户的国际联网行为。各级保密工作部门和机构接到举报或检查发现网上有泄密情况时，应当立即组织查处，并督促有关部门及时采取补救措施，监督有关单位限期删除网上涉及国家秘密的信息。

1.6.3 网民素质保障

中国互联网络信息中心在京发布第 47 次《中国互联网络发展状况统计报告》。截至 2020 年 12 月，我国网民规模达 9.89 亿，已占全球网民的五分之一；互联网普及率为 70.4%，高于全球平均水平。

随着互联网和信息系统的普及，网民数量剧增，人们可以在网络上自由发表言论，转发别人的评论等，每个人的行为都可能会对他人的生活，甚至对社会产生重大影响。网络空间和现实世界是一个整体，网络行为也会受到法律和道德的约束。不当的网络行为轻则导致违法，重则构成犯罪。因此要规范网络行为，加强网络自律，提高网络道德修养，文明诚信进行网上各类活动。

1. 网络安全意识

（1）不随意打开不明链接

不要打开来历不明的邮件；不访问没有经过安全认证的网站；不从没有经过安全认证的网站下载并运行实用程序；不随便扫描二维码；不随便进入短消息和二维码中链接所指向的网页。如图 1-17 所示，停止访问有问题的网站并进行举报。

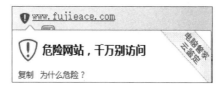 

图 1-17 危险网站

（2）定期检测病毒

安装病毒检测程序，及时更新病毒库，如"360 杀毒"，单击"检查更新"按钮，将病毒库升级（图 1-18）。定期扫描系统，及时隔离感染病毒的文件。发现有病毒的文件，可以立即删除。

图 1-18 更新病毒库

（3）监控程序运行过程

打开"任务管理器"，可以看到各个进程消耗的资源情况，如图 1-19 所示。限制对重要系统资源的访问，及时报警，记录安全日志。

图 1-19 "任务管理器"窗口

（4）重要资料备份

如图 1-20 所示，利用 Windows "计划任务"将重要资料定期（每天、每周、每月）进行备份，或者将资料备份到移动硬盘、U 盘等外设中。如果是非敏感信息，还可以备份到百度网盘等网络存储媒介上。重要资料备份后，即使被病毒感染，还可以将备份的文件进行恢复。

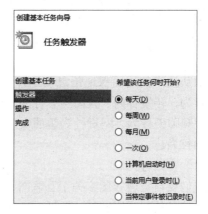

图 1-20 Windows "计划任务"

（5）不要随意下载软件

下载软件时尽量去官方网站下载，不要使用盗版软件，因为其他网站的软件可能含有病毒等，而且下载的软件还可能捆绑其他软件。

（6）切断传播途径

病毒可以通过 U 盘等传染给计算机，当将 U 盘插入计算机后，要先进行杀毒处理。要对已经感染了病毒的硬盘和机器进行彻底消毒和处理。

2. 网络伦理道德

作为一种新型的社会形态，网络虚拟社会为人类提供了全新的生存发展领域，改变了人们的思想行为，但同时也带来了新的困惑。在网络虚拟社会中我们应该遵守伦理道德，形成良好的道德风尚，为实现中国梦和"网络空间命运共同体"的目标奠定基础。

（1）无害性原则

无害性是指不对网络空间中的主体造成直接或间接的伤害，它是最基本的网络伦理道德要求。进行网络活动的主体良莠不齐，道德涵养、兴趣等可能不同，发表的信息可能含有血腥暴力、低俗趣味、封建迷信、恶意攻击等内容，这可能会误导广大网民，尤其是心智还未成熟的青少年，甚至会潜移默化地影响他们的人生观、世界观、价值观。

（2）诚信原则

由于网络的开放性，每个人可以在网上任意发表言论。网络空间虽然是虚拟的，但还是要为自己的言行负责。"曰仁义，礼智信。此五常，不容紊"，诚信是做人最基本的道德准则。每个人都应该秉着诚信原则在网上发布信息，不应发布虚假广告、虚假信息，甚至是诈骗信息。例如，张某伙同男友赵某在某网站发布招聘货车司机、仓库管理员的虚假信息，之后要求应聘者去指定医院花 298 元自费体检，再向医院收取每人 150 元回扣。此案以诈骗罪判处张某有期徒刑 7 个月。所以，不道德行为可大可小，可轻可重，有的还上升到法律禁止行为。

（3）知情同意原则

每个人都有隐私权、名誉权，信息只有在自己知情且同意使用的情况下，方可被使用。著名的"死亡博客事件"，被人肉搜索的王某某的名誉权、隐私权被侵犯。如果不经许可，冒用他人的名义披露、宣扬他人的隐私，就会造成侵权行为。

3. 网络行为

除从技术的层面保证信息安全外，还要注意自身网络行为的安全，主要包括言论/评论行为、转发行为、人肉搜索行为、自拍暴露行为、信息浏览行为、沉迷网络游戏行为、视频聊天行为、网贷行为等的安全。应分辨哪些是合法行为，哪些是不合法或违反道德的行为。

（1）言论行为

我们要自觉遵守国家关于互联网管理的相关法律法规。不得利用各种信息发布平台和各种信息传播手段制作、复制、发布、浏览、下载、转载和传播反动信息及各种谣言。

依据《全国人民代表大会常务委员会关于维护互联网安全的决定》第二条第一款规

定，以及网络犯罪中互联网的工具性作用，可将网络言论犯罪按照罪质的不同分为煽动颠覆型、造谣传播型及侮辱诽谤型 3 类。

1）煽动颠覆型。2016 年 9 月 4 日晚，张某某使用"本·拉登"头像在某微信群聊天时，发了一句"跟我加入 ISIS"。最后，法院判决张某某犯宣扬恐怖主义、极端主义罪，判处有期徒刑 9 个月，并处罚金 1000 元。广大网民要树立正确的世界观、价值观、人生观，发表积极、正能量的言论。

2）造谣传播型。网络谣言不同于传统谣言，网络谣言的传播速度快、范围广、影响大。这类消息是一种特殊的陈述，而其真实性很模糊或严重失实。谣言会引发社会混乱，导致社会危机，使民心不安，造成经济动荡。例如，2018 年 10 月 4 日，某网友在新浪微博发布信息，称某市血液中心在献血前不做检测，造成输血得艾滋病的消息，引发社会各界的热议，造成了严重不良影响。5 日，警方找到该网友，该网友将某某对发布虚假信息行为供认不讳，根据《中华人民共和国治安管理处罚法》对其处以行政拘留 7 日的处罚。

我们要做到不造谣、不信谣、不传谣，关注社会时事，理性、辩证地看待网络谣言，自觉遵守和维护网络交流的正常秩序，以营造健全的互联网环境。

3）侮辱诽谤型。某市小伙唐某在浏览公安局发布的祭奠因公牺牲民警微博时，发表不当言论公然侮辱英烈，警方已对其做出行政处罚。互联网不是法外之地，我们要注意自己的言行，不要发表恶意评论。

（2）转发行为

网络上发布的信息真假难辨，我们要增强敏锐性和鉴别力，自觉抵制各种网上错误思潮。对于正确的信息，可以转发；对于谣言等，不能不负责任地转发。对违法、违规、不实信息转发造成不良影响的涉嫌违法，一般被转发 500 次以上就被认定为造成了不良传播。例如，黄某登录个人微信号，在微信群中转发 12 段时长共 20 分 20 秒的暴力血腥视频供他人浏览而案发。黄某犯宣扬恐怖主义罪，判处有期徒刑 6 个月，缓期一年，并处罚金人民币 2000 元。由于转发的内容宣扬了恐怖主义，可能会误导青少年，使其效仿，对社会、国家造成严重的影响。

（3）人肉搜索行为

人肉搜索就是利用现代信息科技手段（网络、电视、广播、新闻报刊等），变传统的网络信息搜索为人找人、人问人、人碰人、人挤人、人挨人的关系型网络社区活动，变枯燥乏味的查询过程为一人提问、八方回应的搜索。网络是人肉搜索的最主要的媒介和手段，当不恰当的人肉搜索的结果信息在网络上公开和传播时，就有可能产生网络的安全事件。人肉搜索的参与者往往出于狭义和自觉主义的动机，因此，当参与者暴露被搜索对象的相关信息时并未意识到其行为的后果和正当性。

合理运用人肉搜索可以对某些部门进行监管，让权利在阳光下行使。例如，某地区房管局局长周某某在说出"低于成本价卖房将被查"的言论之后，网友对其发动人肉搜索，最后调查发现其有受贿行为。但是，滥用人肉搜索不仅会侵犯他人的隐私权，甚至会对他人、对社会造成严重伤害。例如，某市一服装店主蔡某某因怀疑顾客偷了一件衣服，将顾客视频截图发到微博求人肉搜索，两天后该顾客不堪网络压力跳河自杀。滥用人肉搜索行为会侵犯他人的肖像权,将个人的隐私暴露在大众面前,容易形成网络暴力。我们不能随意窥探、挖掘他人的隐私信息。要甄别信息的真伪,不传播虚假信息和舆论,遵守网络相关法律法规和道德规范,文明上网。

（4）自拍暴露行为

现在越来越多的人喜欢自拍,想要将自己的生活分享给其他人,得到其他人的关注和认可。有些人甚至为了吸引观众的眼球,拍一些艳照发到朋友圈等公共媒体上。我们要坚守道德底线,积极推动社会主义精神文明建设。

（5）沉迷网络游戏行为

学业的压力、工作的压力、社会的压力使人们精神紧张、十分疲惫,想暂时远离尘嚣,游戏不失为一种休闲放松的工具。偶尔玩玩游戏可以放松身心、消遣时间。但物极必反,沉迷于网络游戏,不仅不能愉悦身心,还会使身心疲惫。沉迷于虚拟世界无法自拔,会和社会渐行渐远。有很多暴力的游戏使人心情浮躁,甚至产生暴力倾向,使人走上犯罪的道路。

（6）视频聊天行为

海内存知己,天涯若比邻。我们同住地球村,视频聊天拓宽了人们交流的方式,拉进了人与人之间的距离,增进了人与人之间的感情。但不可以利用视频聊天传播淫秽色情、牟取利益、败坏社会风气、触犯法律,如裸聊、裸贷等。"中国最大裸聊案"主犯获刑 6 年并被处罚金。在视频聊天中应该遵守法律法规和道德规范。

青少年应该把时间和精力放在学习上面,努力提升自己的专业技术能力。在享受互联网给我们带来便捷的同时,不能为了眼前的利益跨越道德和法律的界限,做出令自己后悔、对社会造成危害的事情。要学习法律法规,不要做一个法盲。

习　　题

一、选择题

1. 20GB 的硬盘表示容量约为（　　）。
   - A. 200 亿字节
   - B. 200 亿个二进制位
   - C. 20 亿个二进制位
   - D. 20 亿字节

2. 在微机中,西文字符所采用的编码是（　　）。
   - A. BCD 码
   - B. 国标码
   - C. EBCDIC 码
   - D. ASCII 码

3. 下列关于计算机病毒的叙述中,错误的是（　　）。
   - A. 计算机病毒是一种特殊的寄生程序
   - B. 感染过计算机病毒的计算机具有对该病毒的免疫性
   - C. 计算机病毒具有传染性
   - D. 计算机病毒具有潜伏性

4. 现代微机中所采用的电子元器件是（　　）。
   - A. 大规模和超大规模集成电路
   - B. 小规模集成电路

　　C．电子管　　　　　　　　　　D．晶体管

5．若将一幅图片以不同的文件格式保存，占用空间最大的图形文件格式是（　　）。

　　A．BMP　　　　B．JPG　　　　　C．GIF　　　　　D．PNG

6．ROM 中的信息是（　　）。

　　A．由生产厂家预先写入的　　　　B．在安装系统时写入的

　　C．由程序临时存入的　　　　　　D．根据用户需求不同，由用户随时写入的

7．在计算机指令中，规定其所执行操作功能的部分称为（　　）。

　　A．操作数　　　B．操作码　　　　C．地址码　　　　D．源操作数

8．度量计算机运算速度常用的单位是（　　）。

　　A．Mb/s　　　　B．MHz　　　　　C．MB/s　　　　D．MIPS

9．下列设备组中，完全属于计算机输出设备的一组是（　　）。

　　A．喷墨打印机，显示器，键盘

　　B．打印机，绘图仪，显示器

　　C．激光打印机，键盘，鼠标

　　D．键盘，鼠标，扫描仪

10．作为现代计算机理论基础的冯·诺依曼原理和思想是（　　）。

　　A．二进制和存储程序概念

　　B．自然语言和存储器概念

　　C．十进制和存储程序概念

　　D．十六进制和存储程序概念

11．下列不属于计算机人工智能应用领域的是（　　）。

　　A．医疗诊断　　B．在线订票　　　C．智能机器人　　D．机器翻译

12．企业与企业之间通过互联网进行产品、服务及信息交换的电子商务模式是（　　）。

　　A．B2B　　　　B．O2O　　　　　C．B2C　　　　　D．C2B

13．作为现代计算机基本结构的冯·诺依曼体系包括（　　）。

　　A．输入、存储、运算、控制和输出 5 个部分

　　B．输入、数据存储、数据转换和输出 4 个部分

　　C．输入、过程控制和输出 3 个部分

　　D．输入、数据计算、数据传递和输出 4 个部分

14．SQL Server 2005 属于（　　）。

　　A．应用软件　　　　　　　　　　B．操作系统

　　C．语言处理系统　　　　　　　　D．数据库管理系统

15．计算机能直接识别和执行的语言是（　　）。

　　A．机器语言　　B．高级语言　　　C．汇编语言　　　D．数据库语言

16．1946 年诞生的世界上公认的第一台通用计算机是（　　）。

　　A．UNIVAC-1　　　　　　　　　B．EDVAC

　　C．ENIAC　　　　　　　　　　　D．IBM560

17. 十进制数 60 转换为无符号二进制整数是 （　　　）。

　　A．0111100　　　　B．0111010　　　　C．0111000　　　　D．0110110

18. 若删除一个非零无符号二进制偶整数后的 2 个 0，则此数的值为原数的（　　　）。

　　A．4 倍　　　　　　B．2 倍　　　　　　C．1/2　　　　　　　D．1/4

19. 在 ASCII 码表中，根据码值由小到大排列的是 （　　　）。

　　A．空格字符、数字符、大写英文字母、小写英文字母

　　B．数字符、空格字符、大写英文字母、小写英文字母

　　C．空格字符、数字符、小写英文字母、大写英文字母

　　D．数字符、大写英文字母、小写英文字母、空格字符

20. 计算机指令由两部分组成，它们是（　　　）。

　　A．运算符和运算数　　　　　　　B．操作数和结果

　　C．操作码和操作数　　　　　　　D．数据和字符

二、简答题

1. 计算机的发展趋势是什么？调查我国超级计算机的发展状况。

2. 简述计算机的主要应用领域，以及你对云计算、物联网、移动网、智慧城市的理解。

3. 计算机内部为什么要采用二进制编码表示？

4. 一台普通计算机的主要硬件有哪些？各部件的主要功能是什么？

5. 网络行为有哪些？如何规范自己的网络行为？

参 考 答 案

一、选择题

1．A　　2．D　　3．B　　4．A　　5．A

6．A　　7．B　　8．D　　9．B　　10．A

11．B　　12．A　　13．A　　14．D　　15．A

16．C　　17．A　　18．D　　19．A　　20．C

二、简答题

略

第2章 操作系统基础

操作系统是直接控制和管理计算机系统软、硬件资源的核心系统软件，计算机系统的运行是在操作系统控制下自动进行的，而且计算机也主要是通过操作系统提供的界面与用户进行对话。因此，人们要想学会使用计算机，首先就要学会使用操作系统。

2.1 操作系统简介

2.1.1 操作系统的地位

我们把一台没有安装任何软件的计算机称为裸机，而实际与用户打交道的计算机系统则是经过若干层软件改造的计算机。在众多计算机软件中，操作系统占有特殊且重要的地位。如图 2-1 所示，操作系统是最基本的系统软件，其他所有软件都是建立在操作系统基础之上的。操作系统是用户与计算机硬件之间的接口，没有操作系统作为中介，用户对计算机的操作和使用将变得非常困难，而且效率极低。因此，操作系统不仅管理着计算机内部的一切事务，还承担了计算机与用户交互的接洽工作。

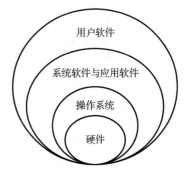

图 2-1　用户与操作系统之间的关系

操作系统通过对计算机系统的软、硬件资源进行合理的调度和分配，从而可以改善资源的共享和利用状况，最大限度地发挥计算机系统的工作效率，即提高计算机系统在单位时间内处理任务的能力。同时，操作系统还可以为用户提供友好的工作环境，改善用户与计算机的交互界面。如果没有这个接口软件，用户将面对一台只能识别由 0、1 组成的信息的机器（裸机）。

操作系统是指控制和管理整个计算机系统的硬件和软件资源，并合理地组织调度计算机的工作和资源分配，以提供给用户和其他软件方便的接口和环境的程序集合。计算机操作系统是随着计算机研究和应用的发展逐步形成并发展起来的，它是计算机系统中最基本的系统软件。人们通过操作系统来使用计算机，系统协调安排给计算机的各种任务。

2.1.2 操作系统的作用和功能

1. 操作系统的作用

操作系统的作用主要体现在两个方面。

（1）有效地管理计算机系统的各种资源

计算机系统资源包括硬件资源和软件资源,硬件资源是指 CPU、存储器及各种输入、输出设备等硬件；而程序和数据等资源称为软件资源。操作系统就像一个大管家,科学地管理好这些资源,并把它们合理地分配给正在运行的各个程序。同时操作系统也是一个指挥家,指挥各个程序有条不紊地工作,我们把操作系统的这部分工作称为调度。总之,操作系统通过对资源的科学管理和对程序的合理调度来提高资源的利用率和程序的运行效率。

（2）提供简单有效的操作接口

什么是接口呢？例如,手机是我们生活中常用的,也是比较复杂的电子产品之一,但我们并不需要知道手机的内部构造和工作原理,只通过手机提供的各个按钮和显示屏上显示的各种数据就可以很方便地使用手机了,这就是接口,也称为界面。同样,操作系统也为方便用户使用计算机提供了简单有效的操作界面,通过操作界面,不懂计算机的用户也可以轻松地使用计算机。

2. 操作系统的功能

从资源管理的角度来看,操作系统有如下几个主要功能。

（1）处理器管理

处理器是计算机系统中宝贵的稀有资源,应该最大限度地提高处理器的利用率。为了提高处理器的利用率,不同的操作系统采用了不同的策略和处理方式,如批处理方式、分时处理方式、实时处理方式等。

（2）存储管理

存储管理是指操作系统对内存的管理。在多道程序环境下,要想允许内存中同时运行多个程序,就必须提高内存的使用效率。操作系统的存储管理主要有如下几个：①存储分配与回收；②存储保护,保证进程间互不干扰、相互保密；③地址映射,进程逻辑地址到内存物理地址的映射；④内存扩充,提高内存利用率、扩大进程的内存空间。

（3）设备管理

设备管理的主要任务是管理计算机系统中所有的外设。系统负责设备的驱动和分配,为设备提供缓冲区以缓和 CPU 同各种外设的 I/O 速度不匹配的矛盾,并响应用户提出的 I/O 请求,发挥设备的并行性功能,提高设备的利用率。

（4）文件管理

在现代计算机系统中,通常把程序和数据以文件的形式存储在外存上供用户使用,在操作系统中配置了有关文件管理的软件,主要任务是对用户文件和系统文件进行有效管理,实现文件的共享、保护和保密,保证文件的安全。

（5）作业管理

作业或任务在系统中运行时,是以一个或多个进程的形式在机器中呈现的。作业管理的内容包括作业的调度、作业的撤离等,这些都对应着进程的各种运行状态,主要有创建状态、就绪状态、执行状态、阻塞状态和终止状态。操作系统屏蔽了针对作业的烦琐而又必需的底层操作,而以一组用户能理解的作业交互方式来帮助用户完成对作业任务的操作,这一功能即操作系统的作业管理功能。

2.1.3　操作系统的发展

1. 手工操作

世界上第一台通用计算机于 1946 年诞生时，还不存在"操作系统"这一概念。当时的计算机操作是由用户（即程序员）采用人工操作方式直接使用计算机硬件系统，即由程序员将事先已穿孔（对应的程序和数据）的纸带（或卡片）装入纸带输入机（或卡片输入机），通过输入机将程序或数据输入计算机内存中；之后，用户需要以手工方式来启动程序以处理数据。由于计算机处理数据一般需要一段时间，因此，在此过程中，用户只能等待；计算机处理完数据后，一般会通过输出机打印处理结果，最后，用户才能以手工方式取走处理结果。至此，用户操作计算机来处理数据的整个过程才结束。

上述的手工操作全靠人力完成，有时虽然计算机处理只需几分钟，但"插/拔线"这项工作却需要好几天。这种纯手工操作有两个明显的缺点：①多个用户只能排队轮流使用同一台计算机，其资源利用率非常低；②因为 CPU 的运行速度比用户的手工操作速度要快得多，所以在用户操作计算机的过程中，大部分时间里 CPU 都在等待用户的手工操作，因此计算机的 CPU 不能被充分利用。

2. 批处理系统

手工操作方式已经严重地降低了系统资源的利用率，为了解决这个问题，人们想出了一种可行的解决方案——批处理系统。人们在主机和输入机间增加了一个存储设备——磁带，并在主机上加载和运行一个软件——监督程序；让监督程序控制主机，使主机能自动、成批地将输入机上的用户作业读入磁带，并依次将磁带上的用户作业读入主机内存，逐一进行数据处理；待数据全部处理完成后，在输出机上，会依次输出处理结果，以便用户能取走使用；在完成一批作业后，监督程序就会将另一批作业从输入机读入磁带中，并按照上述步骤重复处理。

由于磁带输入主机中的速度比从输入机通过纸带方式输入的速度要快得多，而且避免了人机直接进行交互，因此直接减少了作业建立及衔接的时间，从而有效地提高了计算机的资源利用率，最终在一定程度上缓解了上述的"人机矛盾"。

该方案仍然存在一个问题：在作业输入和结果输出期间，计算机的 CPU 处于空闲和无事可做的状态，这就产生了新的矛盾——CPU 的运行速度太快，而 I/O 设备的运行速度太慢。

3. 脱机批处理系统

鉴于上述批处理系统的缺点，人们又提出了另外一种解决方案——脱机批处理系统。该系统事先将装有用户程序或数据的纸带装入纸带输入机，在一台外围机的控制下把纸带上的数据输入磁带，当 CPU 需要这些程序和数据时再从磁带高速地调入内存。类似地，当 CPU 需要输出时，可由 CPU 直接高速地将数据从内存送到磁带，然后在另一台外围机的控制下，将磁带上的结果通过输出设备输出。这一方案被称为脱机批处理系统，而之前没有加入外围机的方案被称为联机批处理系统。

但是到了 20 世纪 60 年代后，随着应用的广泛进行，脱机批处理系统也暴露了新的问题：每次上机作业时，由于在主机的内存中仅能存放一道作业，一旦作业需要进行输入或输出，高速的 CPU 便不得不等待低速的 I/O 操作，从而空闲下来，这严重地浪费了系统资源。

4. 多道批处理系统

为了进一步提高资源的利用率和系统的吞吐量，在 20 世纪 60 年代中期又引入了多道程序设计技术，由此形成了多道批处理系统。在该系统中，用户所提交的作业都存放在外存上并排成一个队列，该队列被称为"后备队列"；然后，由作业调度程序按一定的算法从后备队列中选择若干个作业调入内存，使它们共享 CPU 和系统中的各种资源，以达到提高资源利用率和系统吞吐量的目的。

基于批处理系统引入多道程序设计技术就形成了多道批处理系统。它具有以下两个优点：①多道，系统可同时装载、运行多个作业，这些作业宏观上并发运行，微观上交替运行；②成批，作业可成批装入系统运行。

随着应用的逐步深入，多道批处理系统又暴露出两个新问题。①无法进行人机交互。用户一旦装入作业后就无法干预，仅能等待着系统将该作业处理完成后得到结果，这为用户的使用带来不便。②单用户。因每个用户在整个作业的运行期间都独占了全机的全部资源，故资源的利用率较低。随着计算机资源的丰富，如 CPU 速度的不断提高，这个缺点变得更加明显。

5. 分时系统

为了解决多道批处理系统暴露出的新问题，又引出了一种新的解决方案——分时技术。分时技术是把处理机的运行时间分为很短的时间片，按时间片轮流把处理机分给各联机作业使用。如果某个作业在分配给它的时间片用完之前计算还未完成，该作业就暂时中断，等待下一轮继续计算，此时处理机让给另一个作业使用。

由此可得出，分时系统具有以下 3 个优点。

1）多任务、多用户。若干个作业可在同一台机器中微观上轮流运行，而宏观上并发运行。

2）交互性。在作业运行过程中，用户可根据实际情况提出新的要求来完成人机交互。

3）独立性。作业之间可互相独立执行而互不干扰。

6. 实时系统

在分时系统中，当需要处理的任务数过多时，每个人需要等待的时间就会变长，因此分时系统对于有些对实时性要求非常高的场合是非常不适用的。例如，火炮的自动控制系统需要机器对任务不仅仅是及时响应，而更是实时响应，即系统应该在收到指令后确保第一时间内执行指令，有着非常高的实时要求。

在这样的实时控制系统或实时信息处理等对时间敏感的应用场景中,当外界事物或数据产生时,要求系统能接收并以足够快的速度予以处理,其处理的结果又能在规定的时间之内来控制生成过程或对处理系统做出快速的响应。而对于这种需求,分时系统并不能确保一定满足。因此,针对这一应用场景又提出了一种新的解决方案,即实时操作系统。它具有两个特点:响应的及时性和高可靠性。

2.1.4　主流操作系统

主流操作系统主要有以下 4 个。

1. DOS

DOS(disk operating system,磁盘操作系统)是一种单用户、单任务、字符用户界面的操作系统。DOS 是 IBM 公司专门为其 20 世纪 80 年代初期研制的 PC 量身定制的,它对计算机硬件的要求较低,系统程序也不大,整个系统可以存储在一张软盘上。

当时的 PC 运算速度慢,内存只有 640KB,没有或只有很小容量的硬盘,非常适合DOS。进入 20 世纪 80 年代后期,随着半导体技术的迅速发展,PC 在不断地更新换代,内存容量、硬盘空间及显示设备的性能也在不断进步。DOS 的版本从 1.0 发展到最后的7.0,以适应 PC 功能的不断增强。但它仍然存在许多自身无法克服的缺点:①采用命令行式的操作方式,命令繁多(约 100 多条),初学者较难掌握;②低版本 DOS 受 640KB内存的限制,高版本 DOS 使用高端内存的设置又比较复杂;③不能同时运行多个应用程序,高版本 DOS 虽然可以运行多个任务,但性能较差;④人机交互界面为字符界面,不够友好和美观;⑤将所有的资源都向用户和应用程序开放,使系统很容易遭受病毒的感染和攻击。

2. Windows 操作系统

Windows 操作系统是一种基于图形用户界面的、单用户、多任务操作系统。由于其易学易用,并具有良好的兼容性和强大的功能,Windows 操作系统已经成为全世界 PC的首选操作系统。下面简单介绍 Windows 系统的发展历程。

(1)Windows 3.×

1983 年,微软公司首次推出的 Windows 1.0 是一个很不成熟的产品。1987 年 10 月推出的 Windows 2.0 首次使用了层叠式的窗口系统,但由于当时的 PC 性能不佳,用户不多。1990 年 5 月推出的 Windows 3.0 版提供了全新的用户界面和方便的操作手段,突破了 640KB 常规内存的限制,可以在任何方式下使用扩展内存,具有运行多道程序、处理多任务的能力。后来又相继推出了功能更强的 Windows 3.1 和 Windows 3.2。

Windows 3.×并不是一个独立的操作系统,而是一个在 DOS 下运行的系统软件。

(2)Windows 95/98/ME

Windows 操作系统自 Windows 95 之后才成为一个真正独立的操作系统。Windows操作系统的单机版本主要经历了 Windows 95、Windows 98、Windows 98SE(Second Edition 第 2 版)和 Windows ME(Millennium Edition 千禧版)。

Windows 95 增加了 32 位计算的功能，并大大增强了用户界面的友好程度。

Windows 98 对 Windows 95 做了重要改进，它支持新一代的硬件技术，改善了通信和网络性能，同时加强了操作系统和浏览器的结合。

（3）Windows NT/2000/XP

Windows NT 是专门为局域网设计的网络操作系统。Windows 操作系统的网络版本也经历了由 Windows NT 的一系列版本发展到 Windows 2000，以及后来推出的 Windows XP。

Windows 2000 包括 Windows 2000 Professional、Windows 2000 Server、Windows 2000 Advanced Server 和 Windows 2000 Datacenter Server 这 4 个版本。从功能与易用性上来讲，Windows 2000 Professional 是一个多面手，它既能满足商业用户在可靠性与安全性方面的要求，又能满足家庭用户在多媒体功能与易用性方面的要求。

Windows XP 包括 Windows XP Professional、Windows XP Home Edition 和 Windows XP 64-bit Edition 这 3 个版本。Windows XP Professional 是为商业用户设计的，有最高级别的可扩展性和可靠性；Windows XP Home Edition 有最好的数字媒体平台，是家庭用户和游戏爱好者的最佳选择；Windows XP 64-bit Edition 可满足专业的、技术工作站用户的需要。

（4）Windows Vista/Windows 10

2007 年 1 月 30 日，微软公司正式推出了一个具有创新历史意义的版本 Windows Vista。该操作系统相对于 Windows XP 来说，其内核几乎全部重写，增加了上百种新功能。其中包括被称为"Aero"的全新图形用户界面、加强后的搜寻功能、新的多媒体创作工具，以及重新设计的网络、音频、输出（打印）和显示子系统。Vista 操作系统使用点对点技术提升了计算机系统在家庭网络中的通信能力，使在不同计算机或装置之间分享文件与多媒体内容变得更简单。但 Vista 操作系统的缺点也很多，如启动速度慢、兼容性不佳等，导致其用户并不多。

Windows 10 是由美国微软公司开发的应用于计算机和平板计算机的操作系统，于 2015 年 7 月 29 日发布正式版。Windows 10 操作系统在易用性和安全性方面有了极大的提升，除针对云服务、智能移动设备、自然人机交互等新技术进行融合外，还对固态硬盘、生物识别、高分辨率屏幕等硬件进行了优化、完善与支持。

3．UNIX 操作系统

UNIX 操作系统是一种性能先进、功能强大、使用广泛的多用户、多任务的操作系统，一直是工作站和一些中小型计算机的主流操作系统。

1969～1970 年，Dennis Ritchie 和 Ken Thompson 首先在 PDP-7 机器上实现了 UNIX 操作系统。最初的 UNIX 操作系统版本是用汇编语言写的；不久，Thompson 用一种较高级的 B 语言重写了该系统；1973 年，Ritchie 又用 C 语言对 UNIX 操作系统进行了重写。1976 年，正式公开发表了 UNIX V.6 版本，开始向美国各大学及研究机构颁发使用 UNIX 操作系统的许可证并提供源代码，以鼓励他们对 UNIX 操作系统进行改进，这一措施也极大地推动了 UNIX 操作系统的迅速发展。

随着 UNIX 操作系统的不断完善和发展，许多公司将其移植到自己生产的机器上，如 DEC 公司的 Ultrix OS、IBM 公司的 AIX OS 等。后来，随着微机性能的提高，人们又将 UNIX 移植到微机上。

4. Linux 操作系统

Linux 操作系统是一种与 UNIX 兼容的操作系统，它能够运行 UNIX 操作系统的大多数工具软件、应用程序和网络协议，并支持 32 位和 64 位的硬件。Linux 操作系统及其生成工具的源代码是完全公开的，用户可以通过 Internet 免费获取这些源代码，稍加修改后就能非常容易地建立自己的、个性化的 Linux 开发平台，开发 Linux 应用软件。

1991 年 9 月 17 日，芬兰大学生 Linus Torvalds 发布了第一个 Linux 操作系统 Linux 0.01。Linux 操作系统继承了 UNIX 操作系统以网络为核心的设计思想，支持多任务、多进程和多 CPU，是一个性能稳定的多用户网络操作系统。它可以轻松地与 TCP/IP（transmission control protocol/internet protocol，传输控制协议/互联网协议）、LAN Manager、Windows for Workgroups、Novell NetWare 或 Windows NT 集成在一起，提供网络系统的 Web 服务、FTP（file transfer protocol，文件传输协议）服务、Proxy 服务、防火墙、电子邮件服务、域名服务（domain name service，DNS）等，并具有成本低、性能好、功能强等特点。

Linux 操作系统的模块化设计结构，使它具有优于其他操作系统的扩充性，用户只要对 Linux 的源代码稍加修改，就可以实现特定的功能。众多的厂商利用 Linux 核心程序，再加上一些自己研制的外挂程序，就变成了现在的各种 Linux 版本。我国开发的版本主要有红旗 Linux 和蓝点 Linux 等。

2.2　Windows 10 操作系统

2.2.1　Windows 10 操作系统简介

Windows 10 操作系统是微软公司研发的新一代跨平台及设备应用的操作系统，它是微软发布的最后一个独立 Windows 版本，共有 7 个发行版本（家庭版、专业版、企业版、教育版、移动版、移动企业版和物联网核心版），分别面向不同的用户和设备。Windows 10 操作系统贯彻了"移动为先，云为先"的设计思想，一云多屏，多个平台共用一个 Windows 应用商店，应用统一更新和购买，是跨平台最广的操作系统。

Windows 10 不仅延续了 Windows 家族的传统，也在系统版本的基础上进行了重大变化，功能设计更加人性化，系统要求更低，资源利用率更高，给用户带来了更多的全新体验。

1. 全新的"开始"菜单

微软在 Windows 8 操作系统中取消了 Windows 操作系统经典的"开始"菜单，以致引来了一些用户的不满。熟悉的桌面"开始"菜单终于在 Windows 10 操作系统中正式归位，不过它的旁边增了一个 Modern 风格的区域，改进的传统风格与新的现代风格有机地结合在一起。"开始"菜单的左侧显示的是传统"开始"菜单命令，选项以首字母顺序显示；右侧显示的是磁贴，如图 2-2 所示。

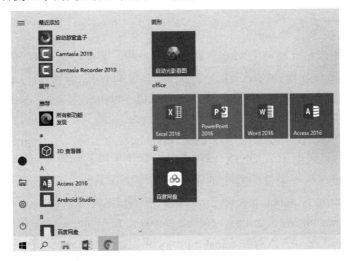

图 2-2　"开始"菜单

2. Cortana 智能助理

语音助手 Cortana 位于底部任务栏"开始"按钮右侧，支持使用语音唤醒。Cortana是用户的私人助手，它不只是简单的语音交流，还可以帮助用户在计算机上查找资料、管理日历、跟踪程序包、查找文件、与用户聊天，还可以讲笑话，如图 2-3 所示，可以通过 Cortana 查看天气情况。Cortana 的中文名是"小娜"，用户可以跟它聊天，还可以召唤小娜的妹妹"小冰"，只需在搜索框中输入"召唤小冰"就可以和"小冰"聊天了。

图 2-3　Cortana 助手

3. Microsoft Edge 浏览器

在 Windows 10 操作系统中使用全新的 Microsoft Edge 浏览器来替代 Internet Explorer（IE 浏览器），拥有全新内核的 Microsoft Edge 浏览器对 HTML 5 等新兴标准和多媒体内容的支持更好，新增涂鸦写、书签导入、密码管理、与 Cortana 集成、阅读模式等功能，且日后还将兼容 Chrome、FireFox 等第三方扩展插件。

4. 多任务管理界面

Windows 10 任务栏左侧有一个"任务视图"按钮，单击该按钮，或者使用 Windows+Tab 组合键，会以缩略图的形式显示当前桌面已经打开的窗口，如图 2-4 所示，方便用户快速进入指定的应用或关闭某个应用。再次单击"任务视图"按钮，或使用 Windows+Tab 组合键，或在任务视图界面中单击任一空白位置都可以退出任务视图。

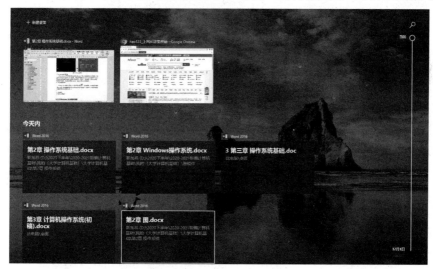

图 2-4　Windows 10 任务视图

5. 虚拟桌面

单击图 2-4 左上角带有加号的"新建桌面"按钮，或使用 Windows+Ctrl+D 组合键，可以创建多个桌面环境，给用户带来更多的桌面使用空间。新建的桌面可以运行其他程序，与原桌面程序分开管理，用户可以在不同桌面间自由切换。对于喜欢同时打开多个软件、应用、文件的用户来说，在切换应用、关闭应用等方面可以有效地提高工作效率。

6. 多平台切换模式

Windows 10 为用户提供了两种平台模式：桌面模式和平板模式。桌面模式是台式计算机的桌面显示样式。平板模式以全屏显示尺寸显示开始屏幕，在该模式下打开程序的窗口会最大化显示，同时会隐藏任务栏上的大部分图标，只保留"开始""搜索 Cortana""任务栏""上一步"图标。

切换平板模式的方法如下。

单击任务栏右下角的"通知中心"按钮，弹出"通知中心"窗格，如图 2-5 所示，单击"平板模式"按钮，即可将桌面切换为平板模式。

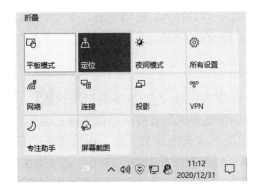

图 2-5 "通知中心"窗格

2.2.2 Windows 10 操作系统的基本要素

1. 桌面

桌面是打开计算机并登录 Windows 10 操作系统之后看到的主屏幕区域,是 Windows 10 操作系统的屏幕工作区。桌面由桌面图标、任务栏、桌面背景等组成,如图 2-6 所示。

图 2-6 Windows 10 操作系统的桌面

(1) 桌面图标

桌面图标由文字和图标组成,是代表文件夹、文件、程序和其他项目的软件标志,文字是用来描述图标所代表对象的含义的。图标有系统图标、文件图标、快捷方式图标。Windows 10 操作系统的桌面图标默认只显示回收站,而桌面完整的系统图标有 5 个图标,包括此电脑、回收站、用户的文件夹、控制面板和网络。可以在桌面的空白处右击,在弹出的快捷菜单中选择"个性化"选项,打开"设置"窗口,在左侧窗格中选择"主题"选项卡,在右侧窗格中单击"桌面图标设置"链接,弹出"桌面设置图标"对话框。

在该对话框中可以设置要显示的系统图标、更改图标等，如图 2-7 所示。

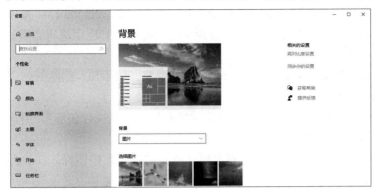

图 2-7 桌面图标设置

当图标上有一个箭头时，如图 2-8 所示，表示该图标是快捷方式图标。快捷方式图标是一个表示与某个项目链接的图标，它不是项目的本身。因此在复制或删除快捷方式图标时并没有真正地复制或删除该项目。如果要给一个项目创建快捷方式，在要创建快捷方式的对象上右击，在弹出的快捷菜单中选择"创建快捷方式"选项即可。

图 2-8 文件图标与快捷方式图标

桌面上除可以放置系统图标和快捷方式图标外，还可以放置用户文件及文件夹。一般情况下，系统默认的桌面是存储在 C 盘上的，为了防止系统崩溃后重新安装系统而导致文件丢失，用户最好不要将文件及文件夹这些重要的数据存储在桌面上。

（2）任务栏

任务栏的主要作用是快速启动、管理和切换各个应用程序。每当用户打开或启动一个应用程序后，在任务栏上就会出现一个代表该程序窗口的按钮，按钮上会显示表示该程序窗口的图标及标题文字。如果想在窗口之间进行切换，只需单击任务栏上相应的按钮即可。关闭一个窗口后，任务栏内与之对应的按钮也会随之消失。

任务栏一般位于桌面的最下方，由"开始"按钮、任务视图、任务栏、通知区域和"显示桌面"按钮等 5 个部分组成，如图 2-9 所示。

"开始"按钮 任务视图 任务栏 通知区域 "显示桌面"按钮

图 2-9 Windows 10 操作系统的任务栏

1）"开始"按钮：在任务栏的最左边，是运行 Windows 10 操作系统应用程序的入口，也是执行程序最常用的方式。"开始"菜单的左侧为按字母索引排序的应用程序，右侧为磁贴，可将应用程序固定在开始屏幕中。"开始"菜单中的应用程序支持跳转列表。跳转列表可以保存最近打开的文档记录，通过选择这些记录可以快速访问这些文档，在应用程序图标上右击即可打开跳转列表及其常用功能。

"开始"菜单右侧类似于图标的图形方块，称为动态磁贴，其功能与快捷方式类似，但不限于打开应用程序。部分动态磁贴显示的信息是随时更新的，如 Windows 10 操作系统自带的日历应用，在动态磁贴中即显示当前的日期信息，无须打开应用进行查看。因此，动态磁贴能非常方便地呈现用户所需的信息。

用户还可以根据自己的需要对"开始"菜单的布局进行调整，如添加、删除开始屏幕应用程序，或调整开始屏幕程序显示的位置等。

2）任务栏：存放着最常用的快捷图标，它们"随时待命"准备"执行任务"。用户也可以将自己常用的应用固定到任务栏，操作方法如下。

① 将桌面应用程序固定到任务栏。选择要固定到任务栏的应用程序图标，在该图标上右击，在弹出的快捷菜单中选择"固定到任务栏"选项即可。

② 将"开始"菜单中的应用程序固定到任务栏。在"开始"菜单的应用程序图标上右击，在弹出的快捷菜单中选择"更多"→"固定到任务栏"选项即可，如图 2-10 所示。

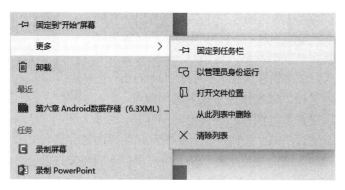

图 2-10　将"开始"菜单中的应用程序固定到任务栏

3）任务视图：表示正在运行的程序，处于按下状态的代表前台活动的程序。凡是正在运行的程序，任务栏上都有相应的按钮，而关闭程序后，任务栏上的相应任务按钮也会随之消失。可通过单击任务视图按钮，打开虚拟桌面，选择某个任务或按 Alt+Tab 组合键来切换程序。

4）通知区域：存放着系统开机状态下常驻内存的一些程序，如音量控制、输入法按钮、系统时钟等。

5）"显示桌面"按钮：当用户单击该按钮或将鼠标指针指向此按钮时，所有打开的窗口都会淡出视图，以显示桌面。若要再次显示这些窗口，只需再次单击该按钮或将鼠标指针移开"显示桌面"按钮即可。

（3）桌面背景

在 Windows 操作系统中，桌面显示属性设置是用户个性化工作环境的体现。为了方便用户操作，操作系统提供多种方案供用户选择。用户可以根据自己的喜好和需要设置桌面的背景，设置方法如下。

1）右击桌面的空白处，在弹出的快捷菜单中选择"个性化"选项，在打开的"设置"窗口的左侧窗格中选择"背景"选项卡。

2）在中间区域的"背景"下拉列表中选择"图片"选项，单击"浏览"按钮，如图 2-11 所示，在弹出的对话框中选择合适的图片作为背景即可。

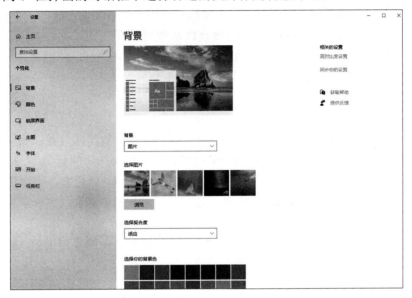

图 2-11　选择"背景"图片

还可以在"选择契合度"下拉列表中指定显示方式，如填充、适应、拉伸、平铺、居中或跨区，默认方式为填充。

2. Windows 10 操作系统的窗口及对话框

窗口与对话框是 Windows 操作系统图形用户界面的基石，而窗口作为 Windows 操作系统的基本特征，也是用户与计算机交互的重要手段。因此，为使用 Windows 操作系统，用户有必要了解窗口的基本组成，掌握窗口的一些基本的操作方法。

（1）Windows 10 操作系统的窗口

在 Windows 10 操作系统图形用户交互层面，窗口是图形用户界面的对象之一，它是屏幕上的一个应用程序的矩形区域，是用户与程序间的可视化操作界面。一般而言，用户每开始运行一个用户程序，该程序就会创建并显示一个窗口。窗口的种类很多，不同应用程序的窗口结构会有所不同。下面以"此电脑"的窗口为例来说明，如图 2-12 所示。窗口的主要构成元素有以下几个。

1）标题栏：在窗口的顶部，用于显示窗口（运行的应用程序）的名称，其右侧依次是"最小化"、"最大化/还原"和"关闭"3 个控制按钮。

2）快速访问工具栏：位于标题栏的左侧，显示当前窗口图标和查看属性、新建文件夹、自定义快速访问工具栏 3 个按钮。

3）窗口控制按钮：窗口控制按钮中有"最小化"、"最大化"和"关闭"按钮。当窗口最大化后，"最大化"按钮将变为"还原"按钮，这两个按钮不能同时存在。单击

"还原"按钮，可以使最大化的窗口还原到最大化前的普通窗口。

4）菜单栏：包含该窗口操作的大多数命令，主要有按照文件、编辑、查看、工具和帮助进行分类的若干类。

5）控制按钮：位于地址栏的左侧，主要用于返回、前进、上移到前一个目录位置。

6）地址栏：位于菜单栏的下方，主要反映从根目录开始到现在所在目录的路径，单击地址栏即可看到具体的路径。在地址栏中直接输入路径地址，单击"转到"按钮或按 Enter 键，可以快速到达要访问的位置。

7）搜索框：位于地址栏的右侧，通过在搜索框中输入要查看信息的关键字，可以快速查找当前目录中相关的文件、文件夹。

8）导航窗格：位于控制按钮下方，显示计算机中包含的具体位置，如快速访问、此电脑、网络等，用户可以通过左侧的导航窗格，快速访问相应的目录。

9）工作区：位于导航窗格右侧，用于显示应用程序的具体内容，可以进行浏览、编辑、运行等操作。当工作区的内容太多而显示不下时，其右侧和（或）下方会出现滚动条。

10）状态栏：位于导航窗格下方，会显示当前目录文件中的项目数量，也会根据用户选择的内容，显示所选文件或文件夹的数量、容量等信息。

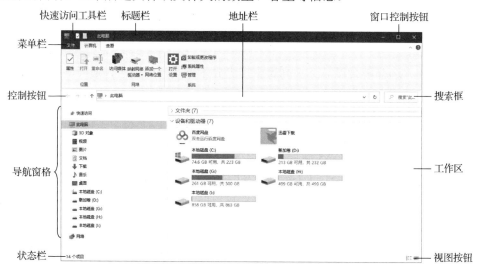

图 2-12　Windows 10 操作系统的窗口

（2）Windows 10 操作系统的对话框

对话框是基本图形用户界面的对象之一，它通常分为有模式对话框与无模式对话框。两者的区别如下：当用户与系统进行交互时，有模式对话框会强制用户进行回应，否则用户不能执行下一步操作，并且当用户试图操作对话框外的界面对象以试图让任务执行其他功能时，系统通常会有"当当当"的声音提示。常见的打开文件对话框是一个典型的有模式对话框。而无模式对话框则不强制用户进行回应，用户可不理会该对话框而操作对话框外的界面对象，它不影响程序的运行。常见的工具栏等是一个典型的无模式对话框。

对话框是一种特殊的窗口，不能改变大小，没有"最大化""最小化"按钮。不同对话框的外形与内容差异很大，但大多数对话框由以下几种界面元素组成：标题栏、选项卡、文本框、列表框、命令按钮、单选按钮、复选框、提示文字等，如图 2-13 所示。

3. 剪贴板及其使用

"剪贴板"实际上是内存中的一块临时存放交换信息的区域，为用户在不同应用程序之间实现信息交换提供了非常方便且有效的手段。借助"剪贴板"可以实现不同应用程序之间或同一个应用程序的不同文档之间的信息传送和信息共享，这些信息可以是一段文字、数字或符号组合，还可以是声音或图形等操作对象。只要 Windows 操作系统处于运行状态，"剪贴板"便处于工作状态，随时准备接收或发送所需传送的信息。使用"剪切"或"复制"命令对数据进行操作后，实际上是把这些数据暂时存放在剪贴板中。

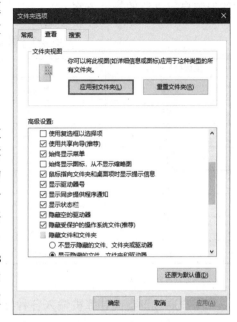

图 2-13 "文件夹选项"对话框

4. 鼠标和键盘的基本操作

鼠标是 Windows 10 操作系统操作的首选用具，用户通过移动鼠标和单击相关按钮来执行 Windows 10 操作系统的命令。键盘是 Windows 10 操作系统操作的必备用具，即使没有鼠标，用户也可以通过"菜单+键盘"的方式来操控计算机。

（1）鼠标操作

鼠标的 5 种基本操作包括：指向、单击、右击、双击和拖放。

1）指向：不按鼠标键，移动鼠标，将鼠标指针移动到某一具体的对象之上，用于确定操作对象。

2）单击：按下鼠标左键，并立即释放。用于选定操作对象，若单击的对象是菜单项或快速启动栏中的选项，则表示要执行与该菜单项关联的操作命令或启动单击的应用程序。

3）右击：按下鼠标右键，并立即释放。在选中的对象上右击，通常都会弹出与该对象的操作有关的快捷菜单，通过快捷菜单可以方便地执行操作命令。

4）双击：快速地进行两次鼠标左键的单击操作，用于执行选定的程序或执行与选定的文件相关联的应用程序。

5）拖放：先将鼠标指针指向已选定的目标对象，按住鼠标左键，移动鼠标把目标拖动到新的位置，再释放鼠标左键，即可将该文件移动到目标位置。如果按住 Ctrl 键后再拖动到目标位置并释放，则是将该对象复制到目标位置。

在不同的情况下，鼠标指针的形状会不一样，其含义也不同。Windows 10 操作系统提供了多种指针方案供用户选择，表 2-1 是一种标准方案。当然，用户也可以从网上下载安装自己喜欢的指针方案。

表 2-1　鼠标指针的形状及其含义

鼠标指针的形状	含义	鼠标指针的形状	含义
	标准选择		调整垂直大小
	帮助选择		调整水平大小
	后台操作		对角线调整 1
	忙		对角线调整 2
	精确定位		移动
	选定文本；插入文本		候选
	手写		链接选择
	禁止操作		不可用

（2）键盘操作

用户通过键盘向计算机输入各种指令、数据，指挥计算机的工作。键盘完全可以代替鼠标，只是操作起来不大方便，但在某些情况下，使用键盘操作比使用鼠标操作更为快捷。操作系统及许多其他软件为了方便某些常用操作都设置了快捷键或组合键，熟记一些常用组合键可以提高用户的操作效率。常用快捷键如表 2-2 所示。

表 2-2　常用快捷键

快捷键	功能
F1	显示被选中对象的帮助信息
Ctrl+A	选中所有显示的对象
Ctrl+C	复制对象
Ctrl+X	剪切对象
Ctrl+V	粘贴对象
Ctrl+Z	撤销操作
Ctrl+Space	启动或关闭输入法
Ctrl+Alt+Delete	启动 Windows 任务管理器
Delete	删除选中的对象
Print Screen	全屏复制到剪贴板
Alt+Print Screen	复制当前窗口、对话框或其他对象到剪贴板
Alt+F4	关闭当前窗口或退出程序
Alt+Tab	在当前打开的各个窗口之间进行切换
Alt 或 F10	激活菜单栏

2.3　文件管理

2.3.1　资源管理器

资源管理器是 Windows 操作系统提供的一个功能强大的资源管理工具,可以通过它查看本台计算机的所有资源,特别是提供的树形文件系统结构,能更清楚、更直观地认识计算机中的文件和文件夹,这是"此电脑"所没有的。在实际的使用功能上,资源管理器和"此电脑"没有什么不一样,两者都是用来管理系统资源的,也可以说都是用来管理文件的。另外,在资源管理器中还可以对文件进行各种操作,如选择、打开、复制、移动和删除等。

启动资源管理器的常用方法主要有:①按 Windows+E 组合键;②双击桌面上的"计算机""网络""回收站""个人文件夹"等系统图标;③单击"开始"菜单左侧的"文件资源管理器"链接;④右击"开始"按钮,在弹出的快捷菜单中选择"文件资源管理器"选项打开资源管理器。

下面简单介绍资源管理器的构成及常见的操作。

1. 快速访问工具栏

在 Windows 10 操作系统中,为了提高用户的使用体验,添加了快速访问工具栏,通过它可进行属性、新建文件夹和自定义快速访问工具栏的操作,如图 2-14 所示。

图 2-14　快速访问工具栏

单击"自定义快速访问工具栏"下拉按钮,在弹出的下拉列表中勾选"属性"和"新建文件夹"选项,如图 2-15 所示,表示在快速访问工具栏中添加这两个图标。若取消勾选"属性"选项,则表示在快速访问工具栏中删除"属性"命令对应的图标。

图 2-15　自定义快速访问工具栏

2．工具栏

在资源管理器中，工具栏的构成如图 2-16 所示。在"主页"选项卡中包含了对当前目录中文件或文件夹的一些操作，如复制、选择、粘贴、删除等；在"共享"选项卡中包含了对当前目录中文件或文件夹的共享操作；在"查看"选项卡中包含了对当前目录中文件的查看操作。此时，用户可在"窗格"选项组中选择文件夹的不同布局，在"布局"选项组中选择文件的显示方式，在"当前视图"选项组中选择文件的排序方式、分组依据等，在"显示/隐藏"选项组中选择隐藏或显示隐藏的项目、隐藏或显示文件扩展名，也可单击"选项"按钮以选择对文件进行其他更多的操作，如图 2-17 所示。

图 2-16　资源管理器的工具栏

图 2-17　"查看"选项卡

2.3.2　文件和文件夹的管理

1．文件的基本概念

文件是具有文件名的一组相关信息的集合。在操作系统中，除应用程序运行过程中产生的临时数据外，所有数据都是以文件的形式存在的。每个文件都有文件名和文件类型，文件名是文件存取的识别标志；文件类型用来说明文件中的数据在计算机中的存储格式和使用范围。

（1）文件名

在计算机中，每个文件都有一个文件名，文件名由主文件名和扩展名两部分构成，中间用"."隔开。扩展名表明文件的类型。文件名的格式为〈主文件名〉.〈扩展名〉。在 Windows 10 操作系统中为文件命名时，必须遵循以下命名规则：①在文件名中，最多可以有 255 个字符，可以用汉字命名，最多可以有 127 个汉字；②文件名中不能出现以下字符：\、/、|、:、*、?、"、<、>；③文件名中的英文字母不区分大小写。

（2）文件类型

在绝大多数操作系统中，文件的扩展名是用来表示文件的类型的。不同类型的文件处理方法是不一样的。用户不能随意更改文件扩展名，否则将无法打开或执行该文件。在 Windows 操作系统中，虽然允许扩展名为多个英文字符，但大部分扩展名习惯采用3 个英文字母。Windows 操作系统中常见的文件类型及其扩展名如表 2-3 所示。

表 2-3　常见的文件类型及其扩展名

扩展名	文件类型	扩展名	文件类型
.avi	影像文件	.mid	MIDI（乐器数字化接口）文件
.bmp	位图文件	.mp3	一种音乐文件
.com	命令文件（可执行的程序文件）	.pptx	演示文稿
.pdf	Adobe Acrobat 文档	.dbf	FoxPro 数据表文件
.docx	Word 文档文件	.sys	系统文件
.swf	Flash 文件	.html	网页文件
.exe	命令文件（可执行的程序文件）	.txt	文本文件
.gif	一种动画文件	.xlsx	Excel 电子表格文件
.hlp	帮助文件	.wav	波形文件
.jpeg	图像文件	.zip、.rar	压缩文件

（3）文件属性

文件除文件名外，还有文件的大小、占用存储空间、建立时间、存放位置等信息，这些信息称为文件的属性。

（4）文件路径

每个文件都可以用它所在的驱动器名、各级文件夹名及文件名来描述其位置，这种位置的表示方法称为"路径"。路径从左至右依次为驱动器号、要找到指定文件按顺序经过的全部文件夹的名称和文件名，如 C:\D1\D11\S1.docx 表示在 C 盘上的文件夹 D1中的子文件夹 D11 中的文件 S1.docx。这种从驱动器开始，逐级向下给出每个文件夹的名称，最后给出文件名的路径称为绝对路径；还有一种称为相对路径，即从当前正在访问的文件夹开始，逐级向下给出每个子文件夹的名称，最后给出文件名。

（5）文件名通配符

当用户要对某一类或某一组文件进行操作时，可以使用通配符来表示文件名中不同的字符，如表 2-4 所示。

表 2-4　通配符的含义

通配符	含义	举例
*	任意长度的任意字符	*.mp3 表示所有的 MP3 文件
?	任意一个字符	a?.txt 表示文件名由 2 个字母组成且第 1 个字母为 a 的 TXT 文件

（6）目录管理

计算机中的文件成千上万，如果把所有的文件存放在一起会有许多不便。为了有效地管理和使用文件，大多数文件系统允许用户在根目录下建立子目录（文件夹），也称一级目录；在子目录下再建立子目录（文件夹中建立文件夹），也称二级目录，如图 2-18 所示，可以将目录建成一棵倒立的树状结构，然后将文件分门别类地存放在不同的目录中。其中，树根为根目录，树中的每一个分枝为子目录，树叶为文件。

图 2-18　树状目录结构

2. 文件夹

文件夹用于存储程序、文档、快捷方式及其他子文件夹。使用文件夹便于组织文件，使磁盘中的文件有条不紊、查找方便。通常，一个文件夹中包含一些相关的文件。Windows 操作系统中的文件夹按照树形结构组织，系统通过文件夹名对文件夹进行各种操作。在 Windows 操作系统中，同一个文件夹中的文件或子文件夹不能同名。

3. 文件和文件夹的基本操作

文件中存储的内容可能是数据，也可能是程序代码，不同格式的文件通常会有不同的应用和操作。文件常见的操作有选取文件、新建文件、打开文件、重命名文件、删除文件、复制文件、移动文件等操作。

（1）选取文件

在操作系统中，对所有对象进行操作时要遵守"先选取，后操作"的原则，而选取对象有以下几种情况。

1）选取单个文件。选取单个文件可以通过鼠标的单击操作来完成。

2）选取多个连续文件。单击第一个对象，按住 Shift 键不放，然后单击最后一个对象；或者按住左键并拖动鼠标形成一个虚框，框内的所有对象均被选中，但如果要选取如图 2-19 所示的文件，此时就应该使用第一种方法，而不能使用框选进行选取。

图 2-19　选取多个连续的文件

3）选取多个不连续文件。在选取文件时，要选取的文件很多而又不连续，不需要选取的文件只有几个，此时可以采用反向选取，即按住 Ctrl 键的同时单击不需要选取的文件，再单击"主页"选项卡"选择"选项组中的"反向选择"按钮即可。如果只是要选取几个不连续文件，可以按住 Ctrl 键的同时，逐个单击要选取的文件即可。

4）全选。如果要选择所有文件，可以通过 Ctrl+A 组合键或单击"主页"选项卡"选择"选项组中的"全部选择"按钮或使用鼠标框选进行选取。

（2）新建文件

一般情况，用户可通过应用程序新建文件。另外，在桌面空白处右击，在弹出的快捷菜单中选择"新建"菜单中的相应文件选项来新建相应的文件，如图 2-20 所示。

图 2-20　新建文件

（3）打开文件

双击要打开的文件，此时计算机会自动寻找系统中能够识别该文件的软件进行打开；或右击要打开的文件，在弹出的快捷菜单中选择"打开"选项；或通过快捷方式图标打开文件。

（4）重命名文件

选择要重命名的文件，在该文件上右击，在弹出的快捷菜单中选择"重命名"选项，然后输入文件名即可。此时需要注意的是，如果在重命名时扩展名可见，此时只需要修改"."前面的主文件名，一般不需要修改"."后面的扩展名，特殊要求除外。如果需要改变文件的扩展名，而扩展名又没有显示出来，可以在"查看"选项卡"显示/隐藏"选项组中选中"文件扩展名"复选框。

（5）删除文件

删除文件分为逻辑删除和物理删除。逻辑删除就是将被删除的对象暂时存放在回收站中；物理删除就是将被删除对象直接删除而不放入回收站。

选择要删除的文件，右击，在弹出的快捷菜单选择"删除"选项，或按键盘上的Delete键，或将要删除的文件拖到回收站图标上，这3种方法均可删除选择的文件。而这3种删除方式都是逻辑删除，如果要彻底删除文件即物理删除，需要先选中要删除的文件，然后按住Shift键不放，再按Delete键，弹出如图2-21所示的"删除文件"对话框，此时松开Shift键，单击"删除文件"对话框中的"是"按钮即可彻底删除该文件。

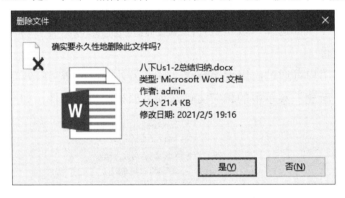

图 2-21　物理删除文件

逻辑删除可以通过回收站将删除的文件还原，物理删除无法通过回收站将删除的文件还原。

回收站的使用：被移入回收站中的文件都只是被临时删除，必要时可以还原，也可以通过回收站中的"清空回收站"按钮将文件彻底删除。

先打开回收站，选择要恢复的对象，单击回收站窗口工具栏的"还原选定的项目"按钮，或右击要还原的对象，在弹出的快捷菜单中选择"还原"选项均可将删除的文件还原到原来的位置。

注意：对于被误删（永久删除）的重要数据可以使用专门的数据恢复软件进行恢复。

（6）复制文件

复制文件就是把一个文件从源文件夹复制到一个或多个目标文件夹的操作。复制的结果是，被复制的文件在原位置仍然存在，而在目标文件夹中产生了一个或多个与之完全相同的文件。复制文件时，要先选择要复制的文件，然后单击"主页"选项卡"剪贴板"选项组中的"复制"按钮，再单击"粘贴"按钮来完成操作；或通过 Ctrl+C 组合键进行复制、Ctrl+V 组合键进行粘贴来完成。

（7）移动文件

移动文件与复制文件相似，不同之处就是复制文件后原位置仍然存在该文件，而移动文件后原位置就不存在该文件了。其操作方法是，先选择要移动的文件，然后单击"主页"选项卡"组织"选项组中的"移动到"按钮，或通过 Ctrl+X 组合键进行剪切、Ctrl+V 组合键进行粘贴来完成。

（8）查看和设置文件属性

文件的属性包含了文件的很多信息，这里所说的文件属性有 3 种，即只读、隐藏和高级。只读属性表示该文件不能被修改；隐藏属性表示该文件在系统中是隐藏的，在默认情况下用户看不见这些文件；高级属性包括存档、索引及压缩和加密等。

1）查看属性：选择要查看属性的文件，右击，在弹出的快捷菜单中选择"属性"选项，弹出相应的属性对话框，如图 2-22 所示。

图 2-22　文件属性对话框

2）设置属性，在图 2-22 所示的属性对话框中，选中"只读"或"隐藏"复选框即可将该文件或文件夹设置为只读或隐藏属性。一般情况下，将重要的文件设置为只读属性，以后在删除设置为只读属性的文件时，系统会专门提示用户，从而可以预防误删。

（9）显示/隐藏设置

当一个文件或文件夹设置为隐藏属性后，默认情况下对用户来说其是不可见的，为了能够显示设置隐藏属性的文件或文件夹，选择"查看"选项卡，选中"显示/隐藏"选项组中的"隐藏的项目"复选框，此时隐藏的文件会显示。如果要取消隐藏属性，则选中设置了隐藏属性的文件，取消选中"隐藏的项目"复选框即可取消隐藏属性。如果选中"文件扩展名"复选框，即可查看文件的扩展名；如果取消选中"文件扩展名"复选框，则会隐藏文件的扩展名，如图 2-23 所示。

图 2-23　显示/隐藏设置

（10）搜索文件或文件夹

计算机上的文件分散在磁盘的各个地方，有时会记不住文件或文件夹放在哪里。Windows 10 操作系统提供的搜索功能可以采取多种策略去查找指定的文件和文件夹。一种方法是利用"开始"菜单的搜索框在整个计算机系统中搜索文件或文件夹；另一种方法是利用 Windows 资源管理器在指定的某个磁盘或文件夹中搜索文件或文件夹。其操作步骤如下。

1）在资源管理器导航窗格中单击某个驱动器、文件夹，该单击的对象就是要搜索的范围，如 D 盘。

2）在资源管理器窗口顶部（地址栏的右侧）的搜索框中输入搜索内容，如"计算机"，单击"搜索"按钮开始搜索，搜索结果窗口如图 2-24 所示。可以对搜索结果进行进一步的过滤，如设置修改日期、大小、类型等，使搜索结果更加准确。在设置名称时可以结合通配符实现一些特殊的查找。例如，*.docx 表示查找扩展名为.docx 的所有文件，??a*.pptx 表示查找第三个字符为 a、扩展名为.pptx 的所有文件。

图 2-24　搜索结果

文件夹的操作与文件的操作类似，这里不再赘述。

2.4　软件与硬件管理

2.4.1　软件管理

1. 软件的安装

软件的安装过程一般较简单，常用的安装方法有如下 3 种。

（1）从微软商店安装软件

在 Windows 10 操作系统中，从微软商店中下载软件非常方便，下面以安装微信软件为例进行介绍，具体操作步骤如下。

1）在"开始"菜单中找到"Microsoft Store"应用并启动。

2）在搜索栏中输入要安装软件的名称"微信 For Windows"，如图 2-25 所示。

图 2-25　在微软商店搜索软件

3）在打开的窗口中可以查看有关这款软件的详细信息，单击"获取"按钮，如图 2-26 所示。

图 2-26   搜索软件的结果

4）软件开始下载、安装，并显示操作进度，如图 2-27 所示。

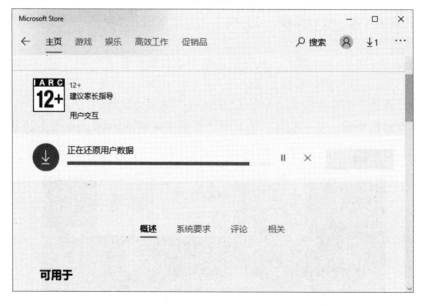

图 2-27   下载进度

（2）从网站下载并安装软件

从软件官方网站上可以获取软件最新版本的安装程序，下面以下载和安装"腾讯软件管理"为例进行介绍，具体操作方法如下。

1）启动浏览器，在地址栏中输入腾讯软件管理网站地址"https://pc.qq.com/"，并按Enter 键确认，即可打开网站首页，如图 2-28 所示。

图 2-28　腾讯软件下载网站首页

2）单击"立即体验"按钮，开始下载该软件，并在浏览器下方显示下载状态，如图 2-29 所示。

图 2-29　下载软件

3）单击浏览器左下角的"打开文件"链接，即可进入安装向导。

软件安装的过程大多采用交互式，即在安装过程中会不断提示用户进行少量参数设置或做出某种选择，用户只需按照提示进行操作即可。系统默认的软件安装文件夹是 C:\Program Files，用户也可以在安装过程中选择安装的位置。有些软件会附带安装第三方软件，用户可根据需要取舍，如果不需要或不了解，最好不要安装。

（3）使用第三方软件管理程序安装软件

第三方计算机软件管理程序提供软件下载、安装、升级及卸载等管理功能，同时拥有高速下载、去插件安装、卸载恶意软件等特色功能，其中的软件库提供了大量的软件供用户下载安装。这类软件工具主要包括 360 软件管家、腾讯软件管理、百度软件中心等，其操作步骤与在网站下载并安装软件的步骤类似，这里不再赘述。

2. 软件的运行

软件安装后，一般会在桌面或任务栏的快速启动区创建启动应用程序的快捷方式，同时在"开始"菜单中创建程序组，程序组中含有启动该软件的选项。

运行软件的方法有以下几种。

1）双击桌面上应用程序的快捷方式图标，这个方法最方便也最常用。

2）从"开始"菜单中找到相应软件的程序组，执行启动选项即可，启动选项的名称通常与软件的名称相同。

3）手动从安装文件夹找到该软件的启动文件，双击该文件。

4）如果快速启动栏中有应用程序的快捷方式图标，单击它即可启动。这种方式的速度最快，用户可以在此创建最常用程序的快捷方式。

3. 软件的卸载

对于安装在系统中的软件，如果不需要了，就可以将其卸载。软件一般自带卸载程序，用户只需运行该卸载程序即可完成软件的自动卸载。卸载软件有如下几种方法。

1）从"开始"菜单中找到相应软件的程序组，在该程序组中找到要卸载的应用，在该应用图标上右击，在弹出的快捷菜单中选择"卸载"选项即可卸载该应用。

2）手动从安装文件夹找到该软件的卸载程序，卸载程序的名称一般为 uninstall.exe 或 uninst.exe，找到后双击该文件即可卸载该软件。

3）打开"设置"窗口，选择"应用"选项，在左侧窗格中选择"应用和功能"选项卡，然后在右侧的"应用和功能"列表中找到要卸载的软件图标，在展开的选项中单击"卸载"按钮，如图 2-30 所示，在弹出的"卸载"对话框中单击"卸载"按钮即可卸载该软件。有一些软件不带卸载程序，用户可以通过这种方法卸载。

图 2-30　卸载程序窗口

4）从控制面板中启动"程序和功能"窗口，在列表框中选择相应程序进行更改或卸载，如图 2-31 所示。有一些软件不带卸载程序，用户可以通过这种方法卸载。

图 2-31　"程序和功能"窗口

注意： 不可以通过手动删除软件安装文件夹的方式来删除软件，这样会在系统中留下大量垃圾，久而久之就会严重影响系统的性能。

2.4.2　硬件管理

在计算机主板上有很多接口，这些接口有的支持热插拔，有的不支持。支持热插拔的可以不关机直接安装相应的硬件，而不支持热插拔的，则需要将计算机关机并断电后再安装相应的硬件。而硬件在安装好后一般计算机不能正确识别，需要安装相应的驱动程序才能正常工作。

（1）安装驱动程序

用户只需将设备与计算机正确连接，操作系统就会对新连接的设备自动识别并进行驱动程序安装，如果没有找到合适的驱动程序，便会弹出驱动程序安装向导，引导用户手动安装，用户只需要按照提示步骤一步步进行安装即可轻松完成。也可以通过下面的方法之一进行安装。

1）打开"设备管理器"窗口，如图 2-32 所示，选择相应的设备，然后单击"扫描检测硬件改动"按钮，按照提示步骤一步步操作即可。

2）在控制面板中打开"设备和打印机"窗口，单击"添加设备"或"添加打印机"按钮，即可激活安装向导，完成安装。

（2）卸载驱动程序

打开"设备管理器"窗口，在要卸载驱动程序的设备名上右击，在弹出的快捷菜单中选择"卸载"选项，即可完成卸载操作。

图 2-32 设备管理器

（3）USB 接口设备

USB 是连接计算机系统与外设的一个串口总线标准，支持即插即用和热拔插。

USB 的出现使计算机与外设的连接标准化和单一化，高传输速率、良好的稳定性和易用性深受用户喜爱，已被广泛应用于 PC 和移动设备等信息通信产品中。

支持 USB 标准的设备很多，如 U 盘、移动硬盘、数码相机、手机等大量电子信息产品都属于这一类。其有以下两个操作。

1）与计算机连接（插入）。使用 USB 数据线将设备正确接入计算机后，和一般设备一样，计算机会自动识别，若不能找到与之匹配的驱动程序，则会提示用户手动安装。识别成功后，会在任务栏的通知区显示图标 。

图 2-33 弹出 USB 设备

2）从计算机卸载（拔出）。单击或右击任务栏上的图标 ，在弹出的快捷菜单中选择"弹出"选项，即可卸载该设备，然后拔出即可，如图 2-33 所示。当然，用户也可以打开"计算机"窗口，右击要卸载的 USB 设备图标，在弹出的快捷菜单中选择"弹出"选项。

2.5　系统管理与维护

2.5.1　系统性能优化

对系统进行优化设置可以有效地提高系统的运行速度，使计算机更顺畅地为用户服务。下面将介绍常用的系统优化措施，如优化磁盘、优化图像性能、禁用不需要的服务、设置虚拟内存等。

1. 优化磁盘

优化磁盘主要包括清理磁盘、磁盘查错、优化驱动器等，通过这些操作可以提高计算机的性能，加快系统的运行速度。

（1）清理磁盘

Windows 操作系统在运行过程中会在硬盘上产生许多临时文件，如浏览网页时下载的临时文件等。当计算机硬盘上的临时文件太多时，可能会出现运行空间不足，或者程序扫描磁盘时速度变得很慢。清理磁盘的功能是，在不损害任何程序的前提下，减少磁盘中的文件数，增加磁盘的空闲空间，使计算机运行得更平稳。其操作步骤如下。

1）选择要清理的驱动器，选择"管理–驱动器工具"选项卡，如图 2-34 所示，单击"清理"按钮，弹出相应磁盘的磁盘清理对话框，开始扫描文件。

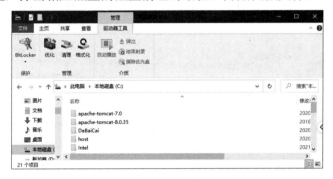

图 2-34　磁盘清理窗口

2）扫描结束后，在弹出的对话框中选择"磁盘清理"选项卡，查看可释放的磁盘空间大小，在"要删除的文件"列表框中选中要删除文件前面的复选框，如图 2-35 所示，然后单击"确定"按钮即可。

图 2-35　扫描结果窗口

（2）磁盘查错

通过检查磁盘中可能存在的错误，可以解决某些问题并改善计算机性能，进行磁盘检测前应停止一切该磁盘的活动。检查磁盘的操作步骤如下。

1）选择要检查的磁盘，在快速访问工具栏中单击"属性"按钮，如图 2-36 所示，弹出相应的磁盘属性对话框。

图 2-36　属性窗口

2）选择"工具"选项卡，单击"检查"按钮，弹出相应磁盘的错误检查对话框，如图 2-37 所示，选择"扫描驱动器"选项，开始扫描磁盘。

图 2-37　磁盘检查

3）扫描完成后，单击"显示详细信息"链接，打开"事件查看器"窗口，在"应用程序"日志中可以看到磁盘检查的详细信息，如图 2-38 所示。

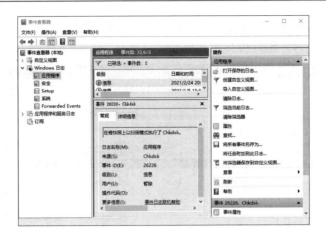

图 2-38　事件查看器

（3）优化驱动器

为了便于管理，Windows 操作系统将磁盘的每个分区都划分为很多大小相同的小块，每个小块被称为一个"簇"。磁盘的每个分区类似于一栋宿舍楼，而簇则类似于宿舍楼中的房间。一个文件在磁盘中的存储过程类似于一个班的学生在宿舍楼中分配房间的过程。对于某个文件来说，如果它的容量小于单个簇的大小，那么该文件会独占这个簇；如果它的容量大于单个簇的大小，那么该文件就会被存储到多个簇中。在最初的状态下，每个文件所占据的多个簇在磁盘中是连续的。

在计算机的工作过程中，如果先删除了一个较大的文件，然后写入一个较小的文件，这样在这个文件两边就会出现一些空间，这时候再写入一个文件，两个文件之间的空间就不能容纳该文件，就需要将文件分别存放在多个不连续的簇中，这样便产生了磁盘碎片。磁盘碎片多了，计算机读取文件的速度就会变得很慢。

磁盘碎片整理程序可以重新排列碎片数据，以便磁盘和驱动器能够更有效地工作。磁盘碎片整理程序可以按计划自动运行，也可以由用户手动分析某个磁盘分区的碎片分布情况，以便及时对其进行碎片整理。其操作步骤如下。

1）打开"此电脑"窗口，选择任一分区，选择"管理-驱动器工具"选项卡，单击"优化"按钮，如图 2-39 所示，弹出"优化驱动器"对话框。

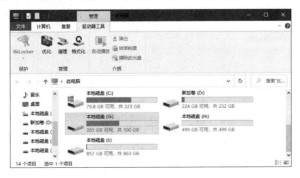

图 2-39　优化驱动器

2）在"优化驱动器"对话框中，选择要优化的驱动器，然后单击"分析"按钮，如图 2-40 所示，此时开始分析该驱动器的碎片情况。

图 2-40 "优化驱动器"对话框

3）分析磁盘完成后，显示碎片数量的百分比，单击"优化"按钮，开始进行磁盘碎片整理，如图 2-41 所示，此时需要等待几分钟，时间长短取决于驱动器的大小和所需优化的程度。

图 2-41 碎片整理过程

2. 优化图像性能

在"此电脑"图标上右击，在弹出的快捷菜单中选择"属性"选项，打开"系统"

窗口。单击左侧的"高级系统设置"链接，在弹出的"系统属性"对话框中单击"高级"
选项卡"性能"选项组中的"设置"按钮，弹出"性能选项"对话框。在"视觉效果"
选项卡中，默认选中了"让 Windows 选择计算机的最佳设置"单选按钮，这里选中"自
定义"单选按钮，手动去除一些不必要的选项，如图 2-42 所示。

图 2-42　优化图像性能

3. 禁用不需要的服务

启动 Windows 10 操作系统后会启动很多服务，这些服务中有很多是用户一般用不
到的，而且服务开着还会占用系统资源。下面介绍如何禁用多余服务，具体操作步骤
如下。

1）打开"开始"菜单的所有程序列表，在"Windows 管理工具"中选择"服务"
选项，打开"服务"窗口，如图 2-43 所示。

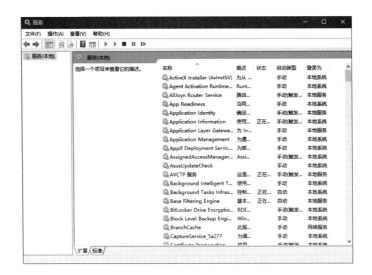

图 2-43 "服务"窗口

2）双击"Remote Registry"服务，打开 Remote Registry 的属性窗口，将"启动类型"设置为"禁用"即可，如图 2-44 所示。

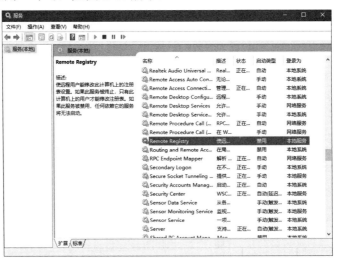

图 2-44 Remote Registry 的属性窗口

4. 设置虚拟内存

计算机运行程序需要在内存中执行，若执行的程序占用内存空间很大，就会导致内存消耗殆尽，系统运行越来越慢。这时可以设置一部分硬盘来充当内存使用，当内存不足时，系统会自动调用这部分硬盘空间来充当内存，以缓解内存空间不足带来的问题，从而提高系统的运行速度。

（1）增大虚拟内存

默认情况下系统会根据用户的计算机配置自动分配虚拟内存，虚拟内存生成的分页文件一般保存在系统盘下。可以根据需要自定义分页文件的大小和存放位置，具体操作步骤如下。

1）选择"此电脑"，在该图标上右击，在弹出的快捷菜单中选择"属性"选项，打开"系统"窗口，如图 2-45 所示。

图 2-45　"系统"窗口

2）单击"系统"窗口左侧的"高级系统设置"链接，弹出"系统属性"对话框，如图 2-46 所示。

3）单击"系统属性"对话框中的"设置"按钮，弹出"性能选项"对话框，如图 2-47 所示，选择"高级"选项卡。

4）单击"更改"按钮，弹出"虚拟内存"对话框，取消选中"自动管理所有驱动器的分页文件大小"复选框，选择要设置虚拟内存的驱动器，选中"自定义大小"单选按钮，输入虚拟内存的初始大小和最大值，如图 2-48 所示，然后单击"设置"按钮。

图 2-46　"系统属性"对话框　　　图 2-47　"性能选项"对话框　　　图 2-48　自定义虚拟内存

5）此时即可为所选驱动器分配页面文件大小，单击"确定"按钮。要取消 C 盘的分页文件，可选择 C 盘，然后选中"无分页文件"单选按钮，再单击"设置"按钮即可。

注意：此设置需要重新启动计算机后才能生效。

（2）在关机时清空虚拟内存页面文件

当系统关机时，保存在虚拟内存上的文件还会存在，可以设置在关机时清空虚拟内存中的文件，以释放磁盘空间。此外，清空虚拟内存也能增加系统的安全性。在关机时清空虚拟内存的具体操作步骤如下。

1）打开"开始"菜单，在"Windows 管理工具"中选择"本地安全策略"选项，如图 2-49 所示，打开"本地安全策略"窗口。

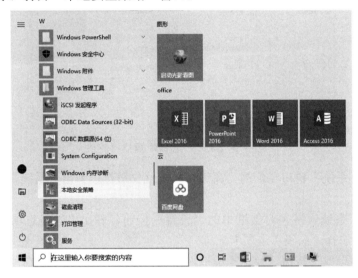

图 2-49   "开始"菜单

2）在"本地安全策略"窗口的左侧窗格中依次展开"本地策略"→"安全选项"，如图 2-50 所示。

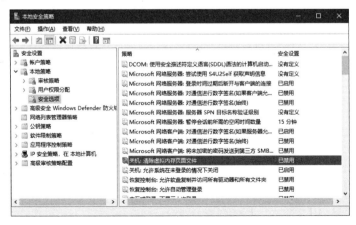

图 2-50   "本地安全策略"窗口

3）在右侧窗格中双击"关机：清除虚拟内存页面文件"策略，弹出"关机：清除虚拟内存页面文件 属性"对话框，选中"已启用"单选按钮，如图 2-51 所示，单击"确定"按钮。

图 2-51 "关机：清除虚拟内存页面文件 属性"对话框

2.5.2 系统安全设置

Windows 10 操作系统具有很多安全新特性，能够有效阻止和缓解恶意软件带来的威胁。下面详细介绍常用的系统安全性设置，其中包括更改用户账户控制、使用 Windows Defender 防火墙、更新系统等。

1. 更改用户账户控制

用户账户控制（user account control，UAC）功能可以在程序做出需要管理员级别权限的更改时通知用户，从而保持对计算机的控制。如果当前用户为管理员，可以选择是否允许继续操作；如果不是管理员，则必须由具有管理员账户的用户输入密码才能继续操作。这样即使使用的是管理员账户，在不知情的情况下也无法对计算机做出更改，以防止在计算机上安装恶意软件和间谍软件，或对计算机做出任何更改。

对于一般用户来说，UAC 是防止病毒和木马程序的一个不错的辅助程序，但实际上凡是没有通过微软验证的程序，UAC 都会阻止其运行，用户可以根据需要更改用户账户控制级别，具体操作步骤如下。

1）在控制面板中打开"安全和维护"窗口，如图 2-52 所示。

图 2-52　"安全和维护"窗口

2）在左侧单击"更改用户账户控制设置"链接，打开"用户账户控制设置"窗口，如图 2-53 所示。

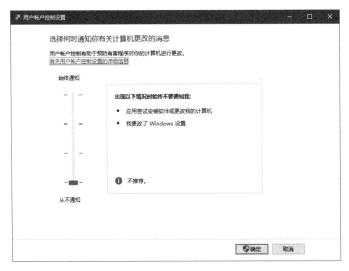

图 2-53　"用户账户控制设置"窗口

3）拖动滑块调整通知级别，然后单击"确定"按钮即可完成更改通知级别的设置。

2. 使用 Windows Defender 防火墙

Windows Defender 防火墙有助于防止黑客或恶意软件通过网络或 Internet 访问计算机，也可以阻止本机向其他网络中的计算机发送恶意软件。下面将介绍如何开启和配置 Windows Defender 防火墙，具体操作步骤如下。

1）打开控制面板，单击"Windows Defender 防火墙"链接，如图 2-54 所示，打开 "Windows Defender 防火墙"窗口。

图 2-54　控制面板

2）在左侧单击"启用或关闭 Windows Defender 防火墙"链接［图 2-55（a）］，打开"自定义设置"窗口，设置启用防火墙，如图 2-55（b）所示，然后单击"确定"按钮。

（a）

（b）

图 2-55　设置启用防火墙

3）在"Windows Defender 防火墙"窗口左侧单击"允许应用或功能通过 Windows Defender 防火墙"链接，打开"允许的应用"窗口，如图 2-56 所示。在程序列表中选中允许的应用和功能，在右侧选择网络类型。若要添加其他可通过的程序，可单击"允许其他应用"按钮，弹出"添加应用"对话框。

图 2-56　"允许的应用"窗口

4）在"添加应用"对话框中，单击"浏览"按钮，在弹出的对话框中选择要添加的应用程序，单击"打开"按钮，返回"添加应用"对话框，如图 2-57 所示，然后单击"添加"按钮即可。

图 2-57　"添加应用"对话框

3. 更新系统

微软每隔一段时间都会发布系统更新文件，以完善和加强系统功能。更新文件可以自动下载并安装，更新系统的具体操作步骤如下。

1）打开"更新和安全"窗口，在左侧选择"Windows 更新"选项卡，在右侧单击"检查更新"按钮，开始自动下载并安装更新，如图 2-58 所示。

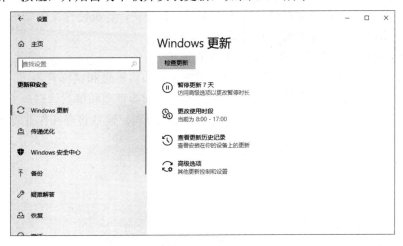

图 2-58 自动更新

2）等待更新安装完成，单击"立即重新启动"按钮，重启计算机后更新生效，如图 2-59 所示。

图 2-59 下载并安装完后的窗口状态

习 题

一、选择题

1. 计算机操作系统的主要功能是（ ）。

A. 管理计算机系统的软硬件资源，以充分发挥计算机资源的效率，并为其他软

  件提供良好的运行环境

  B. 把高级程序设计语言和汇编语言编写的程序翻译为计算机硬件可以直接执行的目标程序，为用户提供良好的软件开发环境

  C. 对各类计算机文件进行有效的管理，并提交计算机硬件高效处理

  D. 为方便用户操作和使用计算机

2. 计算机操作系统通常具有的五大功能是（ ）。

  A. CPU 管理、显示器管理、键盘管理、打印机管理和鼠标管理

  B. 硬盘管理、U 盘管理、CPU 的管理、显示器管理和键盘管理

  C. 处理器（CPU）管理、存储管理、文件管理、设备管理和作业管理

  D. 启动、打印、显示、文件存取和关机

3. 从用户的观点看，操作系统是（ ）。

  A. 用户与计算机之间的接口

  B. 控制和管理计算机资源的软件

  C. 合理地组织计算机工作流程的软件

  D. 由若干层次的程序按照一定的结构组成的有机体

4. 在 Windows 10 操作系统中，磁盘优化包括清理磁盘、磁盘查错、优化驱动器等，清理磁盘的目的是（ ）。

  A. 删除磁盘小文件   B. 获得更多磁盘可用空间

  C. 优化磁盘文件存储   D. 改善磁盘的清洁度

5. 某种操作系统能够支持位于不同终端的多个用户同时使用一台计算机，彼此独立互不干扰，用户感到好像一台计算机全为他所用，这种操作系统属于（ ）。

  A. 批处理操作系统   B. 分时操作系统

  C. 实时操作系统   D. 网络操作系统

6. 为了保证独立的微机能够正常工作，必须安装的软件是（ ）。

  A. 操作系统   B. 网站开发工具

  C. 高级程序开发语言   D. 办公应用软件

7. 在 Windows 10 操作系统中，磁盘优化包括清理磁盘、磁盘查错、优化驱动器等，磁盘优化的目的是（ ）。

  A. 提高磁盘存取速度   B. 获得更多磁盘可用空间

  C. 优化磁盘文件存储   D. 改善磁盘的清洁度

8. 下列选项属于"计算机安全设置"的是（ ）。

  A. 定期备份重要数据   B. 不下载来路不明的软件及程序

  C. 停掉 Guest 账号   D. 安装杀（防）毒软件

9. 计算机安全是指计算机资产安全，即（ ）。

  A. 计算机信息系统资源不受自然有害因素的威胁和危害

  B. 信息资源不受自然和人为有害因素的威胁和危害

  C. 计算机硬件系统不受人为有害因素的威胁和危害

  D. 计算机信息系统资源和信息资源不受自然和人为有害因素的威胁和危害

10. Windows 10 操作系统中，按 Print Screen 键，则使整个桌面内容（　　　）。

    A. 打印到打印纸上　　　　　　　　B. 打印到指定文件

    C. 复制到指定文件　　　　　　　　D. 复制到剪贴板

11. 利用控制面板中的"程序和功能"（　　　）。

    A. 可以删除某个指定的 Windows 组件程序

    B. 可以删除某个指定的打印机的驱动程序

    C. 可以删除某个指定的 Word 文档

    D. 可以卸载指定的应用程序，并删除该程序的快捷方式

12. 在 Windows 10 操作系统中的"回收站"中，存放的（　　　）。

    A. 可以是硬盘或 U 盘上被删除的文件或文件夹

    B. 可以是 U 盘上被删除的文件或文件夹

    C. 可以是在硬盘上用剪贴板剪切掉的文档

    D. 只能是硬盘上被删除的文件或文件夹

13. 在 Windows 10 操作系统中删除某程序的快捷方式图标，表示（　　　）。

    A. 既删除了图标，又删除了与该图标对应的程序

    B. 只删除了图标，而没有删除与该图标对应的程序

    C. 隐藏了图标，删除了与该图标对应的程序之间的联系

    D. 将图标存放在剪贴板上，同时删除了与该图标对应的程序之间的联系

14. 在资源管理器窗口中，要把 D 盘上的某个文件移动到 U 盘上，用鼠标操作时应该（　　　）。

    A. 直接拖动　　　B. Ctrl+拖动　　　C. Shift+拖动　　　D. Alt+拖动

15. 在资源管理器窗口中，单击第一个文件名后，按住（　　　）键，再单击最后一个文件，可选定一组连续的文件。

    A. Ctrl　　　　　　B. Shift　　　　　　C. Alt　　　　　　D. Tab

16. 当前窗口处于最大化状态，双击该窗口标题栏，则相当于单击（　　　）。

    A. "最小化"按钮　　　　　　　　B. "关闭"按钮

    C. "还原"按钮　　　　　　　　　D. 系统控制按钮

17. 在 Windows 10 操作系统中，可以打开"开始"菜单的组合键是（　　　）。

    A. Alt+Esc　　　B. Ctrl+Esc　　　C. Tab+Esc　　　D. Shift+Esc

18. Windows 10 操作系统的文件夹结构是一种（　　　）。

    A. 关系结构　　　B. 网状结构　　　C. 环形结构　　　D. 树状结构

19. Windows 10 操作系统属于（　　　）。

    A. 单用户单任务操作系统　　　　　B. 单用户多任务操作系统

    C. 多用户多任务操作系统　　　　　D. 多用户单任务操作系统

20. 下列（　　　）字符不允许出现在 Windows 操作系统的文件名中。

    A. <>"　　　　　B. /\|　　　　　C. :*?　　　　　D. 以上 3 项都是

二、简答题

1．操作系统的主要功能是什么？常见的操作系统有哪些？

2．文件的基本属性有哪些？

3．如何删除一个应用程序？

4．如何在 Windows 10 操作系统中选定多个文件或文件夹？

5．文件被误删除后应如何找回？

参 考 答 案

一、选择题

1．A　　2．C　　3．A　　4．C　　5．B

6．A　　7．B　　8．C　　9．D　　10．D

11．D　　12．A　　13．B　　14．C　　15．B

16．C　　17．B　　18．D　　19．C　　20．D

二、简答题

略

第 3 章　Word 文字处理软件

Word 文字处理软件是人们生活、学习、工作中常用的软件之一，该软件可以方便快速地实现对文本、图片、表格等信息的输入、存储、编辑、排版，并可以根据实际需要以多种形式显示、保存和输出。本章通过 Word 2016 讲解文字处理软件。通过对本章的学习，学生应能掌握现代计算机文字处理软件的基础知识及基本操作技能，并能在以后的工作和学习中有效地利用 Word 或其他文字处理软件制作出需要的文档。

3.1　Word 2016 概述

Word 是微软公司 Microsoft Office 套装软件中的一员。Microsoft Office 办公自动化软件包含 Word、Excel 和 PowerPoint 等几个主要工具。它们都是基于图形界面的应用程序，而且使用相同类型的用户界面。从开始发行到现在，已经发布了 Word 97、Word 2000、Word 2003、Word 2007、Word 2010、Word 2013、Word 2016 等版本。

3.1.1　Word 2016 的新增功能

Word 2016 与之前的所有版本相比，有了很多重大的变化，其改进之处主要有以下几个方面。

1. 协同创作功能

当进行多用户协同编辑时，Word 2016 省去了保存和刷新的麻烦，用户所做的变更马上就能够在文档中显示出来。在 Office 2016 中，新版的 Word、Excel、PowerPoint 都有一个便捷的"分享"按钮。共享文件的操作步骤如下。

1）选择"文件"菜单中的"另存为"选项，选择"添加位置"选项，将 Word 文档保存到 OneDrive 并进行相应的设置，如图 3-1 所示。

2）在 Word 中单击"共享"按钮，然后输入要与其共享人员的一个或多个电子邮件地址，如图 3-2 所示。

3）将他们的权限设置为"可编辑"（默认情况下选择），还可以对"自动共享更改"进行相应的设置，设置完成后单击"共享"按钮，被邀请的人可打开接收的链接进行操作。

图 3-1　保存文档到 OneDrive

图 3-2　文档共享设置

2. 搜索框功能

在 Word 2016 界面右上方新增了一个搜索框，在搜索框中输入想要搜索的内容，会得到相关内容的命令，直接单击即可执行该命令。

3. 在"插入"选项卡中增加了"加载项"选项组

在 Office 2016 各个组件的"插入"选项卡中均增加了一个"加载项"选项组，包含"应用商店"和"我的加载项"两个按钮。主要是微软公司和第三方开发者开发的一些应用 App，类似于浏览器扩展，可以为 Office 提供一些扩展性的功能。

4. 云模块与 Office 融为一体

云可被指定为默认存储路径，Office 2016 实际是为用户提供了一个开放的文档处理平台，通过手机、iPad 或其他客户端，用户可随时存取刚刚存放在云端上的文件。

5. 彻底扁平化界面与触摸模式

Office 2016 的界面风格与之前的版本相比，在布局上没有很大的变化，只是扁平化更彻底，包括复选框、按钮等窗体元素也都彻底扁平化了。在快速访问工具栏中，新增了"触摸/鼠标模式"按钮，可以进行触摸模式和鼠标模式的转换。在触摸模式下，按钮间的距离加大，为使用触摸屏提供方便。

3.1.2　Word 2016 的启动与退出

1. 启动 Word 2016

常见的启动 Word 2016 的方法有如下几种。
1）单击"开始"按钮，在弹出的"开始"菜单中选择"Word 2016"选项即可。
2）双击桌面上的 Word 2016 快捷方式图标。
3）双击一个已经存在的 Word 文档（扩展名为.docx）。

2. 退出 Word 2016

退出 Word 2016 的常见方法有如下几种。
1）单击功能区最右侧的"关闭"按钮。
2）选择"文件"菜单中的"退出"选项。
3）按 Alt+F4 组合键。
如果正在编辑的 Word 文档还没有保存，则会弹出提示是否要保存修改的对话框。

3.1.3　Word 2016 的工作界面

Word 2016 启动后的工作界面如图 3-3 所示，它主要包含标题栏、功能区、状态栏、文档编辑区等部分。

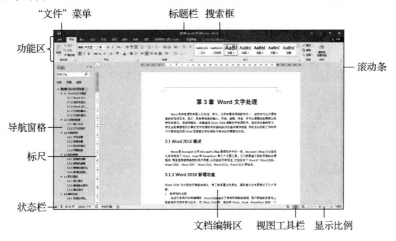

图 3-3　Word 2016 的工作界面

1. 标题栏

标题栏位于窗口的顶部，用于显示当前正在编辑的文档名等相关信息，默认情况下，新建一个文档后在标题栏显示的是"文档 1"，当保存该文档后，在标题栏显示的是"文档 1.docx"。

其中，其左侧是快速访问工具栏，可以由用户自己定义，右侧的窗口控制按钮前有一个"功能区显示选项"按钮，可以通过该按钮对功能区的显示进行相关的设置。

2. "文件"菜单

"文件"菜单相当于多级菜单结构，一般分为 3 个区域，左侧为命令选项区，列出与文档相关的操作选项，选择左侧某选项后，中间区域显示的将是其下级命令按钮或相关操作选项，右侧区域根据前面选择的不同而显示的内容也不同，如文档信息、最近的位置、打印预览等。

3. 功能区

功能区位于标题栏的下方，包含"文件"菜单和"开始""插入""设计""布局""引用""邮件""审阅""视图"等选项卡及搜索框。不同的选项卡具有不同类别的功能，选择不同的选项卡可以展开该选项卡对应的功能区，在功能区中有多个选项组，对应不同类型的功能组合。有的选项组在右下角有对话框启动器，单击相应的对话框启动器即可弹出相应的对话框。功能区有以下特点。

（1）选项卡也不是固定不变的

当选择某个对象后，会自动在原有选项卡后增加一个新的选项卡，如选中一张图片后，会自动增加一个"图片工具-格式"选项卡，如图 3-4 所示。

图 3-4　"图片工具-格式"选项卡

（2）功能区可以隐藏

单击标题栏上的"功能区显示选项"按钮，可以设置功能区的显示方式及隐藏。

（3）功能区可以自定义

选择"文件"菜单中的"选项"选项，在弹出的"Word 选项"对话框中选择"自定义功能区"选项卡，单击"新建选项卡"按钮可以添加新的选项卡，单击"新建组"按钮可以为新选项卡添加分组，再从左侧选择要添加的按钮，单击"重命名"按钮完成自定义设置，如图 3-5 所示。

图 3-5　"Word 选项"对话框

4. 导航窗格

导航窗格是首次启动 Word 2016 时的默认显示内容,有标题、页面和结果 3 个标签。默认以标题为搜索交互工具。如果文档中没有标题样式,也可以通过输入实现查找定位。

5. 标尺

标尺有水平标尺和垂直标尺,用于显示或定位文档的位置,通过拖动水平标尺中的左右缩进、首行缩进标尺可以快速对文档进行缩进操作,通过拖动垂直标尺可以改变页面的上下边距。

6. 状态栏

状态栏用于显示当前页面数、字数、拼音检测、使用语言、插入或改写状态等信息,通过状态栏可以很方便地了解当前文档的相关信息。

7. 文档编辑区

文档编辑区是输入文本和编辑文本的区域,位于功能区的下方。编辑区中闪烁的光标称为插入点,插入点表示输入时正文出现的位置。

8. 视图工具栏

1)页面视图:可以显示 Word 2016 文档的打印结果外观,主要包括页眉、页脚、图形对象、分栏设置、页面边距等元素，是最接近打印结果的页面视图。

2）阅读视图：以图书的分栏样式显示 Word 2016 文档，"文件"菜单、功能区等窗口元素被隐藏起来。在阅读视图中，用户还可以单击"工具"按钮选择各种阅读工具。

3）Web 版式视图：查看 Web 页在 Web 浏览器中的效果，以网页的形式显示 Word 2016 文档，Web 版式视图适用于发送电子邮件和创建网页。

4）大纲视图：显示标题的层级结构，并可以方便地折叠和展开各种层级的文档，广泛用于 Word 2016 长文档的快速浏览和设置。

5）草稿：取消了页面边距、分栏、页眉、页脚和图片等元素，仅显示标题和正文，是最节省计算机硬件资源的视图方式。

用户可以根据实际需要，在"视图"选项卡中自由切换文档视图，也可以在 Word 2016 窗口的右下方，单击视图按钮进行切换。

9. 显示比例

显示比例是用来改变当前页面显示大小的，可以通过单击"+"或"-"按钮来改变页面的显示比例，也可以通过拖动滑块来改变页面的显示比例，还可以通过按住键盘上的 Ctrl 键并滚动鼠标滚轮来改变页面的显示比例。

10. 滚动条

由于页面太宽或内容太多，文档在显示时无法在同一个屏中显示所有内容，可以向上、向下、向左、向右拖动滚动条，查看文档中未显示的内容。

3.1.4 文档的基本操作

1. 新建空白文档

创建空白文档是 Word 操作中较为频繁使用的操作之一，其主要方法有以下两种。

1）双击 Word 快捷方式图标启动 Word 2016 软件，创建的即是空白文档。

2）在 Word 2016 工作环境下，使用"文件"→"新建"选项，打开"新建"窗口，从中选择"空白文档"选项即可；或使用 Ctrl+N 组合键创建空白文档。

2. 使用模板创建文档

选择"文件"→"新建"选项，打开"新建"窗口，如图 3-6 所示，在窗口中预览并选择新建文档时需要套用的模板。

使用模板创建的文档是已经包含了部分文字内容和完整格式设置的文档，模板的来源可以是用户自定义的，也可以是 Office 2016 提供的。使用模板通常需要连接网络，选择的模板可能需要下载。

图 3-6 "新建"窗口

3. 打开文档

在资源管理器中，双击带有 Word 文档图标的文件是打开 Word 文档最快捷的方式。除此之外，打开一个或多个已存在的 Word 文档，还有下列常用方法。

1）选择"文件"菜单中的"打开"选项，在"打开"窗口中选择要打开的文件。

2）按 Ctrl+O 组合键，在"打开"窗口中选择要打开的文件。

4. 保存文档

用户输入、编辑、排版的文档是保存在内存中的，如果不及时进行存盘操作，一旦计算机出现故障，如死机、断电等，数据就可能因为没有保存而丢失，而要长期保存数据，就需要将其保存到外存中，即使出现死机、断电，保存在外存中的数据也仍然存在。

（1）保存普通文档

对以前从未保存过的文档进行保存，选择"文件"菜单中的"保存"或"另存为"选项都会打开如图 3-7 所示的"另存为"界面。在该界面中可以选择文件保存的位置，如"这台电脑"或"浏览"将文件保存在计算机的某个位置，也可以通过"添加位置"将该文档保存在云服务器上。

图 3-7 "另存为"界面

（2）保存已有文档

对于之前已经保存过但又被编辑的文档，如果不改名，可以单击快速访问工具栏中的"保存"按钮或选择"文件"菜单中的"保存"选项进行保存；如果要更改名称保存，可以选择"文件"菜单中的"另存为"选项，选择保存的位置，在弹出的"另存为"对话框中修改文档保存的文件名、文件类型等。

（3）自动保存文档

为了避免因计算机死机或断电导致的文档信息丢失，Word 2016 提供了自动保存功能。系统默认自动保存间隔时间为 10 分钟，用户可以自己设置自动保存间隔时间，操作步骤如下。

选择"文件"菜单中的"选项"选项，在弹出的"Word 选项"对话框中选择"保存"选项卡，然后设置自动保存的间隔时间、默认文件格式和存放路径等。

5. 保护文档

当用户编辑的文档属于机密文件或隐私文件时，为了防止其他用户打开查看，可以使用密码将其保护起来。当用户要打开带有密码的文件时，Word 首先要核对密码，只有在密码正确的情况下才能打开文件，否则拒绝打开。设置打开权限密码的操作步骤如下。

1）选择"文件"菜单中的"信息"选项，打开"信息"窗口，如图 3-8 所示，在中间区域中选择"保护文档"下拉列表中的"用密码进行加密"选项。

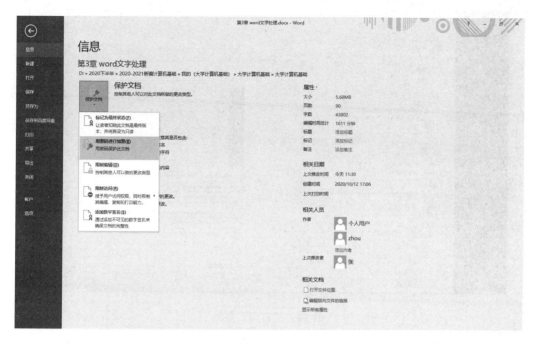

图 3-8　"信息"窗口

2）在弹出的对话框中输入设定的密码并单击"确定"按钮。

3）在弹出的对话框中重复输入所设置的密码并单击"确定"按钮。

至此，密码设置完成。以后再打开此文档时，会弹出对话框，要求用户输入密码以便核对，若密码正确，则打开文档；否则，文档不予打开。

注意：如果要取消设置文档密码保护，操作步骤和设置密码的步骤基本一样，不同的是在弹出"加密文档"对话框后，将"密码"文本框中的内容删除即可。

6. 打印文档

文档排版完成后，经过打印预览查看满意后就可以打印文档了。在打印文档时硬件和软件都必须准备好。硬件上，打印机必须已经连接并且电源开关已打开，纸张已准备好；软件上，打印机的驱动必须安装好。设置打印的操作步骤如下。

1）选择"文件"菜单中的"打印"选项，如图 3-9 所示，中间区域显示打印相关的设置选项，右侧区域预览打印后的效果，可以通过右侧区域的预览效果对文档进行适当的排版。

2）打印时设置打印份数，选择打印机、打印范围等数据，尤其是当前状态有多台打印机可用时，要选择究竟使用哪台打印机进行打印。

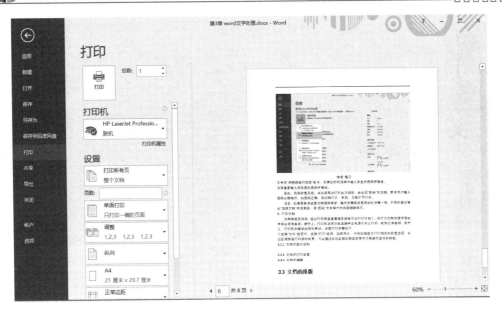

图 3-9 "打印"界面

3.1.5 文档的显示控制

1. 文档的显示比例

在编辑文档时，为了看清文字、图形或文档的整体排版效果，希望把整个版面放大或缩小，为了达到该目的，可以通过状态栏最右侧的"显示比例"来调整版面的大小，也可以通过"视图"选项卡中的"显示比例"选项组中的相关命令来调整版面的大小。

2. 非打印字符的显示和隐藏

Word 2016 中可以设置只用于显示而不打印的字符，这种字符称为非打印字符，如制表符、段落标记符、分节符、分页符等。在屏幕上查看或编辑文档时，充分利用这些非打印字符可以轻松地发现文档中是否有多余的字符或段落等。显示或隐藏非打印字符的操作步骤如下。

1）选择"文件"菜单中的"选项"选项，弹出"Word 选项"对话框。

2）选择对话框左侧的"显示"选项卡。

3）在对话框的右侧选中需要显示或隐藏的复选框，最后单击"确定"按钮完成设置。

注意：可以通过"开始"选项卡"段落"选项组中的"显示/隐藏编辑标记"按钮快速显示或隐藏非打印字符。在编辑文档时经常会遇到最后一个空页使用删除键无法删除的情况，出现此种情况一般是由于最后一页有一个非打印字符，如分节符，此时将非打印字符显示，并删除最后一个分节符即可实现删除该空白页的操作。

3. 网格线的显示和隐藏

为了模拟显示生活中的信纸，Word 2016 可以在文档中显示网格。通过选中/取消选中"视图"选项卡"显示"选项组中的"网格线"复选框可以实现网格线的显示/隐藏。

4.　文档的拆分显示

在查看长文档的前后多个不连续部分内容时，往往需要反复拖动滚动条，这样极大地降低了办公效率。此时可以通过 Word 中的拆分窗口或是新建窗口功能让同一个文档的不同内容同时显示在屏幕中，避免反复拖动滚动条。例如，有一份 Word 版的试题及参考答案，如图 3-10 所示，可以使用拆分窗口的方法快捷地核对答案。

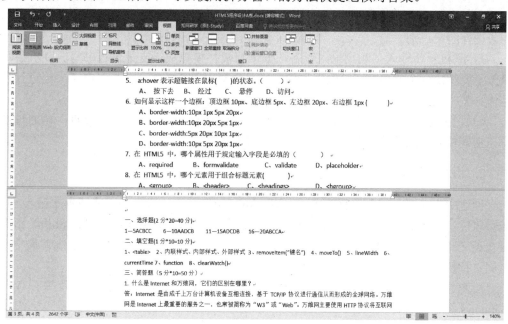

图 3-10　拆分窗口

3.2　文档的编辑

Word 文档编辑是指对文档内容进行的一系列的操作，包括输入、复制、粘贴、移动、删除、查找、替换、撤销、恢复等操作。在对文档中的内容进行操作时，一定要遵循"先选取，后操作"的原则。

3.2.1　输入文本

文本是文字和符号等内容的总称。要在文档中插入文本，先要将光标定位到要插入文本的地方，然后输入相应的内容。如果是简单的字母、数字可以直接通过键盘输入；如果输入的是汉字，必须切换输入法选择一种中文输入法输入相应的内容；如果输入的是特殊符号，则需要单击"插入"选项卡"符号"选项组中的"符号"下拉按钮，在弹出的下拉列表中选择需要插入的符号。

1. 输入途径

1）键盘输入：利用输入法软件通过键盘输入文本。输入法软件主要有两类：以拼音为主和以字形为主。键盘上有些键有两个字符。如果是该键上面的符号，则需要按住 Shift 键再按相应的键，如要输入"$"符号，需要按住 Shift 键的同时再按 4 这个键；如果是这个键下面的符号，则可以直接输入。

2）语音输入：用语音代替键盘输入文本或发出控制命令，即让计算机具有"听懂"语音的能力，这利用到了语音识别技术。计算机通过将输入的语音信息与识别系统中的词条进行匹配识别。

3）联机手写输入：利用输入设备，如手写板，模拟成一支笔进行书写。联机手写输入主要解决两个问题，一是输入生僻字或只会写不会读的字，二是对电子文档进行手写体签名。尤其是第二种情况，目前很多行业运用该方式进行电子签名。

4）扫描输入：利用扫描仪将纸质上的字符和图形数字化后输入计算机，再通过字符识别软件对输入的字符和图形进行判断转换成文本。

2. 输入法切换

创建中文文档时需要选择输入法。Windows 操作系统一般自带一些基本的输入法，如微软拼音、全拼等。用户可以通过按 Ctrl+Shift（有的计算机设置为 Alt+Shift）组合键在英文和各种中文输入法之间进行切换；按 Ctrl+Space 组合键在英文和系统首选中文之间进行切换，即中英文快速切换。

用户也可以根据需要自己另行添加输入法，通过这些输入法的安装程序或使用 Windows 操作系统提供的输入法安装向导可以添加新的输入法。

3. 输入文字

在编辑文档的过程中经常会要输入文字，最常用的方法是将光标定位到需要输入文字的位置，然后通过键盘直接输入要插入的内容。插入文字时，原有文字会自动向右、向下移动。

4. 输入符号

通常，文档中除普通文字外，经常还需要输入一些符号，各种符号的输入方法如下。

1）输入常用的标点符号。标点符号分中文标点符号和英文标点符号。当输入英文标点符号时，将输入法切换到英文状态下后，输入相应的符号即可；当输入中文标点符号时，将输入法切换到中文状态，如输入"."会显示"。"、输入"\"会显示"、"、输入"<"和">"会显示"《"和"》"、输入"^"会显示"……"等，可以通过 Ctrl+.组合键实现中英文标点符号之间的快速切换。

2）输入特殊的标点符号。输入特殊的标点符号、数学符号、单位符号时，可以通过输入法状态栏的软键盘进行输入，方法如下：右击软键盘按钮，在弹出的快捷菜单中选择字符类别，再选择需要的符号即可。

3）输入特殊的图形符号。输入特殊的图形符号，如✂、📖、★等，可以在"插入"选项卡中单击"符号"选项组中的"符号"下拉按钮，在弹出的下拉列表中选择"其他符号"选项，在弹出的"符号"对话框中进行操作，对这些图形符号可以像普通文本一样设置字体、字号、颜色等。

5. 插入日期

如果需要快速地在文档中插入标准的日期和时间，可以在"插入"选项卡中单击"文本"选项组中的"日期和时间"按钮，弹出"日期和时间"对话框，选择需要的日期和时间格式即可。如果每次打开文档，都希望文档能根据系统的日期和时间自动更新文档中的日期和时间，需要在"日期和时间"对话框中选中"自动更新"复选框。

6. 插入文件

有时需要将一个文件中的内容插入当前文档光标所在的位置，此时可以通过单击"插入"选项卡"文本"选项组中的"对象"下拉按钮，在弹出的下拉列表中选择"文件中的文字"选项，在弹出的"插入文件"对话框中选择要插入的文件即可将该文件中的内容插入当前文档中。

7. 插入网络文字

有时在文档中需要引用从 Internet 上找到的信息，这时，可以将网络的文字复制到文档中。在粘贴时，选择"开始"选项卡"剪贴板"选项组"粘贴"下拉列表中的"选择性粘贴"选项，在弹出的"选择性粘贴"对话框中选择"无格式文本"选项，如图 3-11 所示，去除网页的一些格式。也可以通过右击，在弹出的快捷菜单中选择"粘贴选项"中的"无格式文本"选项。

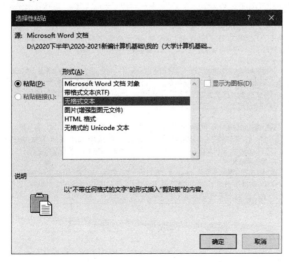

图 3-11　选择性粘贴

8. 插入/改写状态的切换

在 Word 文档中输入文本时，输入状态有插入和改写两种。在插入状态下，输入的字符会在光标的左侧，右侧的内容自动向后移动；在改写状态下，输入的字符会将光标右侧的字符替换掉。通过单击状态栏中的"插入"或"改写"按钮来修改当前状态，也可以通过按键盘上的 Insert 键在插入和改写两种状态之间进行切换。

3.2.2 文本的操作

1. 选择文本

在对文本进行复制、剪切、移动等操作前，必须先选取要操作的文本对象，再进行相应的操作。文本在选取时常用的方法如下。

1）选取连续区域的文本：将鼠标指针移到要选择文本开始位置的文字前，单击并按住鼠标左键，拖动鼠标到选定文本的末尾，然后释放鼠标左键即可。

2）选取不连续区域的文本：先将鼠标指针移到要选择文本开始位置的文字前，单击并按住鼠标左键，拖动鼠标，选取第一部分；然后按住键盘上的 Ctrl 键，使用同样的方法选取其他部分，如果选取的内容不在同一屏幕，可以通过拖动垂直滚动条浏览要选取的内容，在拖动滚动条的过程中，不要松开 Ctrl 键，否则前面选取的内容将会全部取消。结果如图 3-12 所示。

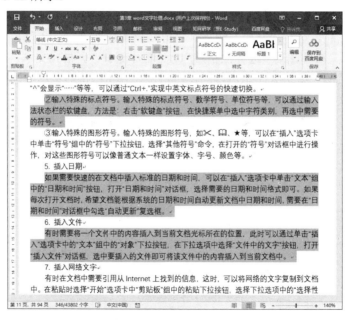

图 3-12 选取多个不连续的文本

3）选取列方向的文本：先按住 Alt 键不放，再按住鼠标左键不放，拖动鼠标到选定文本的末尾，然后释放鼠标左键。这时将按列的方向选中方块形状的文本，如图 3-13 所示。

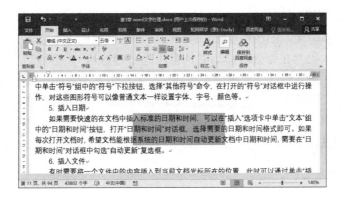

图 3-13　选取列方向的文本

4）选取格式相同的文本：在文本设置过程中可能会出现选取本文档中所有使用了相同格式的文本，如选择所有使用了"标题 1"样式的文本。在选取时，可以通过多个不连续区域的选择方法进行选取，如果文档很长，操作不是很方便；也可以采用选取所有格式类似文本的方法快速进行选取，其操作步骤如下：先选中要选取的一个文本，再单击"开始"选项卡"编辑"选项组中的"选择"下拉按钮，在弹出的下拉列表中选择"选择格式相似的文本"选项，如图 3-14 所示，可以对文档中使用了同样格式的所有文本进行选择。

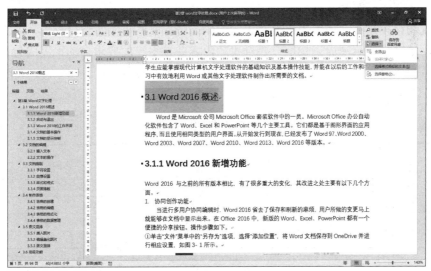

图 3-14　选取格式相同的文本

2. 移动、复制文本

在进行文档编辑的过程中，可能需要将一段文字复制或移动到新的位置，其操作步骤如下。

1）选择需要复制或移动的文本。

2）右击选择的文本，在弹出的快捷菜单中选择"复制"或"剪切"选项。

3）将光标定位到目标位置，将系统剪贴板中的文本粘贴到目标位置即可。

复制文本和移动文本的区别在于：移动文本时，选定的文本在原处消失；而复制文本时，选定的文本仍然在原处。移动文本可以通过"剪切""粘贴"命令来完成，也可以通过拖动的方式来完成。只是在进行拖动时，当选中文本后如果没有按住 Ctrl 键进行拖动则实现的是"移动"功能；如果按住 Ctrl 键进行拖动，则实现的是"复制"功能。

在操作过程中，为了提高操作效率，可以灵活地使用 Ctrl+C（复制）、Ctrl+X（剪切）、Ctrl+V（粘贴）等组合键进行操作。

3. 撤销和恢复

撤销功能就是用于取消对该文档的各种操作，恢复操作是在发生了撤销命令后，用来恢复上一次撤销的内容。用户可以通过单击快速访问工具栏中的"撤销"和"恢复"按钮完成这两项操作，如图 3-15 所示。

图 3-15   "撤销"和"恢复"按钮

4. 查找和替换

查找和替换是在文档编辑中很实用的编辑功能。根据输入的查找或替换内容，系统可以自动地在规定范围内查找用户要查找的内容并按用户的要求自动地完成替换操作。查找和替换不仅可以对具体文字内容进行操作，还可以对格式、特殊字符、通配符等进行操作。查找中可用的通配符如表 3-1 所示。

表 3-1   查找中可用的通配符

通配符	用于查找	实例
?	任一字符	s?t 可以找到 "sit" 和 "set" 等
*	任何字符串	s*t 可以找到以 s 开头、t 结尾的字符串
<	单词开头	<(pre)可以找到以 "pre" 开头的单词
>	单词结尾	>(ing)可以找到以 "ing" 结尾的单词
[ ]	指定字符之一	s[ie]t 可以找到 "sit" 和 "set" 等
[-]	此范围内的任一字符	[0-9]可以找到 0~9 中的任意一位数，范围必须是升序
[!x-z]	除括号内范围中的字符之外的任一字符	[!0-9]可以找到非 0~9 的所有字符，但找不到 "1314" 或 "520" 等数字信息
{n}	前一个字符或表达式的 n 个匹配项	de{2}d 可以找到 "deed"，但找不到 "ded"，表示找到有且只含两个 e 的单词
{n,}	前一个字符或表达式的至少 n 个匹配项	10{1,}可以找到 10、100、1000
{n,m}	前一个字符或表达式的 n 到 m 个匹配项	10{1,3}可以找到 10、100 和 1000
@	前一个字符或表达式的一个或多个匹配项	lo@t 可以找到 "lot" 和 "loot"，可以找到一个或多个前一个字符的单词

【例 3-1】将文档中的手动换行符替换为段落标记符，操作步骤如下。

1）选择"开始"选项卡，在"编辑"选项组中单击"查找"下拉按钮，在弹出的下拉列表中选择"高级查找"选项，如图 3-16 所示；或者选择"开始"选项卡，在"编辑"选项组中单击"替换"按钮，弹出"查找和替换"对话框。

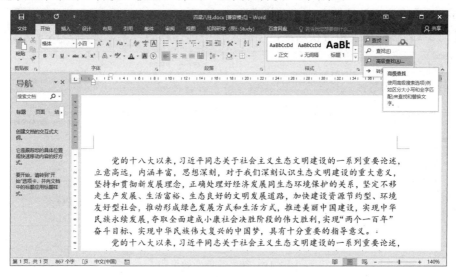

图 3-16　查找和替换

2）在"查找和替换"对话框中单击"更多"按钮，将光标定位到"查找内容"文本框中，选择"特殊格式"下拉列表中的"手动换行符"选项，如图 3-17 所示。

图 3-17　特殊格式的替换设置

3）在"查找和替换"对话框中选择"替换"选项卡，将光标定位到"替换为"文本框中，选择"特殊格式"下拉列表中的"段落标记"选项。

4）单击"全部替换"按钮，此时，会将从当前光标处到文档末尾的所有手动换行符替换为段落标记符。

5）单击"关闭"按钮，完成替换操作。

【例3-2】通过查找和替换功能，清除文件中选择题的答案，如图3-18所示。

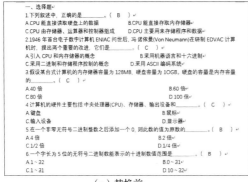

（a）替换前 　　　　　　　　　　　　　　　（b）替换后

图3-18　替换前后的效果图

操作步骤如下。

1）选择"开始"选项卡，在"编辑"选项组中单击"查找"下拉按钮，在弹出的下拉列表中选择"高级查找"选项；或者选择"开始"选项卡，在"编辑"选项组中单击"替换"按钮，弹出"查找和替换"对话框。设置查找范围为主文档、查找内容为"(*)"，在"搜索选项"选项组中设置"搜索"为"全部"，并选中"使用通配符"复选框，如图3-19所示。

图3-19　查找答案设置

2）选择"替换"选项卡，在"替换为"文本框中输入"（　　）"，然后单击"全部替换"按钮即可。

使用通配符查找时，如果要查找已被定义为通配符的字符，则要在该字符前输入反斜杠（\）。例如，要查找问号，必须输入"\?"。如果不使用通配符查找，则直接在"查找内容"文本框中输入"?"即可。所以在查找时一定要分清楚是否借助通配符进行查找。

5.　删除操作

在 Word 文档编辑过程中，删除单个字符可以通过如下两个键来实现。按 Backspace 键，删除光标左侧的一个字符；按 Delete 键，删除光标右侧的一个字符。如果要删除一个区域的文字，可以先选中要删除的文字，再通过按删除键进行删除。

6.　拼音和语法检测

用户输入的文本，难免会出现拼写和语法上的错误，如果自己检查，会花费很多时间，Word 2016 提供了自动拼写和语法检查功能，这是由其拼写检查器和语法检查器来实现的。

单击"审阅"选项卡"校对"选项组中的"拼写和语法"按钮，拼写检查器就会使用拼写词典检查文档中的每一个词。如果该词在词典中，拼写检查器就认为是正确的，否则就会加红色波浪线来报告相应的错词信息，并根据词典中能找到的词给出相应的修改建议。目前，文字处理软件对英文的拼写和语法检查的正确率较高，对中文校对的作用不大。

3.3　文档的排版

排版就是对文档的格式进行设置，也称为对文档进行格式化或格式化文档，使其变得更加美观易读、丰富多彩。格式化文档时一般不改变文档的内容。对 Word 文档的排版主要涉及字符、段落和页面 3 种基本的操作对象，因此相应的排版操作有字符设置、段落设置、样式设置和页面设置。Word 提供了许多对文档进行格式化排版的工具，不仅使文档更加美观，而且在操作时实现了"所见即所得"的效果，在屏幕上看到的显示效果几乎就是实际打印的效果，给用户提供了极大的方便。

3.3.1　字符设置

字符是指文档中输入的英文字母、汉字、数字和各种符号的总称。字符格式设置是指对字母、汉字、数字和各种符号进行格式化。常见的格式化操作有字体格式、字符间距、文本效果、字符边框、字符底纹、字符缩放效果、字符方向、背景、中文版式等的设置。字符格式设置是 Word 排版中最基本的操作，可以通过以下几种方法实现。

1）选择要设置的文本，选择"开始"选项卡，在"字体"选项组中单击需要设置的命令按钮，如图 3-20 所示。

图 3-20 "字体"选项组

2）选择要设置的文本，在"开始"选项卡"字体"选项组中单击右下角的对话框启动器，在弹出的"字体"对话框中进行设置，如图 3-21 所示。

图 3-21 "字体"对话框

3）选择要设置的文本，在选择的文本旁会出现浮动工具栏，如图 3-22 所示。

图 3-22 浮动工具栏

1. 字体格式

对字符进行格式化需要先选中文字，否则只对光标处新输入的文字有效。常见字符格式化有字体、字形、字号、颜色、下划线、着重号、特殊效果等。

　　1）字体：指文字在屏幕或纸张上呈现的书写形式。字体包括中文字体和英文字体，英文字体只对英文有效，而中文字体则对汉字和英文都有效。当对选中的文字既设置了中文字体又设置了英文字体时，系统会自动对选中的文字进行识别，如果是中文就采用中文字体，如果是英文就采用英文字体。

　　2）字形：指常规、倾斜、加粗、倾斜加粗等形式。

　　3）字号：指文字的大小，是以字符在一行中垂直方向上所占用的点（磅）来表示的。1 磅为 1/72 英寸，约为 0.3527mm。字号有汉字数码表示和阿拉伯数字表示两种。其中，汉字数码越小表示的字体越大，阿拉伯数字越小表示的字体越小。使用汉字数码表示时以号为单位，使用阿拉伯数字表示时以磅为单位。默认状态下，字体为宋体，字号为五号。表 3-2 列出了字号与磅值的对应关系。

表 3-2　字号与磅值的对应关系

字号	初号	一号	二号	三号	四号	五号	六号	七号	八号
磅值	42	26	22	16	14	10.5	7.5	5.5	5

　　4）颜色：指字符的前景颜色，即字符的本身颜色，可以通过标准的颜色进行设置，也可以通过"其他"颜色中自定义颜色的 RGB 方式进行设置，其中 R 代表红色、G 代表绿色、B 代表蓝色，每个值的取值范围是 0～255 之间的整数。

　　5）下划线：指在文字下方设置的线条，当设置了某种类型的下划线后，才可以设置下划线的颜色。

　　6）着重号：为了突出重点，在某些文字下方可以加着重符号来重点突出。

　　7）特殊效果：指根据需要进行多种设置，包括删除线、双删除线、上标、下标、隐藏等效果。上标、下标的格式如 $x_1^2 + x_2^2 = 9$。

图 3-23　"高级"选项卡

2. 字符间距

　　字符间距指两个字符之间的距离。默认情况下，两个字符之间的距离为 0。可以通过如下步骤设置字符间距。

　　1）选择"开始"选项卡，在"字体"选项组中单击右下角的对话框启动器，弹出"字体"对话框，选择"高级"选项卡，如图 3-23 所示。

　　2）在"高级"选项卡中，可以对字符间距、字符缩放比例和字符位置进行调整。其中，字符缩放是指对字符的横向尺寸进行缩放，以改变字符横向和纵向的比例；字符位置指字符在垂直方向上与基准线的相对位置，包括字符提升和降低。

3. 文本效果

"字体"选项组中的"文本效果和版式"按钮，可以对文本设置轮廓、阴影、映像、发光等效果。这一功能对于.doc 文件是无效的。其操作步骤如下。

选择"开始"选项卡，在"字体"选项组中单击"文本效果和版式"下拉按钮，在弹出的下拉列表中进行相关的设置；或单击"字体"对话框中的"文字效果"按钮，在弹出的"设置文本格式效果"窗格中进行设置，如图 3-24 所示。

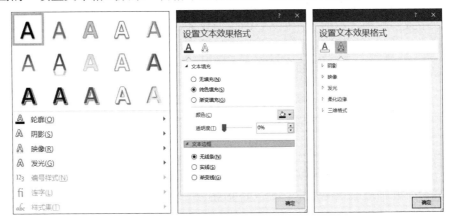

图 3-24　设置文本效果

4. 字符边框和底纹

Word 文档中，给字符添加边框和底纹的目的是使内容更加醒目和突出，显示更加美观。其操作步骤如下：选择"开始"选项卡，在"段落"选项组中选择"边框"下拉列表中的"边框和底纹"选项，弹出"边框和底纹"对话框，如图 3-25 所示，其中有"边框""页面边框""底纹" 3 个选项卡。

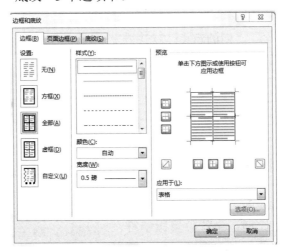

图 3-25　"边框和底纹"对话框

1）"边框"选项卡：用于设置选定段落或文字的边框，可以选择边框的类别、样式、颜色和线条宽度等。如果需要对某些边设置边框线，如只对段落的上、下边框设置边框线，可以单击"预览"选项组中的上、下边将边框线加上。

2）"页面边框"选项卡：用于对页面或整个文档添加边框，各项设置和"边框"选项卡中的一样，只是在"页面边框"选项卡中增加了"艺术型"下拉列表。

3）"底纹"选项卡：对选定的段落或文字添加底纹。其中，"填充"下拉列表用于设置底纹的背景色；"样式"下拉列表用于设置底纹的图案式样；"颜色"下拉列表用于设置底纹图案中点或线的颜色。

5. 中文版式

Word 2016 仍然提供了对中文的特殊处理，如简体和繁体的转换、给汉字加拼音、加圈、纵横混排、双行合一、合并字符等中文版式处理的功能。但 Word 2016 并没有把这些功能都集合在"中文版式"菜单中，而是分散在不同的选项组中。其中，简体和繁体的转换可以通过单击"审阅"选项卡"中文简繁转换"选项组中的相应按钮来完成；加拼音、加圈则通过单击"开始"选项卡"字体"选项组中相应的按钮 和 来实现；其他功能则通过单击"开始"选项卡"段落"选项组中的"中文版式"下拉按钮，在弹出的下拉列表中选择相应的命令来完成。中文版式效果如图 3-26 所示。

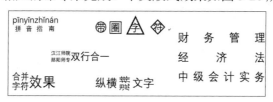

图 3-26　中文版式效果

【例 3-3】创建一个新文档并编辑一首古诗，内容效果如图 3-27 所示。

图 3-27　内容效果

操作步骤如下。

1）新建一个空白的 Word 文档，并输入相应的内容。

2）设置字体：所有字体为宋体；标题字号设置为小三加粗；作者字号为小四；古诗内容字号为四号；注释及注释内容字号为五号，"注释"两个字加粗。

3）输入拼音：选中要添加拼音的文字，在"开始"选项卡"字体"选项组中单击"拼音指南"按钮，弹出"拼音指南"对话框，如图 3-28 所示。在该对话框中可以设置字体、字号、偏移量和对齐方式。

4）输入符号：将光标定位到要插入符号的文字前面，单击"插入"选项卡"符号"选项组中的"编号"按钮，弹出"编号"对话框，如图 3-29 所示。在"编号类型"列表框中选择需要的类型，在"编号"文本框中输入编号数字即可。

图 3-28　设置拼音

图 3-29　设置编号格式

5）设置上标。选中"安仁"文字后的编号①，右击，在弹出的快捷菜单中选择"字体"选项，弹出"字体"对话框。选中"效果"选项组中的"上标"复选框，然后单击"确定"按钮即可。使用同样的方法可以对其他编号进行格式的设置。

注意：此时也可以通过格式刷复制格式来完成。具体操作在格式刷的使用中进行介绍。

3.3.2　段落设置

段落是由一些字符和其他对象组成的，最后以段落标记  结束。段落标记不仅标识了段落的结束，还存储了这个段落的排版格式。段落设置是以段落为单位对文档内容进行段落格式化，包含段落的对齐方式、段落缩进、首行缩进、悬挂缩进、段间距、行间距等，同时还可以为段落添加项目符号和编号等。

一般在对段落进行排版时可以通过"开始"选项卡"段落"选项组中的相应按钮来

完成，如图 3-30 所示，或单击"段落"选项组右下角的对话框启动器，在弹出的"段落"对话框中进行设置，如图 3-31 所示。

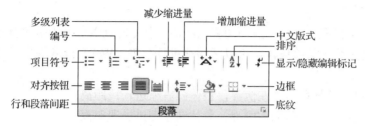

图 3-30 "段落"选项组

图 3-31 "段落"对话框

1. 段落的对齐方式

在文档中，对齐方式一般包括左对齐、右对齐、居中对齐、两端对齐和分散对齐。其中，两端对齐是以词为单位，自动调整词与词之间空格的宽度，使正文沿页的左右页边对齐，这种对齐方式适合英文文本，可以防止一个单词分两行显示，但对于中文，其效果等同于左对齐。分散对齐是以字符为单位，使字符均匀地分布在一行上，此种对齐方式对中英文都有效。

2. 段落缩进

段落缩进是指段落各行与页面边界的距离。中文排版中每个段落的首行一般缩进两个字符，但为了强调某些段落，可以适当地进行缩进。Word 2016 提供了 4 种段落的缩进方式。

1）左缩进：选择段落的左侧界，整体向右缩进一段距离。

2）右缩进：选择段落的右侧界，整体向左缩进一段距离。

3）首行缩进：每段的第一行的左侧界向右缩进一段距离。

4）悬挂缩进：每段除第一行文字，其他行的左侧界向右缩进一定的距离。

在对段落进行缩进设置时，除上面两种方式外，还可以通过游标来快速地完成段落的缩进，如图 3-32 所示。具体操作方法是，通过选中"视图"选项卡"显示"选项组中的"标尺"复选框可以显示标尺，再将光标放在要缩进的段落中，然后将标尺上的缩进符号拖动到适当的位置，被选定的段落随缩进标尺的变化而重新排版。

图 3-32　游标设置缩进

3. 段间距与行间距

段间距指段落与段落之间的距离，即当前段落与前一段落的距离和后一段落的距离。加大段落之间的距离，可以使文档显示得更加清晰。行间距指段落中行与行之间的距离。段间距和行间距一般以磅或行的倍数为单位。行间距一般包括单倍行距、1.5 倍行距、2 倍行距、固定值、最小值和多倍行距。如果选择"最小值"和"固定值"方式，可以在"设置值"文本框中输入磅数；如果选择"多倍行距"方式，可以在"设置值"文本框中输入倍数值。其中，固定值行距必须大于 0.7 磅，多倍行距的最小倍数必须大于 0.06。当选择"最小值"选项时，如果文本高度超过了该值，Word 会自动调整高度以适应文本的高度；当选择"固定值"选项时，如果文本高度超过该值，则该行文本不能完全显示出来。

4. 换行和分页

当文字或图形占满一页时，Word 2016 会插入一个自动分页符并展开新的一页。如果处理的文档有很多页，且需要在特定的位置设置分页符，就可以通过设置分页选项来确定分页符的位置。例如，文档中的图片和图片下的说明要在同一页，可以通过下列设置来完成：选中图片，然后单击"开始"选项卡"段落"选项组右下角的对话框启动器，在弹出的"段落"对话框中选择"换行和分页"选项卡。在"分页"选项组中选中"与下段同页"复选框即可，如图 3-33 所示。

5. 项目符号和编号

在 Word 2016 文档中为了能够准确、清楚地表达某些内容之间的并列关系、顺序关系，可以设置项目符号和编号。项目符号可以是图片、符号，表达的内容是没有顺序之分的；项目编号由连续数字或字母表示，表达的内容有先后关系，是有序的。Word 2016 有自动编号功能，当删除或添加一个选项时，其项目编号也会自动更新。

创建项目符号和编号的方法是，选择要设置项目符号和编号的段落，单击"开始"选项卡"段落"选项组中的"项目符号"按钮、"编号"按钮、"多级列表"按钮。

1)"项目符号"按钮：用于对选定的段落加上合适的项目符号。单击该按钮右侧的下拉按钮，在弹出的项目符号库中，可以选择预设的项目符号，也可以自定义新的项目符号，如图 3-34 所示，可以设置项目符号字符及对齐方式。

图 3-33　设置分页

2)"编号"按钮：用于对选中的段落加上需要的编号样式。单击该按钮右侧的下拉按钮，在弹出的编号库中，可以选择其中一种编号，也可以选择"定义新编号格式"选项，弹出如图 3-35 所示的"定义新编号格式"对话框，在该对话框中可以设置编号样式、编号格式及对齐方式等。

图 3-34　设置项目符号

图 3-35　定义新的项目编号

3）“多级列表”按钮：用于创建多级列表，多级列表可以清晰地表明各层次之间的关系。创建多级列表必须先确定多级格式，然后输入项目内容，通过单击“开始”选项卡“段落”选项组中的“减少缩进量”按钮和“增加缩进量”按钮来确定层次关系。

如图 3-36 所示，显示了项目符号、编号和多级列表的设置效果。

项目符号	编号	多级列表
➢ 熟悉界面	1　需求分析	1 Word 文字处理
➢ 文档操作	2　总体设计	1.1　Word 概述
➢ 文档控制	3　详细设计	1.1.1　启动与退出

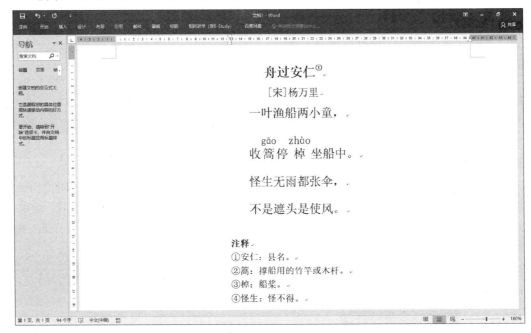

图 3-36　项目符号、编号、多级列表的设置效果

【例 3-4】将【例 3-3】的文档通过段落的设置达到如图 3-37 所示的效果。

图 3-37　排版后的效果

操作步骤如下。

1）选中标题和作者两个自然段，单击“开始”选项卡“段落”选项组中的“居中”≡按钮，将选择的文字居中对齐。

2）选中古诗内容，将鼠标指针移动到水平标尺的滑块的最下方，显示为“左缩进”时（图 3-38），按住鼠标左键不放，拖动滑块到适当的位置，然后释放鼠标左键即可。

3）使用同样的方法，选中注释行及后面的内容，拖动标尺上的“左缩进”滑块，使选中的文字进行左缩进。

4）选中“注释”段落，在“段落”对话框中设置“段前间距”为“1 行”。

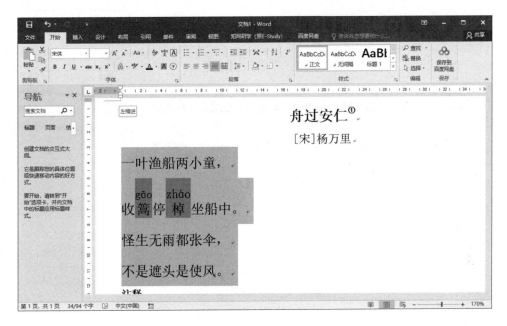

图 3-38 设置左缩进

3.3.3 样式和格式刷

对文档进行排版时总是希望整个文档中的排版格式统一，使不同的文本或段落具有相同的格式。如果对每个相同部分重复设置格式，这样不仅费时费力，还容易出错，而样式和格式刷的功能就可以很好地解决这一问题。

1. 样式

（1）样式概述

样式是一系列以字符和段落排版格式组合命名的集合，它可以作为一组排版格式整体使用。例如，一篇文章的各级标题、正文、题注、页眉、页脚等，它们都有各自的字体和段落格式，都具有各种的样式名称以便使用。

使用样式对 Word 文档进行排版的优点主要有两个：一是若文档中多个地方使用了样式，在对该样式格式进行修改后，即可自动更新使用过该样式的所有文本格式；二是有利于长文档构造大纲和目录等。

（2）使用已有样式

选择需要设置样式的文本或段落，在"开始"选项卡的"样式"选项组中的样式库中选择已有的样式。或单击"开始"选项卡"样式"选项组右下角的对话框启动器，弹出"样式"窗格，如图 3-39 所示，在"样式"窗格中选择需要的样式即可。

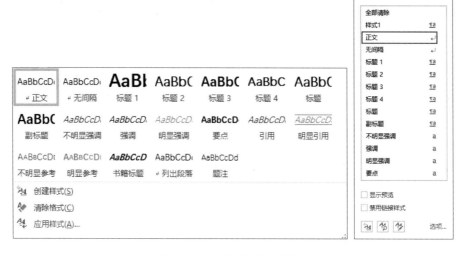

图 3-39　样式库和样式窗格

（3）自定义样式

当 Word 2016 提供的样式不能满足工作需要时，可以自己创建新的样式。单击"样式"窗格左下角的"新建样式"按钮，弹出"根据格式设置创建新样式"对话框，如图 3-40 所示。在该对话框中输入样式名称，选择样式类型、样式基准，设置该样式的格式，选中"添加到样式库"复选框。新样式建立后，就可以像使用已有样式一样被直接使用了。

图 3-40　新建样式

（4）查看样式内容

将鼠标指针指向该蓝色框对应的样式名称，可以显示该样式的内容，如图 3-41 所示。

（5）修改样式

如果对已有的样式不满意，可以进行修改。单击"开始"选项卡"样式"选项组右下角的对话框启动器，弹出"样式"窗格。在"样式"窗格中单击要修改的样式名右侧的下拉按钮，在弹出的下拉列表中选择"修改"选项，如图 3-42 所示。在弹出的"修改样式"对话框中就可以对已有样式进行修改了。

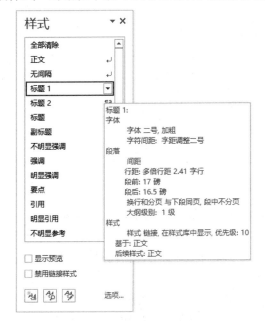

图 3-41　查看样式内容

图 3-42　修改样式

（6）删除样式

用户自定义的样式可以被删除，而 Word 2016 预定义的样式（内置样式）不能被删除，但是可以修改。若要删除用户自定义的样式，右击该样式，在弹出的快捷菜单中选择"删除"选项即可。

（7）管理样式

1）显示隐藏的样式：当需要的样式在样式库中找不到时，而该样式又确实存在，就需要把该样式显示出来。单击"样式"窗格中的"管理样式"按钮，在弹出的"管理样式"对话框中选择"推荐"选项卡，选择要显示的样式，如图 3-43 所示，单击"显示"按钮就可以将隐藏的样式显示出来。

图 3-43　显示隐藏的样式

2）导入/导出样式：在实际工作的过程中，很多项目是由多人协同完成的，如一本书由多人编写。为了统一所有人编写文档的格式，可以先对样式进行一系列的设置并保存在一个样式文档中，然后将该文档的样式导入其他文档中。打开设置样式的 Word 文档，选择"文件"菜单中的"选项"选项，弹出"Word 选项"对话框，选择"加载项"选项卡，在"管理"下拉列表中选择"模板"选项，单击"转到"按钮。在弹出的"模板和加载项"对话框中选择"模板"选项卡，单击"管理器"按钮（或直接单击"开始"选项卡"样式"选项组右下角的对话框启动器，在弹出的"样式"窗格中单击"管理样式"按钮，在弹出的"管理样式"对话框中单击"导入/导出"按钮），弹出"管理器"对话框，如图 3-44 所示。选择"样式"选项卡，单击右侧的"关闭文件"按钮，再单击右侧的"打开文件"按钮，在弹出的"打开"对话框中选择打开文件的类型"Word文档(*.docx)"，选择要打开的文件，最后单击"打开"按钮，返回"管理器"对话框中，将需要的样式复制到打开的文档中即可。

2. 格式刷

格式刷可以将已经设置好的格式应用到其他字符或段落中，当然也可以应用已有的格式。利用格式刷可以快速地复制格式，从而提高效率。格式刷使用的方法如下。

1）选择要复制格式的文本或段落（如果是段落，在该段落的任意处单击即可），即数据源。

2）单击"开始"选项卡"剪贴板"选项组中的"格式刷"按钮。

3）拖动鼠标选中要使用此格式的文本或段落即可。

如果同一格式要多次复制，可以在第二步操作时双击"格式刷"按钮。若要退出多次复制操作，可再次单击"格式刷"按钮或按 Esc 键退出。

图 3-44　复制样式

3.3.4　页面排版

页面排版反映了文档的整个外观和输出效果，页面排版包括页面设置、页眉和页脚设置、脚注和尾注设置、页码和分页设置，还有一些特殊格式的设置，如首字下沉、分栏、文档竖排、页面背景等。

1．页面设置

页面设置通常包括定义纸张的大小、纸张方向、页边距、页眉和页脚的位置、每页容纳的行数和每行容纳的字数等。纸张大小、纸张方向和页边距限制了可用的文本区域。

通过单击"布局"选项卡"页面设置"选项组中的相应按钮或通过单击"页面设置"选项组右下角的对话框启动器弹出"页面设置"对话框来实现页面的设置，如图 3-45 所示。在"页面设置"对话框中共有 4 个选项卡。

（1）"页边距"选项卡

在"页边距"选项卡中可以设置正文的上、下、左、右边距及装订线和装订线的位置，还可以设置纸张的方向等。其中，页边距也可以通过"页面设置"选项组中的"页边距"下拉列表来快捷设置，它提供了"普通""窄""适中""宽""镜像"5 种

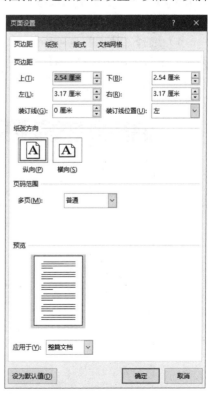

图 3-45　"页面设置"对话框

预设方式，纸张方向也可以通过"页面设置"选项组中的"纸张方向"下拉列表来快捷设置。

（2）"纸张"选项卡

"纸张"选项卡用于设置纸张的大小，一般默认是 A4 纸。如果当前使用的纸张为特殊规格，可以选择"自定义大小"选项，通过设置纸张的高度和宽度来定义纸张的大小。纸张大小设置也可以通过"页面设置"选项组中的"纸张大小"下拉列表来快捷设置。

（3）"版式"选项卡

"版式"选项卡用于设置节、页眉和页脚的特殊选项，如奇偶页不同、首页不同、距离边界距离、垂直对齐方式等。

（4）"文档网格"选项卡

"文档网格"选项卡用于设置每页容纳的行数和每行容纳的字数，以及文字打印方向和行、列网格线是否打印等。

2. 页眉和页脚设置

页眉和页脚是指在每一页顶部和底部加入的信息，这些信息可以是文字、图形、图片等，还可以是用来生成公众文本的域代码（如日期、页码等）。域代码与普通文本不同，它在显示和打印时会被当前的最新内容代替。例如，日期域代码是根据打开文档时计算机的当前日期更新其内容；同样，页码域代码也是根据文档的实际页数生成当前的页码。插入页眉和页脚的操作步骤如下。

1）选择"插入"选项卡，在"页眉和页脚"选项组中单击"页眉"下拉按钮，在弹出的下拉列表中选择页眉的格式，进入页眉和页脚的编辑状态，同时自动显示"页眉和页脚工具-设计"选项卡，如图 3-46 所示。可以根据实际需要设置首页不同、奇偶页不同等。

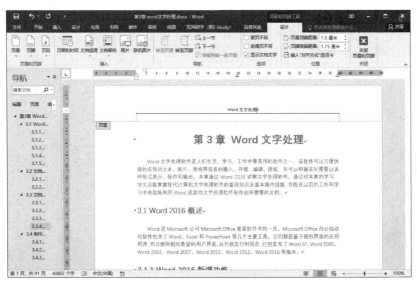

图 3-46　设置页眉和页脚

2）输入页眉的内容，或利用"页眉和页脚工具-设计"选项卡中的按钮来插入一些特殊信息，如日期、时间、图片等内容。如果设置了奇偶页不同，则要分别在奇数页和偶数页输入不同的内容。

3）单击"页眉和页脚工具-设计"选项卡"导航"选项组中的"转至页脚"按钮，切换到页脚区域，并输入页脚内容。

4）单击"页眉和页脚工具-设计"选项卡"关闭"选项组中的"关闭页眉和页脚"按钮，退出页眉和页脚的编辑状态。

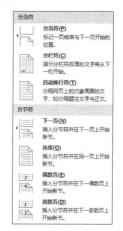

Word 文档默认情况下整个文档就是一节，在同一节中的页眉和页脚是一样的。如果要设置不同的页眉和页脚，就需要插入分节符，将整个 Word 文档分成多节，每节就可以单独地设置页眉和页脚，也可以设置不同的页边距、纸张大小、纸张方向等。插入分节符的操作步骤如下。

1）单击需要插入分节符的位置。

2）单击"布局"选项卡"页面设置"选项组中的"分隔符"下拉按钮，弹出"分隔符"下拉列表，如图 3-47 所示。

在下拉列表中选择需要的一种分节符。"下一页"，分节符后的文本从新的一页开始；"连续"，新节与其前面一节同处于当前页中；"偶数页"，分节符后面的内容转入下一个偶数页；"奇数页"，分节符后面的内容转入下一个奇数页。

图 3-47　插入分节符

3）编辑页眉和页脚。默认情况下，每一节的页眉和页脚都是与前一节的页眉和页脚的内容相关联的，如果要使每一节的页眉和页脚都不一样，必须将节与节之间的链接断开。如图 3-48 所示，没有断开链接时"链接到前一条页眉"按钮以高亮度状态显示，断开链接后"链接到前一条页眉"以灰色显示，如果设置了奇偶不同，则在奇数页和偶数页均要断开链接。

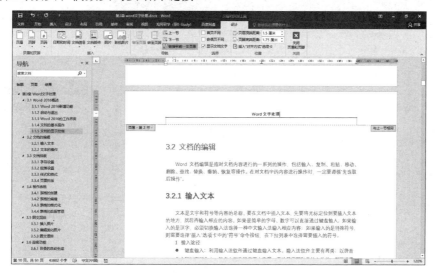

图 3-48　设置节与节之间断开链接

4）单击"页眉和页脚工具-设计"选项卡"关闭"选项组中的"关闭页眉和页脚"按钮，退出页眉和页脚的编辑状态。

3. 页码和分页设置

在用户输入文字时，当文字到达页面底部时，Word 会自动插入一个"软"分页符，并将后面的内容放到下一页。用户也可以根据排版的需要在特定的位置插入一个"硬"分页符，将后面的文字强行放在另一页的开始，即人工分页。不管是"软"分页，还是"硬"分页，分页符都为一条单虚线，打印不显示。

（1）设置自动分页

选择"文件"菜单中的"选项"选项，弹出"Word 选项"对话框，选择"高级"选项卡，在右侧窗格的"常规"选项组中选中"启用后台重新分页"复选框，然后单击"确定"按钮即可。

（2）人工分页

选择"布局"选项卡，在"页面设置"选项组中单击"分隔符"下拉按钮，在弹出的下拉列表中选择"分页符"中的"分页符"选项，也可以使用 Ctrl+Enter 组合键进行手动分页。

（3）删除分页

将鼠标指针移到分页线上，按 Delete 键就可以将分页符删除。

（4）插入页码

选择"插入"选项卡，在"页眉和页脚"选项组中单击"页码"下拉按钮，在弹出的下拉列表中选择页码出现的位置，如图 3-49 所示。如果要设置页码的格式，可以选择"插入"选项卡，在"页眉和页脚"选项组中单击"页码"下拉按钮，在弹出的下拉列表中选择"设置页码格式"选项，弹出"页码格式"对话框，如图 3-50 所示。在该对话框中可以设置编号格式、页码编号等。

图 3-49　插入页码　　　　　　　　　图 3-50　"页码格式"对话框

4. 脚注和尾注的设置

脚注和尾注是用于给文档中的文本添加注释的。脚注对文档某处内容进行注释说明，通常位于页面的底部；尾注用于说明引用文献的来源，通常位于文档的末尾。在同一文档中，可以同时包含脚注和尾注。脚注或尾注均由两个互相连接的部分组成：注释引用标记和其对应的注释文本。对于注释引用标记，Word 文档自动为其编号，添加、删除或移动编号的注释时，Word 将对注释编号引用标记重新编号。注释可以使用任意长度的文本，可以像处理其他文本一样设置文本格式，还可以自定义注释分隔符，即用来分割正文和注释文本的线条。

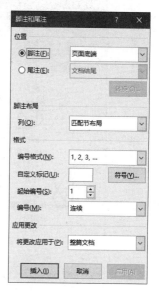

设置脚注和尾注的方法：将光标定位到要添加脚注或尾注标记的文字后面，单击"引用"选项卡"脚注"选项组中的"插入脚注"或"插入尾注"按钮，然后输入相应的脚注或尾注的文本内容即可。或通过单击"引用"选项卡"脚注"选项组右下角的对话框启动器，弹出"脚注和尾注"对话框，如图 3-51 所示。在该对话框中可以设置脚注或尾注编号格式、显示位置，并插入相应的脚注和尾注。

要删除脚注和尾注，只要将光标定位在脚注和尾注引用标记前，按 Delete 键，则注释引用标记和注释文本同时删除。

图 3-51　设置脚注和尾注

5. 特殊格式的设置

（1）栏

分栏就是将一页纸的版面分成几栏，使文档版面更加美观、生动、更具有可读性。这种排版方式在报纸、杂志中经常使用。分栏的设置步骤如下。

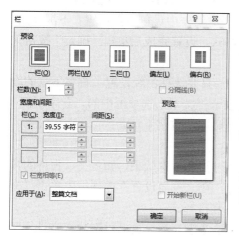

1）选择"布局"选项卡，在"页面设置"选项组中单击"栏"下拉按钮，在弹出的下拉列表中选择"更多栏"选项，弹出的"栏"对话框如图 3-52 所示。

2）在"栏"对话框中，设置栏数、每栏宽度、栏间距、分割线等，设置完成后单击"确定"按钮即可。

若分栏时不选择段落，则分栏范围是整个文档，若要对文档的某些段落分栏，要先选择分栏的段落，再进行分栏设置。

（2）首字下沉

在报纸、杂志中经常会看到某段文字的第一个字比较显眼，特别大，以引导阅读，这就是使

图 3-52　"分栏"对话框

用了"首字下沉"。首字下沉一般应用于文档的开头，使用"首字下沉"修饰文档，可以将段落开头的第一个或若干个字母、文字变为大号字，并以下沉或悬挂方式改变文章的版式。它有"下沉"和"悬挂"两种效果，如图3-53所示。

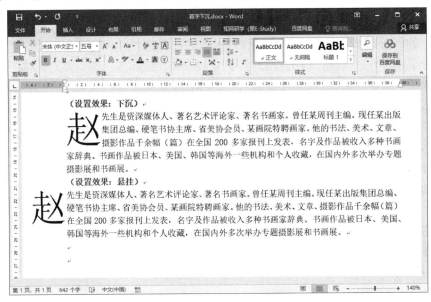

图 3-53　首字下沉效果

图 3-54　"首字下沉"对话框

设置首字下沉的操作步骤如下。

1）选择要设置首字下沉的段落或将光标定位到要设置首字下沉的段落中。

2）选择"插入"选项卡，在"文本"选项组中单击"首字下沉"下拉按钮，在弹出的下拉列表中选择"首字下沉选项"选项，弹出"首字下沉"对话框，如图3-54所示。

3）在"首字下沉"对话框中可以设置位置、下沉行数、与正文的距离和字体格式，设置完成后单击"确定"按钮关闭对话框。

若要取消首字下沉，只要选择已经设置了首字下沉的段落，单击"插入"选项卡"文本"选项组中的"首字下沉"下拉按钮，在弹出的下拉列表中选择"无"选项即可取消首字下沉。

（3）文档竖排

通常情况下，文档都是从左至右横排的，但有时需要特殊效果，如古文、古诗的排版需要文档竖排。此时就可以选择"布局"选项卡，在"页面设置"选项组中单击"文字方向"下拉按钮，在弹出的下拉列表中选择一种竖排样式。

这种设置方式是针对整个文档而言的，如果只是希望在某一页上对部分文字进行竖排，操作步骤如下。

1）选择"插入"选项卡，在"文本"选项组中单击"文本框"下拉按钮，在弹出的下拉列表中选择一种文本框格式，此时就会在文档中插入一个文本框。选择文本框，会自动添加一个"绘图工具-格式"选项卡，在其中可以对文本框设置形状填充、形状轮廓、形状效果的样式，如图 3-55 所示。

图 3-55　"绘图工具-格式"选项卡

2）在文本框中输入相应的内容，并调整文本框的位置。

3）选择文本框，选择"布局"选项卡，在"页面设置"选项组中单击"文字方向"下拉按钮，在弹出的下拉列表中选择"竖排"选项即可。

（4）页面背景

在创建用于联机阅读的 Word 文档时，添加背景可以增加文本的视觉效果。在 Word 中可以用某种颜色或过渡颜色、Word 附带的图案甚至一幅图片作为背景。背景在打印文档时并不会被打印出来。也可以给页面添加水印，水印可以是文字，也可以是图片，但打印文档时水印是会被打印出来的。其操作可以通过"设计"选项卡"页面背景"选项组中的相应按钮来实现背景和水印的设置。

【例 3-5】对文档"秋天"进行排版，排版前后对比如图 3-56 所示。要求：设置纸张方向为横向，页眉、页脚距边界 2.5 厘米。将正文第二段分成 3 栏，其中第一栏和第二栏栏宽均为 15 字符，栏间距为 4 个字符，不设置栏间分隔线。将正文第一段设置首字下沉，宋体，距正文 0 厘米，下沉行数为 2 行。设置页眉为"美文共赏"，右对齐；页脚为"心灵的足迹"，左对齐，页码为"1/1"，右对齐。将文中的"秋"替换为橙色的"秋"。

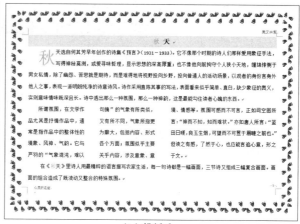

（a）排版前　　　　　　　　　　　　　　（b）排版后

图 3-56　排版前后对比的效果

操作步骤如下。

1）单击"布局"选项卡"页面设置"选项组右下角的对话框启动器，弹出"页面设置"对话框。单击"页边距"选项卡"纸张方向"选项组中的"横向"按钮设置纸张的方向；选择"版式"选项卡，在"距边界"选项组中的"页眉"和"页脚"文本框中输入"2.5 厘米"来调整页眉和页脚距页边界的距离，如图 3-57 所示。

图 3-57　设置页面

2）单击"设计"选项卡"页面背景"选项组中的"页面边框"按钮，弹出"边框和底纹"对话框，选择相应艺术型，如图 3-58 所示。

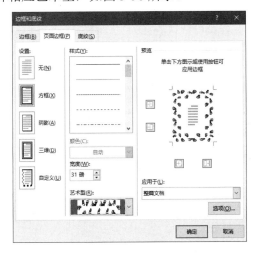

图 3-58　设置边框

　　3）选中正文第二段，单击"布局"选项卡"页面设置"选项组中的"栏"下拉按钮，在弹出的下拉列表中选择"更多栏"选项，弹出"栏"对话框，选择"三栏"选项，取消选中"栏宽相等"复选框。在第一栏"宽度"文本框中输入 15 字符，在"间距"文本框中输入 4 字符；再在第二栏"宽度"文本框中输入 15 字符，在"间距"文本框中输入 4 字符，如图 3-59 所示。

　　4）选中第一段段首字，单击"插入"选项卡"文本"选项组中的"首字下沉"下拉按钮，在弹出的下拉列表中选择"首字下沉选项"选项，在弹出的"首字下沉"对话框中，单击"下沉"按钮，在"下沉行数"文本框中输入 2，在"距正文"文本框中输入 0 厘米，如图 3-60 所示。

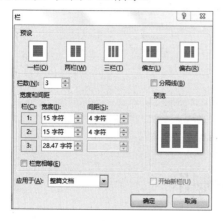

图 3-59　设置分栏

图 3-60　设置首字下沉

　　5）单击"插入"选项卡"页眉和页脚"选项组中的"页眉"下拉按钮，在弹出的下拉列表中选择"编辑页眉"选项，在页眉处输入"美文共赏"，设置为右对齐。将光标定位到页脚，单击"页码"下拉按钮，在弹出的下拉列表中选择"设置页码格式"选项，弹出"页码格式"对话框，在该对话框中设置编码格式，如图 3-61 所示。再单击"页码"下拉按钮，在弹出的下拉列表中选择"页面底端"级联菜单中的"数字 3"选项，在页码后按 Enter 键将光标定位至另一行，再输入"心灵的足迹"，左对齐。设置完成后，单击"页眉和页脚工具-设计"选项卡"关闭"选项组中的"关闭页眉和页脚"按钮。

图 3-61　设置页码格式

　　6）单击"开始"选项卡"编辑"选项组中的"替换"按钮，弹出如图 3-62 所示"查找和替换"对话框。在"查找内容"文本框中输入"秋"，在"替换为"文本框中也输入"秋"，然后选中"替换为"文本框中的"秋"，单击"格式"下拉按钮，在弹出的下拉列表中选择"字体"选项，在弹出的"字体"对话框中设置字体的颜色即可。

图 3-62　查找替换

3.4　表格的制作

在使用 Word 进行文字编辑的过程中，经常要在文档中插入表格，使文本的表达更加简明、更加直观。表格处理是 Word 提供的基本功能之一，在 Word 中对表格的处理包括表格的创建、编辑、格式化、排序、计算和表格的转换等。

Word 中的表格有 3 种类型：规则表格、不规则表格和转换表格。表格由若干行和列组成，行与列交叉产生的方格称为单元格，每个单元格实际上相当于一个文本框，单元格中可以输入字符、图形或插入另外一个表格。在单元格中可以进行各种编辑操作，单元格文本的操作与前面所讲的文本操作是一样的。

在对表格进行操作的过程中必须按照"先选取，后操作"的规则进行操作，表格的操作对象包括单元格、行、列、整个表。

创建一个表格的基本步骤如下。

1）插入表格，根据表格的大小即行数和列数插入一个规则的表格。

2）编辑表格，设置行高、列宽、增加行、增加列、合并单元格、拆分单元格、绘制斜线等。

3）输入数据，包括输入表头信息和单元格内容。

4）设置表格格式，包括表格线型、粗细、颜色、对齐及单元格数据格式等。

3.4.1　表格的创建

在 Word 文档操作中，表格的创建通过"插入"选项卡"表格"选项组中的"表格"

下拉按钮中的选项来完成。

（1）鼠标拖动方式插入表格

单击"插入"选项卡"表格"选项组中的"表格"下拉按钮，在弹出的下拉列表中的虚拟表格中移动鼠标指针，确定要插入表格的行数和列数，确定后单击即可创建一个表格，如图 3-63 所示。

（2）"插入表格"方式插入表格

单击"插入"选项卡"表格"选项组中的"表格"下拉按钮，在弹出的下拉列表中选择"插入表格"选项，弹出"插入表格"对话框，如图 3-64 所示。输入表格的行数和列数，然后单击"确定"按钮即可。

图 3-63　创建表格

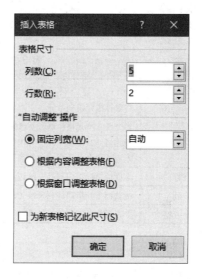

图 3-64　"插入表格"对话框

（3）文本转换为表格方式插入表格

按规律分割的文本可以转换为表格，文本的分隔符可以是空格、制表符、逗号或其他符号等。要将文本转换为表格，需要先选中要转换表格的文本，再单击"插入"选项卡"表格"选项组中的"表格"下拉按钮，在弹出的下拉列表中选择"文本转换成表格"选项即可。

注意：文本分隔符不能是中文或全角状态下的符号，否则转换不成功。

（4）绘制表格方式插入表格

单击"插入"选项卡"表格"选项组中的"表格"下拉按钮，在弹出的下拉列表中选择"绘制表格"选项，此时鼠标指针变成一支铅笔的形状，用户就可以像绘画一样在屏幕上绘制表格，还可以通过"表格工具-布局"选项卡中的"绘制表格"和"橡皮擦"按钮随意绘制和擦除表格线，可以画直线，也可以画斜线。

3.4.2 表格的编辑

表格对象包括行、列、单元格、整个表格。表格的编辑就是对表格对象的插入、删除、合并、拆分，属性设置，行高、列宽的调整等。

在进行表格编辑操作时仍然要遵循"先选取，后操作"的原则，先选取要操作的对象，再对选取的对象进行操作。

1. 选择表格对象

在表格中，每一单元格的左边界、每一行的左边界、每一列的上边界、每个表格的左边界都有一个看不见的选择区域。选择表格对象可以通过对所选择区域进行操作。当鼠标指针移动到选择区域时，鼠标指针的形状将变换为指向的形状，此时单击就可以实现表格对象的选择。选择表格对象的操作如表 3-3 所示。

表 3-3　选择表格对象的操作

操作对象	鼠标操作
一个单元格	将鼠标指针指向单元格左下角处，鼠标指针呈向右上方黑色实心箭头时单击
多个单元格	多个连续单元格：单击要选择的区域左上角的单元格，按住鼠标左键，拖动到要选择区域的右下角单元格 不连续多个单元格：单击选择区域中的一个单元格，按住 Ctrl 键的同时再选择其他单元格
一行	将鼠标指针指向该行左端边沿处（选定区），单击
一列	将鼠标指针指向该列顶端边沿处，鼠标指针呈向下黑色实心箭头时单击
整个表格	单击表格左上角的符号 ✛

2. 缩放表格

当鼠标指针位于表格中时，在表格的右下角会出现"□"符号，称为句柄。将鼠标指针移动到句柄上，当鼠标指针变成斜箭头时，按住鼠标左键拖动鼠标可以缩放表格。

3. 调整行高和列宽

根据不同的情况，调整行高和列宽有以下 3 种方法。

1）局部调整：将光标定位到表格中，在标尺上会出现制表位，拖动制表位调整行高和列宽或通过拖动表格中的横表线或竖表线来调整行高和列宽。

2）精确调整：选择表格，在"表格工具-布局"选项卡"单元格大小"选项组中的"高度"文本框和"宽度"文本框中设置具体的行高和列宽。或单击"表"选项组中的"属性"按钮，或在快捷菜单中选择"表格属性"选项，弹出"表格属性"对话框，在"行"和"列"选项卡中进行相应的设置。

3）自动调整列宽和均匀分布：选择表格，单击"表格工具-布局"选项卡"单元格大小"选项组中的"自动调整"下拉按钮，在弹出的下拉列表中选择相应的调整方式即可。

4. 插入或删除行、列、单元格

（1）插入一行

在表格的编辑过程中，经常会在已有表格的基础上插入一新行，插入新行的方法主要有以下几种。

1）将光标置于行末，按 Enter 键，则在该行的下方插入一空行。

2）将光标置于表格的最后一个单元格，按 Tab 键，可以在表格的最后插入一空行。

3）将光标置于某一单元格，选择"表格工具-布局"选项卡，在"行和列"选项组中单击"在上方插入"或"在下方插入"按钮，可以在单元格所在行的上方或下方插入一空行。

4）将光标置于某一单元格，右击，在弹出的快捷菜单中选择"插入"选项，在其子菜单中选择"在上方插入行"或"在下方插入行"选项，即可在单元格所在行的上方或下方插入一空行。

（2）插入多行

在编辑表格的过程中，如果只需要一行，通过上述方法很方便地就可以完成，但如果一次要插入多行，一行一行地添加就比较烦琐，可以通过以下方法一次插入多行。

1）在需要插入行位置的上方选中多行，要插入几行就选择几行，再选择"表格工具-布局"选项卡，在"行和列"选项组中单击"在上方插入"或"在下方插入"按钮，即可完成多行的插入。

2）在需要插入行位置的上方选中多行，要插入几行就选择几行，在选中行上右击，在弹出的快捷菜单中选择"插入"选项，在其子菜单中选择"在上方插入行"或"在下方插入行"选项，即可在单元格所在行的上方或下方插入空行。

（3）插入一列

插入一新列有以下几种方法。

1）将光标置于某一单元格，选择"表格工具-布局"选项卡，在"行和列"选项组中单击"在左侧插入"或"在右侧插入"按钮，即可插入一新列。

2）将光标置于某一单元格，右击，在弹出的快捷菜单中选择"插入"选项，在其子菜单中选择"在左侧插入列"或"在右侧插入列"选项，即可插入一新列。

（4）插入多列

插入多列的方法和插入多行的方法基本类似，此处不再重复介绍。

（5）插入单元格

选择单元格，选择"表格工具-布局"选项卡，在"行和列"选项组中单击右下角的对话框启动器，弹出"插入单元格"对话框，如图 3-65 所示。通过该对话框可以在选定单元格的适当位置插入一个新单元格。

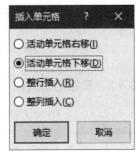

图 3-65　插入单元格

5. 删除行、列、单元格

先选择要删除的行、列、单元格，然后选择"表格工具-布局"选项卡，在"行和列"选项组中单击"删除"下拉按钮，在弹出的下拉列表中选择相应的选项进行相关操作即可。

6. 复制、移动和删除表格

选择要操作的对象，然后进行相关的复制、移动、删除操作，此操作的方法与文本的操作方法一致，这里不再赘述。

7. 合并和拆分单元格

拆分单元格是指将一个单元格拆分成多个单元格。操作时将光标置于要拆分的单元格中，选择"表格工具-布局"选项卡，在"合并"选项组中单击"拆分单元格"按钮，在弹出的"拆分单元格"对话框中设置要拆分的行列数。

合并单元格就是将多个单元格合并为一个单元格。操作时先选中要合并的单元格，选择"表格工具-布局"选项卡，在"合并"选项组中单击"合并单元格"按钮，即可将选中的多个单元格合并为一个单元格。

8. 拆分表格

拆分表格就是将一个表拆分成两个独立的表格。将光标置于某行，选择"表格工具-布局"选项卡，在"合并"选项组中单击"拆分表格"按钮即可，选中的行就是新表的首行。

9. 设置表格属性

用户可以通过表格属性来设置表格的大小、行高、列宽、文字环绕方式、单元格的对齐方式、单元格大小等。将光标置于表格中，选择"表格工具-布局"选项卡，在"表"选项组中单击"属性"按钮，弹出"表格属性"对话框，如图3-66所示。

图 3-66　"表格属性"对话框

3.4.3 表格的格式化

在 Word 中对表格的格式化主要包括对表格内容的格式化和对表格外观的格式化。

1. 设置表格内容的格式化

表格内容的格式化包括字体、字号、字形、颜色、下划线、文字方向等，其设置方法与 Word 字符的设置一样，这里不再赘述。

2. 对齐格式

（1）表格整体对齐

表格的整体对齐是指整个表格在页面中的对齐格式，是以整个表格为对象进行操作的。可以通过"开始"选项卡"段落"选项组中的对齐方式进行设置。

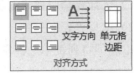

（2）单元格内容对齐

选择要设置对齐方式的单元格，选择"表格工具-布局"选项卡，通过"对齐方式"选项组中的 9 种对齐方式来设置单元格内容的对齐，如图 3-67 所示。

图 3-67　单元格内容对齐方式设置

3. 设置表格的边框和底纹

通过对表格边框和底纹的设置可以美化表格，在进行表格边框和底纹设置时，先选择要设置边框和底纹的区域，然后对选择区域进行设置，操作方法如下。

1）选择"表格工具-设计"选项卡，在"边框"选项组中单击"边框"下拉按钮，在弹出的下拉列表中选择"边框和底纹"选项，弹出"边框和底纹"对话框，如图 3-68 所示。在该对话框中可以对边框的样式、颜色、宽度进行相应的设置。

图 3-68　"边框和底纹"对话框

2）选择"表格工具-设计"选项卡，单击"边框"选项组中的"边框"下拉按钮，在弹出的下拉列表中可以对边框进行相关的设置；单击"表格样式"选项组中的"底纹"下拉按钮，在弹出的下拉列表中可以进行底纹的相应设置，如图 3-69 所示。如果要改变表格边框的样式，先在"边框"选项组中设置线条样式、线条宽度、线条颜色，再通过"边框"选项组中的"边框"下拉列表设置相应的边框。

4. 表格自动套用格式

Word 为用户提供了很多已经定义好的表格样式，包括表格的边框、底纹、字体、颜色等。表格自动套用格式就是用这些已经定义好的样式修饰表格，操作步骤如下。

1）选择要套用样式的表格。

2）选择"表格工具-设计"选项卡，在"表格样式"选项组中单击"其他"按钮，在弹出的下拉列表中选择需要的样式即可，如图 3-70 所示。选择"修改表格样式"选项可以对套用的样式进行修改。

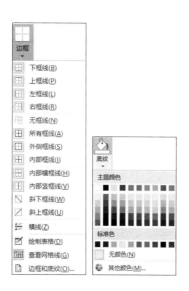

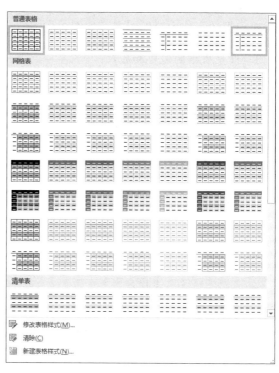

图 3-69　设置边框和底纹　　　　　图 3-70　自动套用样式

【例 3-6】制作公司会议记录表，效果如图 3-71 所示。

操作步骤如下。

1）输入标题"公司会议记录表"，并设置字体和对齐方式。

2）创建表格。单击"插入"选项卡"表格"选项组中的"表格"下列按钮，在弹出的下拉列表中选择"插入表格"选项，弹出"插入表格"对话框，输入行数和列数，如图 3-72 所示。

公司会议记录表

会议主题			会议地点	
会议时间		主持人	记录人	
参会人员				
会议内容				
反映问题		解决方法	执行部门	执行时间
备注				

图 3-71　公司会议记录表

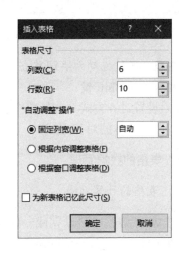

图 3-72　"插入表格"对话框

3）编辑表格。在单元格中输入相应的内容，如图 3-73 所示。

公司会议记录表

会议主题			会议地点		
会议时间		主持人		记录人	
参会人员					
会议内容					
反映的问题		解决方案		执行部门	执行时间
备注					

图 3-73　输入内容后的效果

4）合并单元格。选中表格第一行的第二和第三个单元格，单击"表格工具-布局"选项卡"合并"选项组中的"合并单元格"按钮，将选中的两个单元格合并为一个单元格。使用同样的方法对其他单元格进行合并。

5）调整行高列宽。根据页面的大小，调整表格的大小，使整个表格占满一页。通过"表格工具-布局"选项卡"单元格大小"选项组中的"分布行"和"分布列"按钮来均分行高和列宽，如图 3-74 所示。也可以通过文本框来调整行高和列宽，或通过"表格属性"对话框指定行高和列宽。

图 3-74　调整表格行高和列宽

注意：通过拖动方法调整表格列宽时，如果不想影响其他列宽的变化，可在拖动时按住键盘上的 Shift 键。

6）设置对齐方式。选择整个表格，在"表格工具-布局"选项卡"对齐方式"选项组中，选择文本的对齐方式。

3.4.4　表格的数据管理

1．表格的计算功能

在 Word 表格中可以完成一些简单的计算，如求和（SUM）、平均值（AVERAGE）、最大值（MAX）、最小值（MIN）等。这些操作可以通过 Word 提供的函数快速实现。但与 Excel 的计算相比，Word 表格计算自动化能力较差，当不同单元格进行同种功能的统计时，需要重复地编写公式，效率低下。当单元格中的数据发生变化后，通过函数计算的结果也不能自动更新，必须先选中存放计算结果的区域或选中整个表格，再按 F9 键才能更新。

利用函数进行计算时，选择"表格工具-布局"选项卡，单击"数据"选项组中的"公式"按钮，在弹出的"公式"对话框中可以使用函数或直接输入公式。无论使用函数还是公式，都涉及单元格地址。而单元格地址是由字母和数字两部分组成的，其中字母表示单元格的列号，每一列依次用字母 A、B、C、…表示；数字表示行号，每一行依次用数字 1、2、3、…表示，如 D3 表示第三行的第四列。函数自变量的含义如表 3-4 所示。

表 3-4　函数自变量的含义

函数自变量（参数）	含义
LEFT	左侧所有存放数字型数据的单元格
ABOVE	上边所有存放数字型数据的单元格
RIGHT	右侧所有存放数字型数据的单元格
单元格 1:单元格 2	从单元格 1 到单元格 2 构成的矩形区域中的所有单元格
单元格 1,单元格 2,…	计算所列出来的单元格 1、单元格 2、…中的数据

2. 表格的排序

Word 2016 提供了根据表格中某列内容按字母、数字、笔画、日期等方式进行升序或降序排序的功能。一般第一行作为字段名称不参与排序。在排序的过程中，如果按主关键字排序有相同数据，则可以按次关键字排序，其关键字最多可以有 3 个。选择"表格工具-布局"选项卡，单击"数据"选项组中的"排序"按钮，弹出"排序"对话框，如图 3-75 所示。

图 3-75　"排序"对话框

【例 3-7】制作一个工资表，其中序号要自动生成，基本工资、业绩工资、住房补贴和伙食补贴 4 部分之和构成实际应发工资，并按实际应发工资的降序对表格进行排序，单元格中的内容采用水平居中对齐，第一行和第一列的底纹颜色采用"橙色，个性色 2，淡色 60%"，每一页中都要有表格的标题，如图 3-76 所示。

序号	姓名	基本工资	业绩工资	住房补贴	伙食补贴	实际应发工资
001	龚自飞	2200	720	320	200	3440
002	崔咏絮	2000	680	280	200	3160
003	金洪山	2000	680	280	200	3160
004	王一斌	1800	700	300	200	3000
005	陈国庆	1500	600	200	200	2500
006	张慧龙	1500	600	200	200	2500
007	李浩然	1500	600	200	200	2500
008	向玉瑶	1500	600	200	200	2500
009	陈清河	1500	600	200	200	2500

图 3-76　工资表

操作步骤如下。

1）插入一个 10 行 7 列的表格。

2）输入序号。选择要输入序号的单元格，单击"开始"选项卡"段落"选项组中的"编号"下拉按钮，在弹出的下拉列表中选择"定义新编号格式"选项，弹出"定义新编号格式"对话框，如图 3-77 所示。在"编号样式"下拉列表中选择一种样式，在"编号格式"文本框中，将光标定位到当前数字前，输入"00"即可。

3）计算实际应发工资。将光标定位到存放实际应发工资的单元格，选择"表格工具-布局"选项卡，在"数据"选项组中单击"公式"按钮，弹出"公式"对话框，在该对话框中设置相应的公式，如图 3-78 所示。

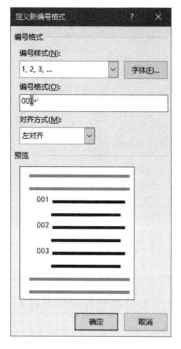

图 3-77　设置编号格式

图 3-78　"公式"对话框

4）复制公式。选择使用公式的单元格，复制该单元格中的内容，再选择其他要应用该公式的单元格，右击，在弹出的快捷菜单中选择"粘贴选项"中的"保留原格式"选项。再通过 Ctrl+A 组合键全选整个文档，在表格上右击，在弹出的快捷菜单中选择"更新域"选项即可实现公式的复制。

5）设置对齐方式。选择整个表格，选择"表格工具-布局"选项卡，在"对齐方式"选项组中单击"水平居中"按钮。

6）设置底纹。选中第一行，按住 Ctrl 键再选中第一列，选择"表格工具-设计"选项卡，在"表格样式"选项组中单击"底纹"下拉按钮，在弹出的下拉列表中选择"主题颜色"中的"橙色，个性色 2，淡色 60%"选项即可。

7）设置排序。将光标定位到表格中，选择"表格工具-布局"选项卡，在"数据"选项组中单击"排序"按钮，弹出"排序"对话框，然后设置主要关键字和排序方式，如图 3-79 所示。

注意：当主要关键字列表中是列 1、列 2 等选项时，此时应在"排序"对话框中选中"有标题行"单选按钮。

8）重复标题。选择表格，选择"表格工具-布局"选项卡，在"数据"选项组中单击"重复标题行"按钮即可。

注意：如果设置重复标题后，在新的一页中标题并没有重复，一般是由于表格中文字的环绕方式设置不当，可以在"表格属性"对话框中将文字的环绕方式设置为无。

图 3-79　"排序"对话框

3.5　图 文 混 排

在 Word 文档中允许插入各种图片，如剪贴画、图片文件、图形、艺术字、SmartArt
图、图表等。通过对图片进行编辑和美化，设置合理的文字环绕方式，实现图文混排，
从而使文档生动形象，大大增强吸引力。

3.5.1　插入图片

1．插入图片文件

操作步骤如下。

1）将光标定位到要插入图片的位置。

2）单击"插入"选项卡"插图"选项组中的"图片"按钮，弹出"插入图片"对
话框，如图 3-80 所示。

图 3-80　"插入图片"对话框

3）选择要插入的图片，然后单击"插入"按钮即可。

2. 插入联机图片

操作步骤如下。

1）将光标定位到要插入图片的位置。

2）单击"插入"选项卡"插图"选项组中的"联机图片"按钮，弹出"插入图片"对话框。在搜索框中输入要搜索图片的名称，如 car，此时就会联网搜索该主题的图片，如图 3-81 所示。选择要插入的图片，单击"插入"按钮，此时就会从网络上下载该图片，下载完成后即可将该图片插入当前位置。

图 3-81　插入联机图片

3. 插入屏幕截图

插入屏幕截图分两种情况，一种是截取整个程序窗口，另一种是截取程序窗口中的一部分，其操作步骤如下。

1）将光标定位到要插入截图的位置。

2）单击"插入"选项卡"插图"选项组中的"屏幕截图"下拉按钮，弹出的下拉列表如图 3-82 所示。

图 3-82　屏幕截图

3）从"可用 视窗"中选择一个需要截取的程序窗口即可完成程序窗口的截图；如果要截取某个程序窗口中的部分内容，先将该窗口最大化，再选择"屏幕剪辑"选项，此时文档窗口最小化，屏幕画面成半透明状态，鼠标指针变为十字形状。

4）按住鼠标左键，框选待截图区域后，释放鼠标左键即可完成截图。

4. 插入形状

操作步骤如下。

1）将光标定位到要插入形状的位置。

2）单击"插入"选项卡"插图"选项组中的"形状"下拉按钮，弹出的下拉列表如图 3-83 所示。

3）在弹出的下拉列表中选择一种想要绘制的图形，在需要绘制的开始位置按住鼠标左键并拖动鼠标，调整图形到合适大小时，释放鼠标左键即完成了图形的绘制。

5. 插入 SmartArt 图形

SmartArt 图形是 Word 中预设的形状、文字及样式的集合，包括列表、流程、循环、层次结构、关系、矩阵、棱锥图和图片 8 种类型，每种类型有多个图形样式，用户可以根据文档内容选择需要的样式，然后对图形的内容和效果进行编辑。

操作步骤如下。

1）将光标定位到要插入 SmartArt 图形的位置。

2）单击"插入"选项卡"插图"选项组中的"SmartArt"按钮，弹出"选择 SmartArt 图形"对话框，如图 3-84 所示。

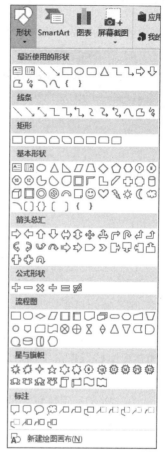

图 3-83　插入形状

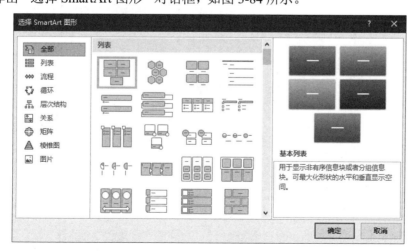

图 3-84　"选择 SmartArt 图形"对话框

3）在对话框左侧窗格中选择一种 SmartArt 图形的类型，再在中间窗格中选择该类型中的一种布局，单击"确定"按钮。

4）在 SmartArt 图形的文本框中输入相应的内容，或在"在此处键入文字"文本框中输入文字，如图 3-85 所示。可以在"在此处键入文字"文本框中通过 Tab 键或 Delete 键改变文字间的层次关系。

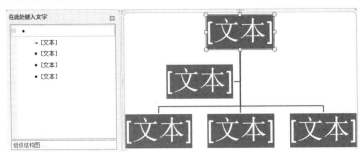

图 3-85　输入 SmartArt 文字

6.　插入图表

图表是由表格中的一部分或全部数据根据选择图表的类型自动生成的图形，从而更加直观地显示表格中的数据，达到图文并茂的效果。当表格中的数据发生变化时，图表中的图形也会随之变化。插入图表的操作步骤如下。

1）将光标定位到要插入图表的位置。

2）单击"插入"选项卡"插图"选项组中的"图表"按钮，弹出"插入图表"对话框，如图 3-86 所示。

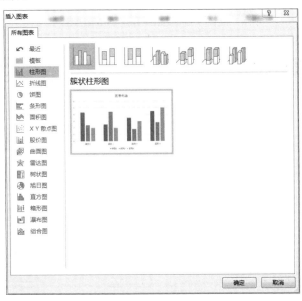

图 3-86　插入图表

3）在"插入图表"对话框左侧窗格中选择一种图表的类型，在右侧窗格中选择一种图表的样式，单击"确定"按钮。此时在屏幕上将有两个窗口，一个是 Word 窗口，一个是 Excel 窗口，Word 窗口显示图表，Excel 显示图表对应的数据，如图 3-87 所示。

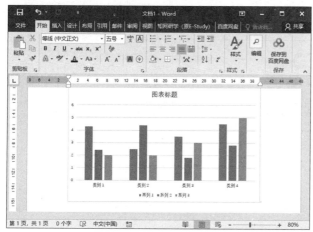

图 3-87　Word 窗口与 Excel 窗口

4）将 Excel 中的实例数据替换成真实数据，最后关闭 Excel 窗口即可。

有关图表的设置将在第 4 章 Excel 电子表格中具体介绍。

7. 插入艺术字

操作步骤如下。

1）将光标定位到要插入艺术字的位置。

2）单击"插入"选项卡"文本"选项组中的"艺术字"下拉按钮，在弹出的下拉列表中选择一种艺术字样式，如图 3-88 所示。

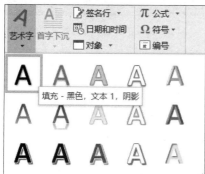

图 3-88　插入艺术字

3）在弹出的"请在此放置您的文字"文本框中输入艺术字内容即可。

8. 创建公式

操作步骤如下。

1）将光标定位到要插入公式的位置。

2）单击"插入"选项卡"符号"选项组中的"公式"下拉按钮，在弹出的如图 3-89 所示的下拉列表中选择一种内置公式；或选择"插入新公式"选项，则在光标位置显示 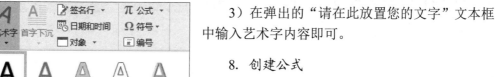 。

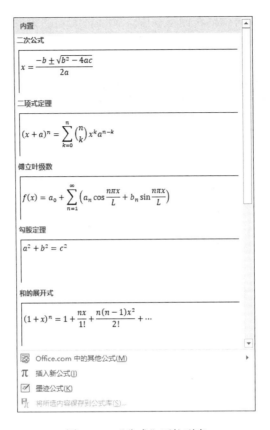

图 3-89 "公式"下拉列表

3）利用"公式工具-设计"选项卡中的各种按钮编辑公式中的内容，如图 3-90 所示。可以单击"墨迹公式"按钮手动书写相关公式。

图 3-90 公式工具

3.5.2 编辑美化图片

对图片进行适当的处理可以使图片显示的效果更加美观，而 Word 2016 提供了丰富的图片美化功能。

1. 裁剪图片

当文档中只需要显示图片的一部分或以某种形状显示图片时，就可以利用 Word 2016 的图片裁剪功能来实现，其操作步骤如下。

1）选择需要裁剪的图片。

2）选择"图片工具-格式"选项卡，在"大小"选项组中单击"裁剪"下拉按钮，在弹出的下拉列表中选择"裁剪"或"裁剪为形状"子菜单中的某个形状，如图 3-91 所示。

3）选择"裁剪"选项后，所选图形的四周会有 8 个控制点，将鼠标指针移动到某个控制点后，按住鼠标左键拖动鼠标就可以进行图像的裁剪。

4）裁剪完成后单击文档中的其他位置即可。

2. 删除图片背景

图 3-91　裁剪图片

在 Word 中也可以删除图片背景，操作步骤如下。

1）选择要处理的图片。

2）选择"图片工具-格式"选项卡，单击"调整"选项组中的"删除背景"按钮，弹出"背景消除"选项卡。

3）调整图片周围的控制点，调整要删除背景的范围。

4）单击"背景消除"选项卡中的"标记要保留的区域"按钮或"标记要删除的区域"按钮，在图片中的特殊位置进行标记，对要删除的背景进行细化调整。

5）单击"背景消除"选项卡中的"保留更改"按钮即可消除背景。

3. 调整图片大小

若在 Word 2016 文档中插入的图片太大或太小，就需要调整图片大小以适应显示需求，而在调整图片大小时最好不要改变图片以前的长宽比例，否则调整后的图片就会变形，从而影响图片的显示效果。调整图片的操作方法如下。

1）选择要调整大小的图片，此时图片中有 8 个控制点，将鼠标指针移动到 4 个角的控制点，当鼠标指针变为斜向的双向箭头时，按住鼠标左键拖动鼠标来调整图片大小，此时不会改变原图的比例。如果拖动 4 条边上的控制点，虽然可以改变图片的大小，但图片的比例也会发生变化，从而会使图片变形，不建议拖动边上的控制点来改变图片的大小。

2）如果要精确地调整图片的大小，先选择图片，选择"图片工具-格式"选项卡，在"大小"选项组中的"宽度"和"高度"文本框中输入精确的数值。建议在输入大小值时，只输入"宽度"或"高度"中的一个，这样另外一个值会按照原来的比例自动调整，从而不会使图形变形。

4. 旋转图片

选择要旋转的图片，选择"图片工具-格式"选项卡，在"大小"选项组中单击"旋转"下拉按钮，在弹出的下拉列表中选择合适的选项。

5. 设置图片样式

Word 2016 提供了很多图片样式，可以快速方便地应用系统自带的样式对图片进行设置。操作步骤如下。

1）选择要设置样式的图片。

2）选择"图片工具-格式"选项卡，在"图片样式"选项组中单击"其他"下拉按钮，在弹出的下拉列表中选择一种满足要求的样式即可。

6. 设置图片边框、效果和版式

1）选择要设置样式的图片。

2）选择"图片工具-格式"选项卡，在"图片样式"选项组中单击"图片边框"、"图片效果"或"图片版式"下拉按钮，在弹出的下拉列表中选择一种满足要求的样式即可。

7. 设置形状样式

在 Word 2016 中，文本框、艺术字、SmartArt 图、图表、形状等属于图形类。图形样式主要有形状填充、形状轮廓和形状效果。形状填充主要用来设置形状内部的颜色；形状轮廓主要用来设置形状外部的样式，包括线条的样式、颜色、粗细等；形状效果主要用来设置阴影、映像、发光、柔化边缘、棱台等效果。操作步骤如下。

1）选择要设置样式的图形。

2）选择"绘图工具-格式"选项卡，在"形状样式"选项组中单击"形状填充""形状轮廓""形状效果"下拉按钮，在弹出的下拉列表中进行相关的设置即可。

8. 调整图片的色彩和光线

当插入文档中的图片色彩比较暗淡或需要处理图片边沿时，可以选择"格式"选项卡，在"调整"选项组中单击"更正"和"颜色"下拉按钮进行相关的设置。

3.5.3 设置文字和图片的排列方式

在 Word 2016 文档中插入图片后，对图片格式进行适当的设置可以使图片更加美观，而要使图片、文字合理地排列就需要对图片进行相关的设置，包括文字环绕方式、叠放次序、组合和取消组合等。

1. 设置文字的环绕方式

当图片插入文档后，常常会将周围的文字挤开，形成文字对图片的环绕。文字对图片的环绕方式主要分为两类：一类是将图片视为文字对象，与文档中的文字一样占有实际位置，它在文档中与上、下、左、右文本的位置始终保持不变，如嵌入型，这是系统默认的文字环绕方式；另一类是将图片视为区别于文字的外部处理对象，如四周型、紧密型、衬于文字下方、浮于文字上方、上下型和穿越型。其中，四周型是指文字沿图片四周呈矩形环绕；紧密型的文字环绕形状随图片形状的不同而不同；衬于文字下方是指图片位于文字下方；浮于文字上方是指图片位于文字上方。

设置文字的环绕方式主要有两种方法：一是选择"图片工具-格式"选项卡，单击

"排列"选项组中的"环绕文字"下拉按钮,在弹出的下拉列表中选择需要的环绕方式,如图 3-92 所示;二是右击图片,在弹出的快捷菜单中选择"环绕文字"选项,在弹出的级联菜单中选择需要的环绕方式。

2. 设置图片的叠放次序

当在文档中绘制多个重叠图形时,每个重叠的图形有叠放的次序,这个次序与绘制的顺序是相同的,最先绘制的在最下面。可以利用快捷菜单中的"置于底层"或"置于顶层"命令改变图形的叠放次序。

3. 组合与取消组合

如果要使画出的多个图形构成一个整体,以便同时编辑和移动,可以先按住 Shift 键再单击每一个图形将所有图形选中,然后选择"绘图工具-格式"选项卡,在"排列"选项组中单

图 3-92　设置文字环绕方式

击"组合"下拉按钮,在弹出的下拉列表中选择"组合"选项完成图形的组合,选择"取消组合"选项实现对原已组合的图形取消组合。

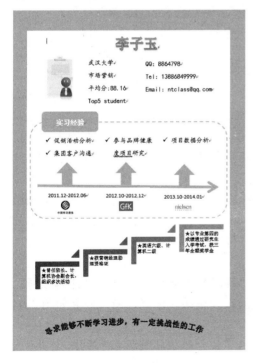

图 3-93　个人简历效果图

【例 3-8】制作一份如图 3-93 所示的 A4 幅面的简历,格式要求如下。

参照示例图,在适当的位置插入标准色为橙色与白色的两个矩形框,其中橙色矩形占满 A4 幅面,文字环绕方式设置为"浮于文字上方",作为简历的背景;插入标准色为橙色的圆角矩形,并添加文字"实习经验",插入 1 个橙色短划线的虚线圆角矩形框;插入文本框和文字,并调整文字的字体、字号、位置和颜色,其中"李子玉"应为标准色橙色的艺术字,"寻求能够不断学习进步,有一定挑战性的工作"文本效果应为跟随路径的"上弯弧";将图片 1.png、2.jpg、3.jpg、4.jpg 插入相应位置,并对 1.png 图片进行适当的裁剪;在适当的位置使用形状中的标准色橙色箭头,插入 SmartArt 图形,并进行适当编辑;在"促销活动分析"等 4 处使用项目符号"✓",在"曾任班长"等 4 处插入红色五角星符号。

操作步骤如下。

(1)插入背景矩形框及白色矩形框

1)单击"插入"选项卡"插图"选项组中的"形状"下拉按钮,在弹出的下拉列

表中选择"矩形"选项，并在空白位置绘制一个矩形。

2）选择绘制的矩形，选择"绘图工具-格式"选项卡，在"形状样式"选项组中的"形状填充"下拉列表中设置标准色橙色，在"形状轮廓"下拉列表中设置标准色橙色。

3）在"大小"选项组中设置该矩形框的高度为29.7厘米、宽度为21厘米，并调整矩形框的位置，使矩形框完全覆盖整个页面。

4）选择该矩形框，右击，在弹出的快捷菜单中选择"自动换行"中的"浮于文字上方"选项。

5）使用同样的方法绘制白色矩形框，调整位置并设置"浮于文字上方"。

（2）插入橙色的圆角矩形框和短划线矩形框

1）插入圆角矩形框，设置橙色的"形状填充"和"轮廓填充"，输入"实习经验"并设置字体、字号，调整其位置。

2）插入圆角矩形框，并设置"形状填充"为无填充、"形状轮廓"为橙色、"虚线"为短划线、"粗细"为0.5磅，调整其位置。

3）选择短划线的圆角矩形框，右击，在弹出的快捷菜单中选择"置于底层"中的"下移一层"选项。

（3）插入文本框及输入文字

1）单击"插入"选项卡"文本"选项组中的"艺术字"下拉按钮，在弹出的下拉列表中选择"填充-橙色"选项，并输入"李子玉"，调整艺术字的位置及字号。

2）选中艺术字，设置"艺术字样式"选项组中的"文本填充"为标准色橙色、"文本轮廓"为标准色红色。

3）在姓名下插入一个文本框，并输入相应内容，设置字体、字号，设置行间距为2倍行间距。

4）选择文本框，设置"形状轮廓"为无轮廓。

5）单击"插入"选项卡"文本"选项组中的"艺术字"下拉按钮，在弹出的下拉列表中选择一种艺术字，并输入"寻求能够不断学习进步，有一定挑战性的工作"，修改字体与字号，并将该艺术字调整到页面的尾部。

6）选择艺术字文本框，选择"绘图工具-格式"选项卡，在"艺术字样式"选项组中将"文本轮廓"设置为标准色红色，将"文本填充"设置为标准色红色，在"文本效果"下拉列表中选择"转换"→"跟随路径"中的"上弯弧"选项。

（4）插入图片

1）插入1.png图片，并设置其环绕方式为"四周型环绕"，并对该图片进行裁剪。

2）使用同样的方法插入2.jpg、3.jpg、4.jpg，调整图片位置，最终效果如图3-94所示。

注意：当文档中有多个图形叠加在一起时，为了便于对相应图形进行操作，打开"选择"窗格，在该窗格中会显示当前页面中的所有对象，单击窗格中的"眼睛"图标可以显示或隐藏该对象。

图 3-94　插入图片后的效果

（5）插入箭头和 SmartArt 图形

1）单击"插入"选项卡"插图"选项组中的"形状"下拉按钮，在弹出的下拉列表中选择"线条"中的"箭头"形状，在对应的位置绘制水平箭头。

2）选择水平箭头后右击，在弹出快捷菜单中选择"设置形状格式"选项，在弹出的"设置形状格式"对话框中设置"线条颜色"为橙色，在"线型"选项卡的"宽度"文本框中适当调整线条宽度并更改后端的箭头类型。

3）单击"插入"选项卡"插图"选项组中的"形状"下拉按钮，在弹出的下拉列表中选择"箭头汇总"中的"上箭头"形状，在对应位置绘制一个垂直向上的箭头，并将"形状填充"和"形状轮廓"均设置为橙色，将该箭头复制两份到对应位置。

4）单击"插入"选项卡"插图"选项组中的"SmartArt"按钮，弹出"选择 SmartArt 图形"对话框，选择"流程"中的"步骤上移流程"，设置其环绕方式为"衬于文字上方"。

5）输入相应的文字，设置字体和大小，并适当调整 SmartArt 图形的大小和位置。

6）单击"SmartArt 工具-设计"选项卡"SmartArt 样式"选项组中的"更改颜色"下拉按钮，在弹出的下拉列表中选择一种合适的颜色，效果如图 3-95 所示。

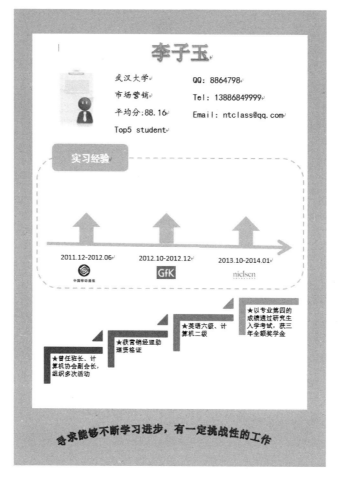

图 3-95　插入箭头和 SmartArt 后的效果

（6）插入项目符号和特殊符号

1）在"实习经验"下插入一个文本框，在该文本框中插入一个 1 行 3 列的表格，并将相应内容输入表格的相应单元格中，调整表格的高度和宽度。

2）去除文本框轮廓和表格边框。

3）选择表格，单击"开始"选项卡"段落"选项组中的"项目符号"下拉按钮，在弹出的下拉列表中选择相应的项目符号。

4）在直线箭头下方插入 3 个文本框，并输入相应的日期内容。

5）将光标定位到"曾任班长、计算机协会副会长，组织多次活动"前，单击"插入"选项卡"符号"选项组中的"符号"下拉按钮，在弹出的下拉列表中选择"其他符号"选项，弹出"符号"对话框。在"字体"下拉列表中选择"宋体"选项，在"子集"下拉列表中选择"其他符号"选项，选中五角星，单击"插入"按钮。

6）选择插入的五角星，设置为红色，并将该五角星复制、粘贴到 SmartArt 图形另外 3 个相应位置。

3.6　高　级　功　能

为了提高文档的编辑和排版效率，Word 2016 文字处理系统提供了一系列高效的编辑和排版功能，包括目录的自动生成、邮件合并等。

3.6.1　目录的自动生成

书籍或长文档编辑完成后，一般需要编辑目录，以便全貌反映文档的内容和层次结构，增加文档的可读性。要想自动生成目录，必须对文档的各级标题进行格式化，通常利用样式中的"标题"统一格式化，便于长文档、多人协作编辑的文档格式的统一。一般情况下，目录分为 3 级（可以修改），可以使用相应的 3 级标题"标题 1""标题 2""标题 3"样式，也可以使用其他几级标题样式或自己创建的标题样式来格式化。

创建目录的操作步骤如下。

1）为各级标题设置标题样式。

2）将光标定位到要插入目录的位置，单击"引用"选项卡"目录"选项组中的"目录"下拉按钮，在弹出的下拉列表中选择"自动目录 1"或"自动目录 2"选项。如果没有需要的格式，可以在下拉列表中选择"自定义目录"选项，在弹出的"目录"对话框中进行自定义操作，如图 3-96 所示。

图 3-96　"目录"对话框

文字中的内容发生变化后，目录的页码或内容可能没有随着内容的变化而变化，此时可以单击目录，在目录区左上角会出现"更新目录"按钮，单击"更新目录"按钮，在弹出的"更新目录"对话框中选中"更新整个目录"单选按钮，然后单击"确定"按钮即可。

3.6.2 制作索引

不少科技书籍在末尾包含索引表，其内容是在本书中出现的某些词语（关键词）及它们在书中对应的页码，这可为读者快速查找书中的关键词提供方便，如图3-97所示。

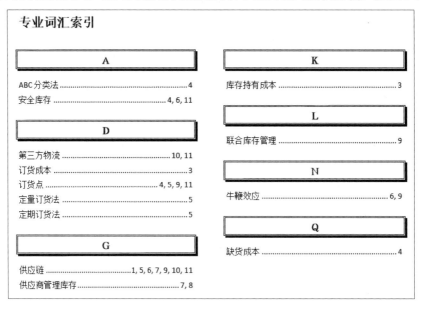

图 3-97　索引实例

1．标记索引项

要创建索引表，必须先在文档中标记关键词。标记后，才能创建如图3-97所示的索引表。其中，列出的实际是在 Word 2016 中被标记的词及它们所在的页码。

【例3-9】打开"索引.docx"文件，在文档的末尾创建如图3-97所示的索引表。

操作步骤如下。

1）打开"索引.docx"文件，选中文档中任意一处的"ABC 分类法"，在"引用"选项卡"索引"选项组中单击"标记索引项"按钮，弹出"标记索引项"对话框，如图 3-98 所示。其中，在"主索引项"文本框中自动输入了所选文字，可根据需要修改或不修改，也可在"次索引项"文本框中进一步设置下一级，即第 2 级索引项（如需设置第 3 级索引项，在"次索引项"文本框中应输入：第 2 级索引项+英文冒号(:)+第 3 级索引项），然后单击"标记"按钮即可标记一处。

图 3-98　"标记索引项"对话框

2）使用同样的方法对其他关键字进行标记。

注意：当同一个词汇在文档中出现多次时，可以单击"标记索引项"对话框中的"标记全部"按钮将文档中该词汇全部标记。

3）将光标定位到"索引.docx"文档末尾页，单击"引用"选项卡"索引"选项组中的"插入索引"按钮，弹出"索引"对话框，如图 3-99 所示。设置"格式"为"流行"，"排序依据"为"拼音"，然后单击"确定"按钮即可插入索引表。

图 3-99　"索引"对话框

2. 自动标记索引项

当文档中的关键词非常多时，逐个标记比较烦琐，可以通过索引文件自动生成。索引文件可以是一个 Word 文件，在其中列出所有要标记的关键词，然后即可让 Word 按照此文件自动标记文档中的所有这些关键词。

【例 3-10】根据"索引文件.docx"的内容，在"自动标记索引.docx"中创建索引表，其中，"索引文件"的第一列是要搜索的文字，第二列是索引项，索引文件及创建索引后的效果如图 3-100 所示。

阿尔诺菲尼夫妇肖像	作品:阿尔诺菲尼夫肖像
哀马墟的晚餐	作品:哀马墟的晚餐
大使	作品:大使
夫妻像	作品:夫妻像
帕埃勒主教像	作品:帕埃勒主教像
天使	作品:天使
绣花女工	作品:绣花女工
布鲁内斯基	画家:布鲁内斯基
丢勒	画家:丢勒
霍尔拜因	画家:霍尔拜因
霍克尼	画家:霍克尼
卡拉瓦乔	画家:卡拉瓦乔
伦勃朗	画家:伦勃朗
洛托	画家:洛托
维米尔	画家:维米尔
沃霍尔	画家:沃霍尔
杨·凡·埃克	画家:杨·凡·埃克

画家与作品名称索引

画家　　　　　　　　　　杨·凡·埃克, 5, 12
　布鲁内斯基, 2　　　作品
　丢勒, 2, 6　　　　　阿尔诺菲尼夫肖像, 12
　霍尔拜因, 5, 6, 10　　哀马墟的晚餐, 8
　霍克尼, 5, 7, 8, 9, 11, 12, 13　大使, 6, 10, 11
　卡拉瓦乔, 7, 8, 12　　夫妻像, 9, 10
　伦勃朗, 2, 3, 5　　　帕埃勒主教像, 12
　洛托, 9, 10　　　　　天使, 7, 8
　维米尔, 3, 4, 5, 6, 7, 12　绣花女工, 4, 5
　沃霍尔, 5

图 3-100　索引文件及创建索引后的效果

操作步骤如下。

1）打开"自动标记索引.docx"文档，单击"引用"选项卡"索引"选项组中的"插入索引"按钮，弹出"索引"对话框。

2）单击"索引"对话框中的"自动标记"按钮，弹出"打开索引自动标记文件"对话框，如图 3-101 所示，选择"索引文件.docx"文件，单击"打开"按钮，Word 文档会自动根据"索引文件.docx"中的内容自动匹配并进行索引标记。

图 3-101　"打开索引自动标记文件"对话框

3）将光标定位到"自动标记索引.docx"文档末尾页，单击"引用"选项卡"索引"

选项组中的"插入索引"按钮，弹出"索引"对话框，设置"格式""排序依据"，然后单击"确定"按钮即可插入索引表。

3.6.3　插入引文和书目

使用 Word 2016 撰写学术论文时，一般要在某句话后给出所引用的参考文献的序号，或给出所引用的参考文献的作者、年份等，这称为插入引文。而要想插入引文，必须添加或导入这篇参考文献的信息（一本书或一篇期刊文章的作者、标题、年份等），这称为添加引文的源。在文档中，还要给出参考文献列表，列出本文引用的所有参考文献的作者、标题、年份等，这称为插入书目。

插入引文和添加源可以同时进行。将光标定位到要插入引文的位置，单击"引用"选项卡"引文与书目"选项组中的"插入引文"下拉按钮，在弹出的下拉列表中选择"添加新源"选项，在弹出的"创建源"对话框中输入一篇参考文献的信息添加到 Word 2016 文档中，并在文档光标位置插入本参考文献的引用。之后该参考文献也会自动出现在"插入引文"下拉列表中，如需在文档的其他位置再次引用这篇文献，不必重新输入参考文献的信息，可直接选择对应的选项再次插入引文。

还可以通过导入的方式批量添加源。通过逐篇输入每篇参考文献的作者、标题、年份等添加源比较麻烦，如果所有参考文献的信息已被整理到一个外部文件中，可将它们一次性导入。

【例 3-11】将"参考文献.xml"中的书目源文件信息导入"插入书目.docx"中，并在该文档尾部将书目信息插入"参考文献"后面。

操作步骤如下。

1）打开"插入书目.docx"文档，在"引用"选项卡"引文与书目"选项组中单击"管理源"按钮，弹出"源管理器"对话框，如图 3-102 所示。单击对话框中的"浏览"按钮，在弹出的"打开源列表"对话框中选择"参考文献.xml"文件并打开。

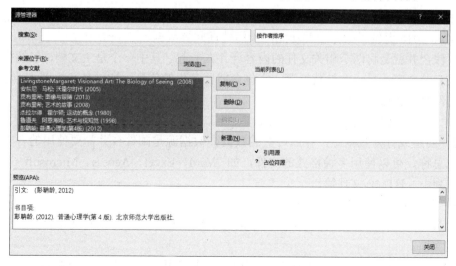

图 3-102　"源管理器"对话框

2）选中"参考文献"列表框中的所有内容，单击"复制"按钮，将选中的内容复制到"当前列表"列表框中。

3）将光标定位到"插入书目.docx"文档尾部的"参考文献"后，单击"书目"下拉按钮，在弹出的下拉列表中选择"插入书目"选项，如图 3-103 所示。此时就会将"参考文献.xml"中的文献信息插入该位置。

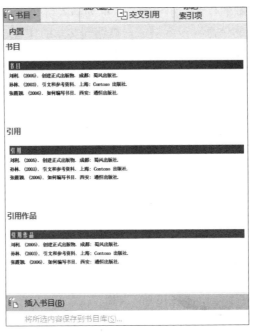

图 3-103　插入书目

3.6.4　邮件合并

在实际工作中，经常会处理大量日常报表和信件。为了减少重复工作，提高工作效率，Word 2016 提供了邮件合并功能，专门处理此类数据。

邮件合并就是将两个相关文件的内容合并在一起。其中一个是主文档，包括报表或信件共有的内容；另一个是数据源，它包含需要变化的信息，如姓名、性别、地址等。

邮件合并的操作步骤如下。

1）创建主文档，输入不变的内容。

2）创建或打开数据源，存放可变的数据。数据源是邮件合并需要使用的各类数据记录的总称，可以使用多种格式的文件，如 Word、Excel、Access、Microsoft Outlook 联系人列表、HTML 文件等。

3）在主文档中需要的位置插入合并域名称。

4）执行邮件合并操作，将数据源中的可变数据和主文档的共有文本合并，生成一个合并文档。

【例 3-12】邀请函的内容如图 3-104 所示，"某某某"用"邀请人员名单.xlsx"文件中的姓名代替，先生或女士根据"邀请人员名单.xlsx"文件中的性别自动判断并填充，一人显示一页。

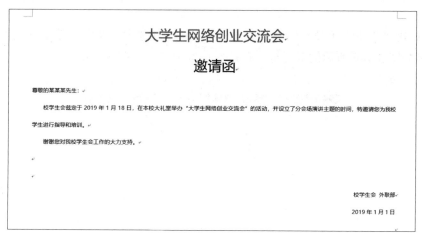

图 3-104 邀请函效果图

操作步骤如下。

1）制作如图 3-104 所示的邀请函，设置相应的页边距、字体、段落，使内容显示整个页面。

2）单击"邮件"选项卡"开始邮件合并"选项组中的"选择收件人"下拉按钮，在弹出的下拉列表中选择"使用现有列表"选项，弹出"选取数据源"对话框，选择"邀请人员名单.xlsx"文件，如图 3-105 所示，单击"打开"按钮。

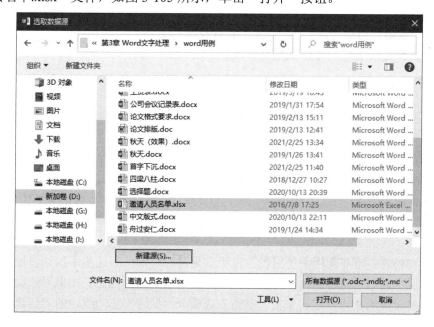

图 3-105 "选取数据源"对话框

3）将光标定位到"某某某先生"文字后，并删除该文字，单击"邮件"选项卡"编写和插入域"选项组中的"插入合并域"下拉按钮，在弹出的下拉列表中选择"姓名"字段。

4）单击"规则"下拉按钮，在弹出的下拉列表中选择"如果…那么…否则…"选项，弹出如图 3-106 所示的对话框，在该对话框中填写如图 3-106 所示的参数，然后单击"确定"按钮。

图 3-106 条件规则对话框

5）单击"邮件"选项卡"完成"选项组中的"完成并合并"下拉按钮，在弹出的下拉列表中选择"编辑单个文档"选项，弹出如图 3-107 所示的"合并到新文档"对话框，选中"全部"单选按钮，然后单击"确定"按钮即可。

图 3-107 "合并到新文档"对话框

注意：当制作的邀请函需要修改时，应修改合并前的模板，这样可以实现一处修改处处修改。

3.6.5 审阅修订

论文的撰写和排版工作完成后，一般会将论文发给指导老师审阅。审阅者一般不会直接修改原稿，而是使用审阅功能进行更改。

审阅者可以使用批注或修订功能进行修改，原稿中会出现相应的符号或标记。待作者收到审阅者修订的文档后，通过"审阅"选项卡对批注和修订进行操作，可"接受"或"拒绝"审稿者的修订。

1. 批注

审阅文档时，可在文档中使用批注说明意见建议、询问问题或添加注释批语。批注并不是在原文基础上进行修改，只是在页面旁边显示的注释信息。如果要添加批注，需要先选择要批注的文本，然后单击"审阅"选项卡"批注"选项组中的"新建批注"按钮，如图 3-108 所示。在文档的右侧将显示批注框，在批注框中输入批注内容即可。当文档中的批注较多时，可在"批注"选项组中单击"上一条""下一条"按钮，逐条查看批注，单击"删除"按钮可删除批注。默认情况下，批注是隐藏的，如果要查看内容，可以单击"显示批注"按钮。

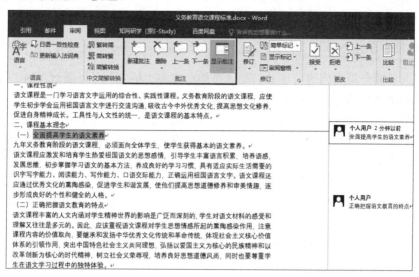

图 3-108　插入批注

2. 修订

当要修订文档，并希望他人能够清晰地看出更改了哪些内容时，应启用"修订"功能。在"审阅"选项卡"修订"选项组中单击"修订"下拉按钮，在弹出的下拉列表中选择"修订"选项，"修订"按钮变为高亮状态。这时对文档的所有修改都会被跟踪记录，并添加修订标记。新添加的文字被加下划线且颜色会与原文字的颜色不同，删除的文字被加删除标记或在右侧空白处显示，修改的文字也会被更改颜色。同时，在所有修改位置段落的左侧显示一条竖线，指示此位置有修改。

文档修订结束后，一定要退出"修订状态"，否则对文档的任何操作仍属于修订。要退出"修订状态"，只要再次单击"修订"按钮即可。这时文档恢复为常规编辑状态，对文档的所有修改将直接被记录到文档中，不再添加任何修订标记。

3. 审阅文档

使用修订功能可以突出显示审阅者对文档的修订。修订之后，原作者或其他审阅者可以决定是否接受或拒绝其部分或全部修订。如拒绝修订，文档还能恢复为被修订之前的状态。要接受或拒绝修订，只要在修订内容上右击，在弹出的快捷菜单中选择"接受修订"或"拒绝修订"选项；或在"审阅"选项卡"更改"选项组中单击"接受"或"拒绝"下拉按钮，在弹出的下拉列表中选择相应的选项即可。

可以调整修订的显示方式，以便查看修订。可使文档只显示最初状态（不显示修订），或只显示修订后的状态，而不显示修订标记等，在"审阅"选项卡"修订"选项组中的"显示以供审阅"下拉列表中选择需要的显示方式即可。

如果有多人修订过同一篇文档，则不同人的修订可被标记为不同的颜色。可同时显示所有人的修订，也可只显示一部分人的修订。在"审阅"选项卡"修订"选项组中单击"显示标记"下拉按钮，在弹出的下拉列表的"审阅者"的下级菜单中选择要显示的审阅者，则只会显示选择的审阅者的修订。

4. 比较和合并文档

当多人对同一篇文档进行了修订后，可能形成多个版本，可以通过 Word 的"比较"功能比较两个文档的差异。在"审阅"选项卡"比较"选项组中单击"比较"下拉按钮，在弹出的下拉列表中选择"比较"选项，在弹出的"比较文档"对话框中设置原始文档和修订的文档，然后单击"确定"按钮，则会新建一个比较结果的 Word 文档，在其中突出显示两个文档之间的不同。

还可以通过 Word 2016 的"合并"功能将不同版本的文档合并为一个文档。单击"比较"下拉按钮，在弹出的下拉列表中选择"合并"选项，在弹出的"合并文档"对话框中设置原始文档和修订的文档，然后单击"确定"按钮，则会新建一个合并结果文档，在其中审阅修订，接受或拒绝修订。

3.7　Word 2016 高级应用实例

撰写论文是每位学生都要经历的一件重要的事，对论文的排版是不少同学在准备毕业论文时经常遇到的一个大问题。各校的毕业论文格式一般以国家有关标准为依据，结合本校实际与学科对毕业论文的格式提出具体的要求，但基本包括封面的设计、目录的生成、正文的设置、参考文献的设置、页眉、页脚的设置等，如图 3-109 和图 3-110 所示。

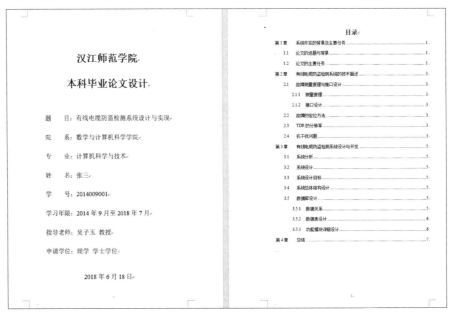

图 3-109　封面和目录

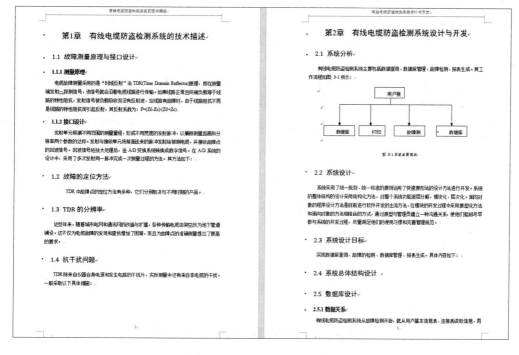

图 3-110　部分论文正文效果

1）正文排版。对正文进行排版，其中章名使用"标题 1"样式，小节名使用"标题 2"样式，小节中的分节使用"标题 3"样式。其中，章名的编号格式为"第 X 章"，节的编号格式为"X.Y"，其中 X 是章数字序号，Y 为节数字编号，具体格式要求如表 3-5 所示。

表 3-5　题注及交叉引用

样式	格式	多级列表
标题 1	小二号字、黑体、不加粗、段前 1.5 行、段后 1 行，行距最小值 12 磅，居中对齐	第 1 章、第 2 章、…、第 n 章
标题 2	小三号字、黑体、不加粗、段前 1 行、段后 0.5 行，行距最小值 12 磅，左对齐	1.1、1.2、2.1、2.2、…、n.1、n.2
标题 3	小四号字、宋体、加粗、段前 12 磅、段后 6 磅，行距最小值 12 磅，左对齐	1.1.1、1.1.2、…、n.1.1、n.1.2
正文	中文为宋体，西文为 Times New Roman，5 号字、首行缩进 2 字符、1.25 磅行距、段后 6 磅，两端对齐	—
题注	仿宋、小 5 号字，居中对齐	—

在正文中经常需要在图下方或表上方添加题注，如表 1-1、表 1-2、图 1-1、图 1-2，其中连字符"-"前面的数字表示章号，后面的数字表示表或图的序号。而在正文中也经常会遇到"如图所示"或"如表所示"的字样，但在"如图"或"如表"后经常会有一个编号，此时使用交叉引用，改为"如图 X-Y 所示"或"如表 X-Y 所示"。

2）分节处理。封面和前言是同一节，且没有页眉和页脚；目录单独为一节，页脚采用大写罗马数字 I、II、…格式的页码；每一章单独为一节且以奇数页开始。

3）插入页眉和页脚。页眉是每章的章名，页脚为阿拉伯数字，且奇数页页码采用右对齐，偶数页页码采用左对齐。

4）生成目录。在正文前使用自动生成目录功能生成目录。

5）设计封面。按照示意图设计论文封面。

操作步骤如下。

1. 正文排版

（1）设置标题 1、标题 2、标题 3 及正文、题注的样式

单击"开始"选项卡"样式"选项组右下角的对话框启动器，弹出"样式"窗格，单击"标题 1"下拉按钮，在弹出的下拉列表中选择"修改"选项，弹出"修改样式"对话框。在该对话框中可以修改样式的名称，在左下角"格式"下拉列表中选择"字体"选项，如图 3-111 所示，在弹出的"字体"对话框中按要求对字体进行设置；选择"段落"选项，在弹出的"段落"对话框中按要求对段落进行设置。使用同样的方法对标题 2、标题 3、正文和题注进行格式的设置。

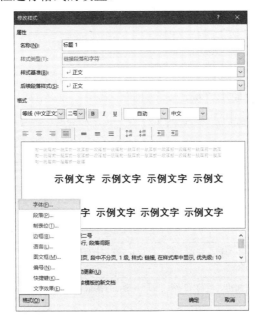

图 3-111 "修改样式"对话框

（2）设置章名、小节名使用的编号

单击"开始"选项卡"段落"选项组中的"多级列表"下拉按钮，在弹出的下拉列表中选择"定义新的多级列表"选项，弹出"定义新多级列表"对话框。单击"单击要修改的级别"列表框中的级别"1"，在"输入编号的格式"文本框中"1"的前面输入"第"，在"1"的后面输入"章"，单击对话框左下角的"更多"按钮，在"将级别链接到样式"下拉列表中选择"标题 1"选项，如图 3-112 所示。

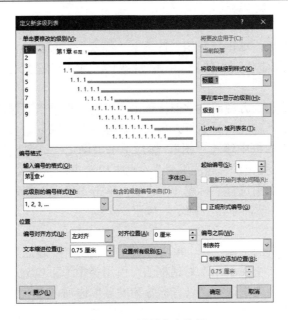

图 3-112　设置章名编号

　　继续在"定义新多级列表"对话框中操作。单击"单击要修改的级别"列表框中的级别"2"，在"输入编号的格式"文本框中将两数字的连接符改为"."，设置"对齐位置"为 0.75 厘米，设置"文本缩进位置"为 1.75 厘米，在"将级别链接到样式"下拉列表中选择"标题 2"选项，如图 3-113 所示。使用同样的方法设置级别是"3"的小节编号格式，其中"对齐位置"和"文本缩进位置"与级别为"2"的一样。

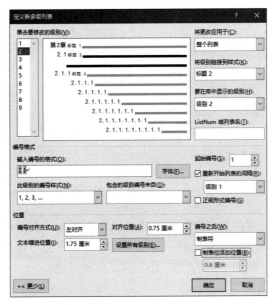

图 3-113　设置小节名编号

（3）应用样式

将光标定位到章名，单击"开始"选项卡"样式"选项组中的"标题 1"样式，并删除多余文字；将光标定位到节名上，单击"标题 2"或"标题 3"样式并删除多余文字。

（4）插入题注

将光标定位到图片下方说明文字前，单击"引用"选项卡"题注"选项组中的"插入题注"按钮，弹出"题注"对话框。单击"新建标签"按钮，在弹出的"新建标签"对话框的"标签"文本框中输入"图"，然后单击"确定"按钮返回"题注"对话框。单击"编号"按钮，在弹出的"题注编号"对话框中选中"包含章节号"复选框，在"章节起始样式"下拉列表中选择"标题 1"选项，单击"确定"按钮，返回"题注"对话框，如图 3-114 所示，然后单击"确定"按钮。

（5）交叉引用

选中"如图所示"的"图"字，单击"引用"选项卡"题注"选项组中的"交叉引用"按钮，在弹出的"交叉引用"对话框的"引用类型"下拉列表中选择"图"选项，在"引用内容"下拉列表中选择"只有标签和编号"选项，在"引用哪一个题注"列表框中选择要引用的题注，如图 3-115 所示，然后单击"插入"按钮即可。

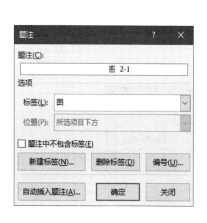

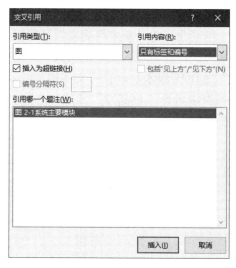

图 3-114　"题注"对话框　　　　　　　图 3-115　交叉引用

2. 分节处理

将光标定位到每一章的章名前，单击"布局"选项卡"页面设置"选项组中的"分隔符"下拉按钮，在弹出的下拉列表中选择"分节符"中的"奇数页"选项，此时就将整个文档分成了多节。前面一页为空白页，用来存放目录。

3. 插入页眉和页脚

（1）设置正文奇数页页眉

在第 1 章的第 1 页的页眉或页脚处双击，进入页眉与页脚编辑状态，选择"页眉和页脚工具-设计"选项卡，在"选项"选项组中选中"奇偶页不同"复选框，在"导航"选项组中单击"链接到前一条页眉"按钮使其断开。将光标置于页眉处，单击"插入"选项卡"文本"选项组中的"文档部件"下拉按钮，在弹出的下拉列表中选择"域"选项，弹出"域"对话框，如图 3-116 所示。在"域名"列表框中选择"StyleRef"选项，在"样式名"列表框中选择"标题 1"选项，单击"确定"按钮，即可将章名插入页眉处。

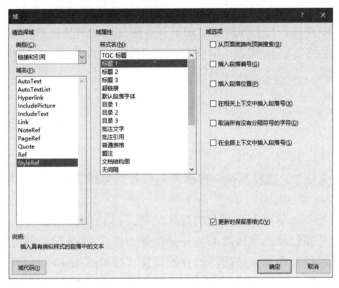

图 3-116　"域"对话框

（2）设置正文奇数页页脚

将光标移到第 1 章的第 1 页页脚处，选择"页眉和页脚工具-设计"选项卡，在"页眉和页脚"选项组中单击"页码"下拉按钮，在弹出的下拉列表中选择"页面底端"级联菜单中的"普通数字 3"选项。选中页脚处的页码，选择"页码"下拉列表中的"设置页码格式"选项，弹出"页码格式"对话框，设置编号格式及起始页码，如图 3-117 所示。

（3）设置正文偶数页页眉与页脚

将光标分别移动到第 1 章的第 2 页的页眉和页脚处，并断开其链接，使用设置奇数页页眉和页脚的方法设置偶数页的页眉和页脚即可，具体操作这里不再赘述。

图 3-117　设置页码格式

4．生成目录

将光标定位到文档的第 1 页的开始处，单击"引用"选项卡"目录"选项组中的"目录"下拉按钮，在弹出的下拉列表中选择"自动目录 1"选项，并设置"目录"为居中对齐。然后使用上述设置正文页脚的方法设置目录中的页脚即可，具体操作这里不再赘述。

5. 设计封面

封面可以单独用一个文档设计，也可以在原文档前插入新的一页来设计，此处采用后者的方式进行设计。

将光标定位到中文目录页的最前面，单击"布局"选项卡"页面设置"选项组中的"分隔符"下拉按钮，在弹出的下拉列表中选择"分节符"中的"下一页"选项即可在目录页前插入一空白页。双击页眉或页脚处，选择目录页中的页眉和页脚处分别断开与前一页的链接，关闭页眉和页脚，在空白页中输入相应的内容并进行相应的排版即可。

习　　题

一、选择题

1. 在 Word 文档中，选择从某一段落开始位置到文档末尾的全部内容，最优的操作方法是（　　）。

    A. 将鼠标指针移动到该段落的开始位置，按 Ctrl+A 组合键

    B. 将鼠标指针移动到该段落的开始位置，按住 Shift 键，单击文档的结束位置

    C. 将鼠标指针移动到该段落的开始位置，按 Ctrl+Shift+End 组合键

    D. 将鼠标指针移动到该段落的开始位置，按 Alt+Ctrl+Shift+Page Down 组合键

2. 在 Word 文档中，学生"张小民"的名字被多次错误地输入为"张晓明""张晓敏""张晓民""张晓名"，纠正该错误的最优操作方法是（　　）。

    A. 从前往后逐个查找错误的名字，并更正

    B. 利用 Word "查找"功能搜索文本"张晓"，并逐一更正

    C. 利用 Word "查找和替换"功能搜索文本"张晓*"，并将其全部替换为"张小民"

    D. 利用 Word "查找和替换"功能搜索文本"张晓?"，并将其全部替换为"张小民"

3. 将 Word 文档中的大写英文字母转换为小写，最优的操作方法是（　　）。

    A. 执行"开始"选项卡"字体"选项组中的"更改大小写"命令

    B. 执行"审阅"选项卡"格式"选项组中的"更改大小写"命令

    C. 执行"引用"选项卡"格式"选项组中的"更改大小写"命令

    D. 右击，执行快捷菜单中的"更改大小写"命令

4. 小王需要在 Word 文档中将应用了"标题 1"样式的所有段落格式调整为"段前、段后各 12 磅，单倍行距"，最优的操作方法是（　　）。

    A. 将每个段落逐一设置为"段前、段后各 12 磅，单倍行距"

    B. 将其中一个段落设置为"段前、段后各 12 磅，单倍行距"，然后利用格式刷功能将格式复制到其他段落

    C. 修改"标题 1"样式，将其段落格式设置为"段前、段后各 12 磅，单倍行距"

  D．利用查找替换功能，将"样式：标题 1"替换为"行距：单倍行距，段落间
   距段前：12 磅，段后：12 磅"

 5．小张将毕业论文设置为两栏页面布局，现需在分栏之上插入一横跨两栏内容的
论文标题，最优的操作方法是（   ）。

  A．在两栏内容之前空出几行，打印出来后手动写上标题

  B．在两栏内容之上插入一个分节符，然后设置论文标题位置

  C．在两栏内容之上插入一个文本框，输入标题，并设置文本框的环绕方式

  D．在两栏内容之上插入一个艺术字标题

 6．小华利用 Word 编辑一份书稿，出版社要求目录和正文的页码分别采用不同的格
式，且均从第 1 页开始，最优的操作方法是（   ）。

  A．将目录和正文分别存在两个文档中，分别设置页码

  B．在目录与正文之间插入分节符，在不同的节中设置不同的页码

  C．在目录与正文之间插入分页符，在分页符前后设置不同的页码

  D．在 Word 中不设置页码，将其转换为 PDF 格式时再增加页码

 7．在 Word 文档中包含了文档目录，将文档目录转变为纯文本格式的最优操作方法
是（   ）。

  A．文档目录本身就是纯文本格式，不需要再进行进一步的操作

  B．使用 Ctrl+Shift+F9 组合键

  C．在文档目录上右击，然后执行"转换"命令

  D．复制文档目录，然后通过选择性粘贴功能以纯文本方式显示

 8．小王利用 Word 撰写专业学术论文时，需要在论文结尾处罗列出所有参考文献或
书目，最优的操作方法是（   ）。

  A．直接在论文结尾处输入参考文献的相关信息

  B．把所有参考文献信息保存在一个单独表格中，然后复制到论文结尾处

  C．利用 Word 中的"管理源"和"插入书目"功能，在论文结尾处插入参考文
   献或书目列表

  D．利用 Word 中的"插入尾注"功能，在论文结尾处插入参考文献或书目列表

 9．小明需要将 Word 文档内容以稿纸格式输出，最优的操作方法是（   ）。

  A．适当调整文档内容的字号，然后将其直接打印到稿纸上

  B．利用 Word 中的"稿纸设置"功能即可

  C．利用 Word 中的"表格"功能绘制稿纸，然后将文字内容复制到表格中

  D．利用 Word 中的"文档网格"功能即可

 10．如果希望为一个多页的 Word 文档添加页面图片背景，最优的操作方法是（   ）。

  A．在每一页中分别插入图片，并设置图片的环绕方式为衬于文字下方

  B．利用水印功能，将图片设置为文档水印

  C．利用页面填充效果功能，将图片设置为页面背景

  D．执行"插入"选项卡中的"页面背景"命令，将图片设置为页面背景

11．在 Word 中，不能作为文本转换为表格的分隔符是（   ）。

    A．段落标记   B．制表符   C．@   D．##

12．某 Word 文档中有一个 5 行×4 列的表格，如果要将另外一个文本文件中的 5 行文字复制到该表格中，并且使其正好成为该表格一列的内容，最优的操作方法是（   ）。

    A．在文本文件中选中这 5 行文字，复制到剪贴板；然后回到 Word 文档中，将光标置于指定列的第一个单元格，将剪贴板内容粘贴过来

    B．将文本文件中的 5 行文字，一行一行地复制、粘贴到 Word 文档表格对应列的 5 个单元格中

    C．在文本文件中选中这 5 行文字，复制到剪贴板，然后回到 Word 文档中，选中对应列的 5 个单元格，将剪贴板内容粘贴过来

    D．在文本文件中选中这 5 行文字，复制到剪贴板，然后回到 Word 文档中，选中该表格，将剪贴板内容粘贴过来。

13．在 Word 文档中有一个占用 3 页篇幅的表格，如需将这个表格的标题行都出现在各页面首行，最优的操作方法是（   ）。

    A．将表格的标题行复制到另外 2 页中

    B．利用"重复标题行"功能

    C．打开"表格属性"对话框，在列属性中进行设置

    D．打开"表格属性"对话框，在行属性中进行设置

14．在 Word 文档的编辑过程中，如需将特定的计算机应用程序窗口画面作为文档的插图，最优的操作方法是（   ）。

    A．使所需画面窗口处于活动状态，按 Print Screen 键，再粘贴到 Word 文档的指定位置

    B．使所需画面窗口处于活动状态，按 Alt+Print Screen 组合键，再粘贴到 Word 文档的指定位置

    C．利用 Word 的插入"屏幕截图"功能，直接将所需窗口画面插入 Word 文档的指定位置

    D．在计算机系统中安装截屏工具软件，利用该软件实现屏幕画面的截取

15．小江需要在 Word 文档中插入一个利用 Excel 制作好的表格，并希望 Word 文档中的表格内容随 Excel 源文件的数据变化而自动变化，最快捷的操作方法是（   ）。

    A．在 Word 中通过"插入"→"对象"功能插入一个可以链接到原文件的 Excel 表格

    B．复制 Excel 数据源，然后在 Word 文档中右击，在弹出的快捷菜单中选择带有链接功能的粘贴选项

    C．在 Word 中通过"插入"→"表格"→"Excel 电子表格"命令链接 Excel 表格

    D．复制 Excel 数据源，然后在 Word 文档中通过"开始"→"粘贴"→"选择性粘贴"命令进行粘贴链接

16．姚老师正在将一篇来自互联网的以.html 格式保存的文档内容插入 Word 中，最

优的操作方法是（　　）。

    A．通过"复制"→"粘贴"功能，将其复制到 Word 文档中

    B．通过"插入"→"对象"→"文件中的文字"功能，将其插入 Word 文档中

    C．通过"文件"→"打开"功能，直接打开.html 格式的文档

    D．通过"插入"→"文件"功能，将其插入 Word 文档中

17．小马在一篇 Word 文档中创建了一个漂亮的页眉，她希望在其他文档中还可以直接使用该页眉格式，最优的操作方法是（　　）。

    A．将该页眉保存在页眉文档部件库中，以备下次调用

    B．将该文档保存为模板，下次可以在该模板的基础上创建新文档

    C．下次创建新文档时，直接从该文档中将页眉复制到新文档中

    D．将该文档另存为新文档，并在此基础上修改即可

18．小王计划邀请 30 家客户参加答谢会，并为客户发送邀请函。快速制作 30 份邀请函的最优操作方法是（　　）。

    A．发动同事帮忙制作邀请函，每个人写几份

    B．利用 Word 的邮件合并功能自动生成

    C．先制作好一份邀请函，然后复印 30 份，在每份上添加客户名称

    D．先在 Word 中制作一份邀请函，通过复制、粘贴功能生成 30 份，然后分别添加客户名称

19．张经理在对 Word 文档格式的工作报告修改过程中，希望在原始文档显示其修改的内容和状态，最优的操作方法是（　　）。

    A．利用"审阅"选项卡中的批注功能，为文档中每一处需要修改的地方添加批注，将自己的意见写到批注框中

    B．利用"插入"选项卡中的文本功能，为文档中的每一处需要修改的地方添加文档部件，将自己的意见写到文档部件中

    C．利用"审阅"选项卡中的修订功能，选择带"显示标记"的文档修订查看方式后，单击"修订"按钮，然后在文档中直接修改内容

    D．利用"插入"选项卡中的修订标记功能，为文档中每一处需要修改的地方插入修订符号，然后在文档中直接修改内容

20．小明的毕业论文分别请两位老师进行了审阅。每位老师分别通过 Word 的修订功能对该论文进行了修改。现在，小明需要将两份经过修订的文档合并为一份，最优的操作方法是（　　）。

    A．小明可以在一份修订较多的文档中，将另一份修订较少的文档修改内容手动对照补充进去

    B．请一位老师在另一位老师修订后的文档中再进行一次修订

    C．利用 Word 比较功能，将两位老师的修订合并到一个文档中

    D．将修订较少的那部分舍弃，只保留修订较多的那份论文作为终稿

二、简答题

1. 文档有哪几种视图方式？如何切换？
2. 在文档中选择文本的操作方式有哪几种？
3. 文档中"节"的功能是什么？如何进行分解？
4. 如何在文档的不同部分设置不同的页眉和页脚？
5. 自动生成目录需要做哪些准备工作？
6. 邮件合并时对数据源有哪些要求？

参 考 答 案

一、选择题

1. C	2. D	3. A	4. C	5. B
6. B	7. B	8. C	9. B	10. C
11. D	12. C	13. B	14. C	15. B
16. B	17. A	18. B	19. C	20. C

二、简答题

略

第 4 章　Excel 电子表格软件

4.1　Excel 2016 概述

Excel 2016 是一款功能强大、使用方便灵活的电子表格软件，可以用来制作表格，完成复杂的数据运算，进行数据的分析和预测，并具有强大的图表功能等。

4.1.1　Excel 2016 的启动与退出

1. 启动 Excel 2016

常见的启动 Excel 2016 的方法有如下几种。

1）单击"开始"按钮，在弹出的"开始"菜单中选择"Excel 2016"选项即可。

2）双击桌面上的 Excel 2016 快捷方式图标。

3）双击一个已经存在的 Excel 文档。

2. 退出 Excel 2016

常见的退出 Excel 2016 的方法有如下几种。

1）单击应用程序窗口右侧的"关闭"按钮。

2）按 Alt+F4 组合键。

在关闭 Excel 2016 软件时，如果正在编辑的 Excel 文件还没有保存，则会弹出提示是否要保存的对话框，如图 4-1 所示。如果单击"保存"按钮，则保存文件并退出应用程序；如果单击"不保存"按钮，则不保存文件并退出；如果单击"取消"按钮，则取消关闭操作。

图 4-1　保存文件对话框

4.1.2　Excel 2016 的工作界面

Excel 2016 应用程序启动之后，其窗口如图 4-2 所示。它由应用程序窗口和文件窗口两部分组成。

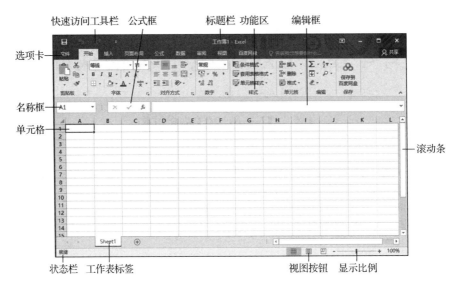

图 4-2　Excel 2016 工作界面

1. Excel 2016 应用程序窗口

Excel 2016 应用窗口主要包括标题栏、快速访问工具栏、功能区、状态栏，这和 Word 2016 的应用程序窗口基本一致，此处不再赘述。不同之处就是在 Excel 2016 中增加了一个编辑栏。编辑栏又称编辑行，主要包含 3 个部分：名称框（地址框）、编辑框和公式框。左侧是名称框，主要用来显示当前单元格地址、选取的区域名称等；右侧是编辑框，主要用于显示当前输入的内容，用户可以在编辑框中输入或修改单元格中的数据。当输入完数据后，按 Enter 键或单击编辑栏中的"输入"按钮 ✓，输入的数据便插入当前单元格中；如果要取消输入的数据，可单击编辑栏中的"取消"按钮 ✗ 或按 Esc 键。中间是"插入函数"按钮 f_x，单击它可以弹出"插入函数"对话框，同时在它的左侧会出现"取消" ✗ 和"输入" ✓ 按钮。

2. Excel 2016 文件窗口

Excel 文件又称 Excel 工作簿，其窗口主要包括标题栏、全选框、行号、列号、竖表线、横表线、滚动条、单元格、工作表标签等。

1）标题栏：在窗口的最上面一行，当新建一个工作簿后，Excel 标题栏中显示的是"工作簿 1"，这是系统自动生成的一个临时文件名，进行保存操作时，它将被新的文件名代替。

2）全选框：位于文件窗口的左上角，用于选择当前窗口工作表中的所有单元格。

3）行号：行的编号，用阿拉伯数字表示，从上往下顺序编号 1、2、3、…、1048576，共 1048576 行。

4）列号：列的编号，用字母表示，从左往右顺序编号 A、B、…、AA、AB、…AZ、…，共 16384 列。

5）工作表标签：工作表的名称，位于文件窗口的左下方，系统默认有 1 个工作表 Sheet1，可以对工作表进行重命名、创建、移动、删除等操作。

4.1.3　Excel 2016 基本概念

1. 工作簿

工作簿是一个 Excel 文件（其扩展名为.xlsx），它最多可以含有 255 个工作表。

2. 工作表

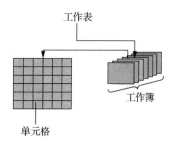

工作表是工作簿中的一页，它由行和列形成的矩形块组成，这些矩形块被称为单元格；每个工作表有一个工作表标签，工作表标签是工作表的名称，单击工作表标签，则其便可成为当前工作表，即可对其进行编辑操作。工作簿与工作表的关系如图 4-3 所示。

图 4-3　工作簿与工作表的关系

3. 单元格

行和列的交叉部分称为单元格，它是存放数据的最小单元。单元格的内容可以是数字、字符、公式、日期、图形等。每个单元格都有固定地址，用列标和行号唯一标识，如 D5 指的是第 5 行第 4 列交叉位置上的单元格。为了区别不同工作表的单元格，需要在单元格地址前加工作表名称，如 Sheet1!A2 表示 Sheet1 工作表中的 A2 单元格。当前正在使用的单元格称为活动单元格，有黑框线包围。

4. 单元格区域

单元格区域是一组被选中的相邻或分离的单元格。单元格区域可以作为一个变量的形式引入公式参与计算。为了便于使用，可以对单元格或单元格区域起一个名称，这就是单元格的命名或引用。

4.2　Excel 2016 基本操作

4.2.1　工作表的操作

工作表是由行和列构成的一个二维表，在利用 Excel 处理数据时，经常需要对工作表进行适当的处理操作，如插入一个表、删除一个表、对表重命名、隐藏表、复制移动表等。

1. 插入新工作表

在首次创建工作簿时，默认有 Sheet1 工作表，如果要在该基础上再增加一个表，可选择"开始"选项卡，在"单元格"选项组中单击"插入"下拉按钮，在弹出的下拉列表中选择"插入工作表"选项，新插入的工作表放在活动工作表之前。还可以单击工作表标签后的"新工作表"按钮⊕来插入工作表，此时插入的工作表在活动工作表之后，此种方法最简单快捷，建议采用该方式插入新工作表。

2. 删除工作表

在实际工作过程中可能需要将工作簿中的某些工作表删除。删除时先选择要删除的工作表，选择"开始"选项卡，在"单元格"选项组中选择"删除"下拉列表中的"删除工作表"选项，或者在要删除的工作表标签上右击，在弹出的快捷菜单中选择"删除"选项，然后在弹出的对话框中单击"确定"按钮即可。

注意：删除工作表操作是不可逆的，一旦删除，该表中的所有数据将同时被删除。

3. 重命名工作表

双击工作表标签，然后输入新标签名称；或者在工作表标签上右击，在弹出的快捷菜单中选择"重命名"选项，输入新标签名称。

4. 设置工作表标签颜色

选择要设置颜色的工作表标签，在该标签上右击，在弹出的快捷菜单中选择"工作表标签颜色"子菜单中需要的颜色即可。

5. 复制或移动工作表

选择工作表的标签并按住鼠标左键不放，通过移动鼠标直接拖动到其他位置即可。或选择要复制或移动的工作表标签，在该标签上右击，在弹出的快捷菜单中选择"移动或复制"选项，弹出"移动或复制工作表"对话框，如图 4-4 所示。在该对话框中可以设置将选中的表移动到某工作表之前或工作表最后。

6. 显示和隐藏工作表

在某些特殊情况下，可能需要将某些工作表隐藏，工作表一旦隐藏，将无法显示内容，其工作表标签也将隐藏。隐藏工作表时先选择要设置隐藏的工作表，选择"开始"选择卡，在"单元格"选项组中单击"格式"下拉按钮，在弹出的下拉列表中选择"隐藏和取消隐藏"子菜单中的选项，如图 4-5 所示，在该子菜单中可以隐藏工作表、取消隐藏工作表。或选择要隐藏的工作表标签，右击，在弹出的快捷菜单中选择"隐藏"选项即可。如果要取消隐藏，在任意工作表标签上右击，在弹出的快捷菜单中选择"取消隐藏"选项即可。

图 4-4　"移动或复制工作表"对话框

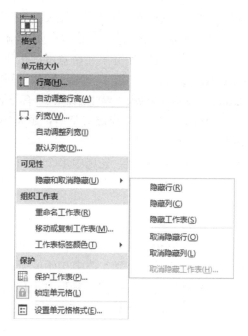

图 4-5　隐藏工作表

7. 选择整个工作表

将鼠标指针移动到工作表区域的左上角，单击左上角的全选按钮即可完成对整个工作表的选择。

4.2.2　输入表格内容

输入数据一般有以下几种方法。

1. 直接输入数据

单击某个单元格，可直接在单元格或编辑栏中输入数据，结束时按 Enter 键、Tab 键或单击编辑栏中的"输入"按钮 ✔。如果要放弃输入的数据，按 Esc 键或单击编辑栏中的"取消"按钮 ✘ 即可。输入的数据可以是文本、数字、日期和时间等。默认情况下，文本型数据采用左对齐，数字型、日期和时间型数据采用右对齐。

1）文本型数据的输入：文本是指键盘上的任意字符。如果输入的是纯数字型的文本数据，如手机号码、学号、编号等，应在输入数字前加英文状态下的单引号（'）。例如，输入编号 001，应该输入 "'001"，此时在单元格中以 001 显示，当输入的文本内容较长时，超过了单元格的宽度，若右侧单元格中没有内容，则扩展到右侧单元格，否则将截断显示。

2）数值型数据的输入：数值除 0～9 组成的字符串外，还包括+、-、/、E、e、$、%及小数点和千位分隔符等特殊字符。在输入分数时，选中单元格后先输入一个 0，再输入一个空格，最后输入分数。例如，输入 1/2 时，若直接输入 1/2，则 Excel 会将输入的数据转换为日期，要正确显示 1/2，应输入 "0 1/2"。输入的数据在显示时，如果输入的数据的位数很多，则采用科学计数法 $\boxed{1.21111E+13}$ 显示；如果输入的数据长度大于单元格的宽度，单元格中会出现 "###"，此时加宽单元格宽度就可以将数据全部显示。

3）日期和时间型数据的输入：Excel 内置了一些日期和时间的格式，当输入数据与这些格式相匹配时，Excel 会自动识别。常见的格式有 mm/dd/yy、dd-mm-yy、hh:mm(AM/PM)。其中，AM/PM 与分钟之间应该有空格，如 8:30 AM，否则系统将会把输入的内容当作字符串处理。

如果要在多个单元格中输入相同的内容，先选中多个单元格，在编辑栏中输入内容后按 Ctrl+Enter 组合键即可。

2. 填充数据

在输入数据时，如果输入的数据相同或有一定规律，就可以采用自动填充功能来实现。自动填充是根据初始值决定以后的填充项，选中初始值所在单元格并将鼠标指针移动到该单元格的右下角，当鼠标指针变为实心的十字形时按住鼠标左键不放，拖动鼠标至被填充的最后一个单元格后释放鼠标左键即可完成数据的自动填充。自动填充主要有以下 3 种方式。

1）填充的相同数据：单击该数据所在的单元格并将鼠标指针移动到该单元格的右下角，当鼠标指针变为实心的十字形后，按住鼠标左键，沿水平或垂直方向拖动填充柄即可完成相同数据的填充。

图 4-6　设置序列

2）填充序列数据：如果是日期型序列，只需输入一个初始值，然后拖动填充柄即可；如果是数值型序列，必须输入前两个单元格的数据，然后选中这两个单元格，拖动填充柄，系统默认按等差数列进行填充。如果需要按等比数列进行填充，可以在拖动生成等差序列数据后，选定这些数据，单击 "开始" 选项卡 "编辑" 选项组中的 "填充" 下拉按钮，在弹出的下拉列表中选择 "系列" 选项，在弹出的 "序列" 对话框中选中 "等比序列" 单选按钮，并设置合适的步长，如图 4-6 所示。

3）填充系统或用户自定义序列数据：在实际工作中经常会输入单位部门、商品名称、课程科目、公司在各大城市的办事处名称等。可以将这些有序数据自定义为序列，从而节省输入工作量，提高工作效率。

选择 "文件" 菜单中的 "选项" 选项，弹出 "Excel 选项" 对话框，在其左侧窗格中选择 "高级" 选项卡，拖动右侧滚动条找到 "常规" 选项组中的 "编辑自定义列表" 按钮并单击。在弹出的 "自定义序列" 对话框中添加新序列或修改系统已存在的序列，如图 4-7 所示。

图 4-7 "自定义序列"对话框

3. 获取互联网数据

外部数据主要包括数据库文件中的数据、网页数据、文本数据等。单击"数据"选项卡"获取外部数据"选项组中的相关按钮，可以导入外部数据。例如，将网页中的某些数据导入 Excel 2016 中的操作步骤如下。

1）选择要存放数据的第一个单元格，单击"数据"选项卡"获取外部数据"选项组中的"自网站"按钮，弹出"新建 Web 查询"对话框。

2）在对话框的地址栏中输入网址，打开网页，在网页中单击"导入"按钮，在弹出的"导入数据"对话框中单击"确定"按钮即可将该数据导入 Excel 中，如图 4-8 所示。

图 4-8 获取网页数据

4. 导入文本数据

1）可以使用"文本导入向导"将数据从文本文件中导入 Excel 2016 中。图 4-9 是一个用制表符（Tab）分隔各列字段的文本文件，现要将此文件中的数据导入 Excel 2016 工作表中。新建或打开一个 Excel 工作簿，在工作表中选择要放置导入数据的第一个单元格，如 A1 单元格。在"数据"选项卡"获取外部数据"选项组中单击"自文本"按钮，在弹出的"导入文本文件"对话框中选择要导入的文本文件，单击"导入"按钮后弹出"文本导入向导-第 1 步，共 3 步"对话框，如图 4-10 所示。

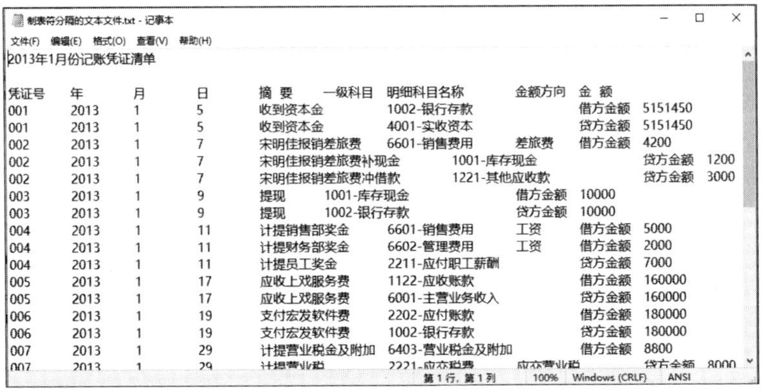

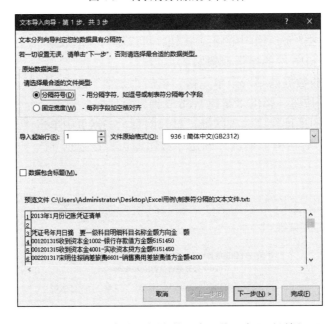

图 4-9　制表符分隔的文本文件

图 4-10　"文本导入向导-第 1 步，共 3 步"对话框

2）在"请选择最合适的文件类型"选项组中选择文本文件中的列分隔方式，这里文本文件中各列以制表符（Tab）分隔，应选中"分隔符号"单选按钮。再选择要导入的起始行，此处选择第 1 行。

3）单击"下一步"按钮，弹出"文本导入向导-第 2 步，共 3 步"对话框，如图 4-11 所示。进一步选择列分隔符，这里文本文件中各列是以制表符（Tab）分割的，此处选中"Tab 键"复选框；不指定"文本识别符号"。在"数据预览"选项组中可以看到数据分隔的效果。

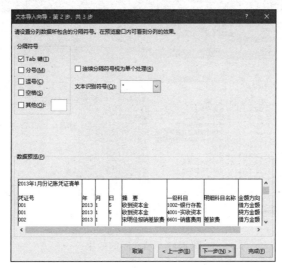

图 4-11　"文本导入向导-第 2 步，共 3 步"对话框

4）单击"下一步"按钮，弹出"文本导入向导-第 3 步，共 3 步"对话框，如图 4-12 所示。在这里为每列数据指定数据格式。默认情况下，各列数据格式为"常规"，如果要改变数据格式，在"数据预览"选项组中单击某列，然后在上方的"列数据格式"选项组中选择数据格式。也可以选中"不导入此列（跳过）"单选按钮，不导入文本文件中的这一列数据。此处将"凭证号"列指定为"文本"格式，其他保持不变。

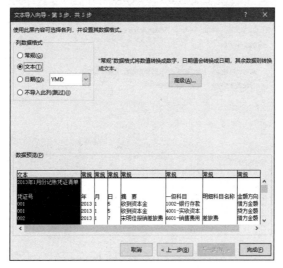

图 4-12　"文本导入向导-第 3 步，共 3 步"对话框

5）单击"完成"按钮，弹出"导入数据"对话框，在其中选择导入数据要被放置到的工作表中的起始位置，保持选择 A1 单元格（=A!）不变，单击"确定"按钮，文本文件中的数据就被导入工作表中，如图 4-13 所示。

图 4-13　导入后的效果

在图 4-13 中，"一级科目"包含了科目代码和科目名称两部分，两部分都被放在了同一个单元格中，如果希望把这两部分分隔开，分别放在相邻的两列单元格中，可以使用 Excel 2016 提供的数据分列功能自动完成。

首先在 F 列后新增一列，选中 F4:F35 单元格区域，在"数据"选项卡"数据工具"选项组中单击"分列"按钮，弹出"文本分列向导-第 1 步，共 3 步"对话框，如图 4-14 所示。

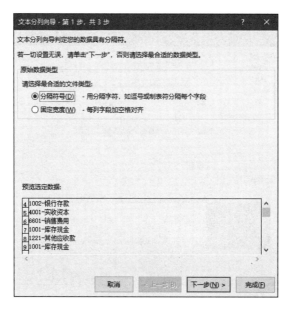

图 4-14　"文本分列向导-第 1 步，共 3 步"对话框

指定原始数据的分隔类型，此处由于科目代码和科目名称之间都是以"-"分隔的，因此选中"分隔符号"单选按钮。单击"下一步"按钮，弹出"文本分列向导-第 2 步，共 3 步"对话框，如图 4-15 所示，选择分列数据使用的分隔符号，此处选中"其他"复选框并在右侧的文本框中输入西文连字符"-"。如果在文本分列向导-第 1 步中选中"固定宽度"单选按钮，则文本分列向导-第 2 步的界面是不同的。在"数据预览"选项组中将提供一个"标尺"，可在数据或标尺上将分割线拖动到分隔数据的位置上，如图 4-15 所示。单击"下一步"按钮，弹出"文本分列向导-第 3 步，共 3 步"对话框，指定列数据格式，单击"完成"按钮即可完成分列。

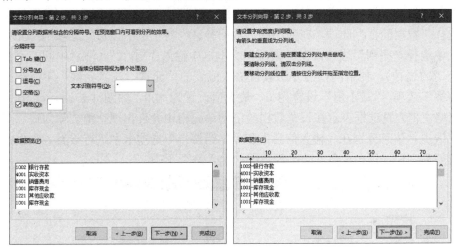

图 4-15　"文本分列向导-第 2 步，共 3 步"对话框

默认情况下，所导入的数据与外部数据源（如文本文件）是保持连接关系的，当外部数据源（如文本文件）被改变时，可通过刷新使工作表中的数据同步更新。有时不希望保持连接。断开连接的方法是，在"数据"选项卡"连接"选项组中单击"连接"按钮，弹出"工作簿连接"对话框，如图 4-16 所示，在该对话框的列表中选择要取消的连接，单击右侧的"删除"按钮，再在弹出的提示对话框中单击"确定"按钮即可。

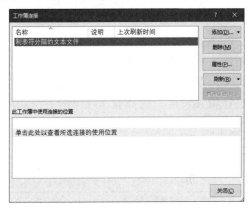

图 4-16　"工作簿连接"对话框

4.2.3 数据验证

使用数据验证，可以限制在单元格中输入的数据内容及其类型。可限制在单元格中只能输入一个序列中的特定值（如性别只能输入男或女），或者限定输入的整数、小数或日期时间必须在某个范围内，或者限定输入的文本长度等。使用数据验证，还可以实现在单元格旁边显示下拉按钮，实现以列表的方式输入数据。

例如，在输入学生成绩时，学生的性别只能输入"男"或"女"，输入的成绩应该为 0～100 之间的整数，这就有必要进行数据验证设置。首先选择要输入性别的单元格，单击"数据"选项卡"数据工具"选项组中的"数据验证"下拉按钮，在弹出的下拉列表中选择"数据验证"选项，在弹出的"数据验证"对话框"设置"选项卡"允许"下拉列表中选择"序列"选项，在"来源"文本框中输入"男,女"（注意中间的逗号是英文状态下的逗号）。使用同样的方法设置输入成绩的单元格，在"允许"下拉列表中选择"整数"选项，"最小值"设置为 0，最大值设置为 100，如图 4-17 所示。其中，选中"忽略空值"复选框表示在设置数据验证的单元格中允许出现空值。输入提示信息和输入错误提示信息分别在"输入信息"和"出错警告"选项卡中进行设置。数据的有效性设置好后，Excel 2016 会自动监督数据的输入是否正确。

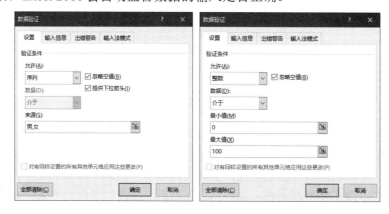

图 4-17   "数据验证"对话框

4.2.4 Excel 设置

一个好的工作表除要保证数据的正确性外，为了更好地体现工作表中的内容，还应该对其外观进行修饰格式化，以达到整齐、鲜明和美观的目的。而要进行格式化，首先要选择格式化对象，再进行相关设置。选择操作对象的方法如表 4-1 所示。

表 4-1   Excel 中常见的选择操作对象的方法

选择对象	操作方法
单个单元格	单击相应的单元格，或使用方向键移动到相应的单元格
某个单元格区域	单击选择该区域的第一个单元格，然后拖动鼠标直至该区域最后一个单元格
工作表中的所有单元格	单击全选按钮（行号与列号在左上角的交汇处）

续表

选择对象	操作方法
不相邻单元格或单元格区域	先选择第一个单元格或单元格区域，然后按住 Ctrl 键，再选择其他的单元格或单元格区域
相邻较大的单元格区域	单击选择该区域的第一个单元格，然后按住 Shift 键，再单击区域中的最后一个单元格。在单击最后一个单元格前，可通过操作滚动条或滚动按钮使该区域的单元格可见
整行	单击行号
整列	单击列号
相邻的行或列	先选择第一行或第一列，然后按住 Shift 键再选择其他的行或列
不相邻的行或列	先选择第一行或第一列，然后按住 Ctrl 键再选其他的行或列

1. 设置单元格

选择要设置格式的单元格或单元格区域，单击"开始"选项卡"字体"选项组或"对齐"选项组或"数字"选项组右下角的对话框启动器，弹出"设置单元格格式"对话框，如图 4-18 所示。该对话框主要包括"数字""对齐""字体""边框""填充""保护" 6 个选项卡，可以设置用户需要的格式。

图 4-18　"设置单元格格式"对话框

（1）使用内置数字格式

默认情况下，数字格式是常规格式。当用户输入数字时，数字以整数、小数或科学计数方式显示。此外，Excel 2016 还提供了其他的数据格式，如数值、货币、会计专用、日期格式和自定义等。在"设置单元格格式"对话框中选择"数字"选项卡，在左侧窗格中显示了可以设置的所有数字格式的种类，右侧窗格中列出了与选择数字类型相匹配的所有具体格式。

例如,将 A2:D4 单元格区域的数字格式设置为货币型数字,货币符号是$,并保留 2 位小数,操作步骤如下。

1)选中 A2:D4 单元格区域。

2)单击"开始"选项卡"字体"选项组或"对齐方式"选项组或"数字"选项组右下角的对话框启动器,弹出"设置单元格格式"对话框。选择"数字"选项卡,在左侧窗格中选择"货币"选项,在右侧窗格中调整小数位数及货币符号,如图 4-19 所示。

图 4-19 设置货币格式

3)单击"确定"按钮即可完成数字格式的设置。

(2)自定义数字格式

单元格的格式实际是由一段代码控制的。在"设置单元格格式"对话框的"数字"选项卡中,当选择一种内置格式(如会计专用、百分比、日期等)时,实际是应用了这一格式对应的、事先已由 Excel 系统编写好的代码,因此可以直接使用这些内置格式,而不需要关心代码如何。但如果这些内置格式都不能满足需要,就需要自己编写代码自定义格式。在"数字"选项卡中选择"自定义"选项即可自行编写格式代码,如图 4-20 所示。

控制一个单元格格式的代码有 4 段,各段之间由英文分号(;)隔开,形式如下所示。

正数格式;负数格式;零值格式;文本格式

即将来单元格中的内容如果是正数,就自动按照第 1 段代码设置格式显示;如果是负数,就自动按照第 2 段代码设置格式显示。代码也可以少于 4 段,此时几种情况共用一段代码。如果只有 1 段代码,则将用于所有数字。某段代码也可保持空白,以使用默认设置,但这时不能省略分号。

图 4-20　自定义单元格的数字格式

　　在每段代码中都使用各种占位符表示单元格格式。单元格自定义数字的格式及功能说明如表 4-2 所示。

表 4-2　单元格自定义数字的格式及功能说明

格式	功能说明
[颜色]	在每段代码的开头都可以指定一种颜色，颜色要放在一对[ ]中。可以使用以下 8 种颜色：[黑色]、[绿色]、[白色]、[蓝色]、[洋红色]、[黄色]、[蓝绿色]、[红色]或使用编号为 1～56 的颜色，如[颜色 8]。如果不指定颜色，则默认使用黑色
0(零)	数字占位符，且该位数字不能省略，即使为数字开头的 0 和小数末尾的 0（无意义的 0），也要显示出来，如格式 000.00 将使单元格数字保留两位小数，且整数部分至少显示 3 位数，对数据 1.2 将显示 001.20
#	数字占位符，该位数字如属无意义的 0 将省略。例如，格式#.##也使单元格数字保留两位小数，但无意义的 0 将省略。例如，1.2，显示为 1.2，而非 1.20；0.12，显示为.12（省略小数点前的 0，即小于 1 的数字都将以小数点开头）
?	数字占位符，使小数点对齐。对齐的原理是将数字中无意义的零的位置填补空格。例如，格式 0.0? 在数字 8.9 后补充一个空格，使其可以与列中的其他数据（如 88.99）小数点对齐
.（句点）	在数字中显示小数点，如 1.256 采用格式#.00 显示为 1.26，0.1 采用格式#.00 显示为.10
,（逗号）	如果逗号（,）两边有（#）或（0），则在数字中显示千位分隔符（,）；如果逗号跟随在数字占位符后面，数字会变为原来的千分之一，如格式 "#.0," 对数字 12345 显示 12.3
%	将数字乘以 100 并显示百分比符号（%）
@	文本占位符。只使用单个@表示单元格中原文本内容本身。可在其之前、之后添加其他内容，如自定义格式："人民币"@"元"，当输入 12 时，显示为 "人民币 12 元"

续表

格式	功能说明
_（下划线）	要添加一个空格，应将空格放在下划线（_）之后；或用英文双引号引起空格，写为"□"
y、m、d	分别表示年、月、日的数字，yy 或 yyyy 分别表示 2 位或 4 位年份；m 和 d 分别表示不带前导 0 的月和日，如需带前导 0，应使用 mm 和 dd；ddd 和 dddd 分别表示星期几的英文缩写和完整形式
aaaa	将日期数据显示为"星期几"，aaa 只显示"一、二……日"。例如，自定义格式"周 aaa"，将显示为"周一、周二……周日"
h、m、s	分别表示时、分、秒的数字，且不带前导 0，如需带前导 0，应使用 hh、mm、ss。m 必须紧跟在 h 之后，或其后有代码 s，否则将显示为月份，而不是分钟。h 或 hh 只能显示小于 24 的小时数，如果希望显示超过 24 的小时数，应使用[h]；同样，应用时[m]或[s]分别显示超过 60 分钟或超过 60 秒的数

【例 4-1】如图 4-21 所示，设置"订单明细"工作表 G 列单元格格式，折扣为 0 的单元格显示"-"，折扣大于 0 的单元格显示为百分比格式，并保留 0 位小数（如 15%）。

图 4-21　自定义数字格式工作表

操作步骤如下。

1）在"设置单元格格式"对话框中，查看并获知百分比的一种内置格式的代码为 0%。

2）在"订单明细"工作表，选中 G2:G907 单元格区域，右击，在弹出的快捷菜单中选择"设置单元格格式"选项，在弹出的"设置单元格格式"对话框中选择"数字"选项卡，在左侧窗格选择"自定义"选项，在右侧窗格"类型"文本框中输入代码"0%;;"-"",如图 4-22 所示，单击"确定"按钮。

注意：代码用英文分号（;）分隔的 3 段，分别表示正数、负数和零值的格式，这里负数的格式省略，但分号不能省略。

（3）设置对齐格式

在 Excel 2016 中，所谓对齐是指单元格中的内容在显示时，相对单元格的位置。默认情况下，单元格中的文本内容采用左对齐，数字采用右对齐，逻辑值和错误值采用居中对齐。除了设置对齐方式，在"对齐"选项卡中还可以对文本进行显示控制，有效地解决文本的显示问题，如自动换行、缩小字体填充、将选择的区域合并为一个单元格、改变文字方向和旋转文字角度等，如图4-23所示。

图 4-22　自定义数字格式

图 4-23　设置对齐格式

（4）设置字体格式

在 Excel 2016 中，为了美化数据，经常会对数据进行字符格式化，如设置数据字体、字形和字号，为数据加下划线、删除线、上标、下标及改变数据颜色等。单击"开始"

选项卡"字体"选项组或"对齐方式"选项组或"数字"选项组右下角的对话框启动器，弹出"设置单元格格式"对话框，在"字体"选项卡中即可对字体的格式进行相关设置，其设置方法与 Word 2016 中字体的设置方法一样，这里不再赘述。

（5）设置边框和底纹

默认情况下，Excel 2016 并没有为单元格设置边框，工作表中的边框在打印时并不会被显示出来。但一般情况下，用户在打印工作表时，都需要添加一些边框使工作表更加美观和容易阅读。如果要给某一单元格或某一单元格区域添加边框，首先要选择相应的区域，然后右击，在弹出的快捷菜单中选择"设置单元格格式"选项，弹出"设置单元格格式"对话框，在"边框"选项卡中进行设置，如图 4-24 所示。

图 4-24　设置边框格式

（6）设置底纹

应用底纹和应用边框一样，都是为了对工作表进行形象设计。使用底纹可以为特定的单元格加上色彩和图案，不仅可以突出显示重点内容，还可以美化工作表的外观。在"设置单元格格式"对话框中的"填充"选项卡完成相关设置即可。

2．设置行列

（1）调整行高或列宽

当把鼠标指针移动到两行或两列之间并且鼠标指针改变形状时可按住鼠标左键上下或左右拖动来调整行高或列宽。或者选择行或列，选择"开始"选项卡，在"单元格"选项组中单击"格式"下拉按钮，在弹出的下拉列表中选择"行高"或"列宽"选项，在弹出的"行高"或"列宽"对话框中输入行高或列宽的值即可。

（2）设置行列隐藏显示

在 Excel 2016 中可以隐藏或显示工作表的行或列。隐藏工作表的行或列时首先要选择需要隐藏的行或列，然后选择"开始"选项卡，在"单元格"选项组中单击"格式"下拉按钮，在弹出的下拉列表中选择"隐藏和取消隐藏"→"隐藏行"或"隐藏列"选项即可。如果要取消隐藏某行或某列，选择"开始"选项卡，在"单元格"选项组中单击"格式"下拉按钮，在弹出的下拉列表中选择"隐藏和取消隐藏"→"取消隐藏行"或"取消隐藏列"选项即可。

3. 自动套用格式

Excel 2016 中预定义了多种内置的表格格式，其中包括预定义的边框和底纹、文字格式、颜色、对齐方式等，可用于快速美化表格。

（1）单元格样式

在"开始"选项卡"样式"选项组中单击"单元格样式"下拉按钮，在弹出的下拉列表中选择一种样式可快速美化单元格。例如，如图 4-25 所示，选中 A1 单元格，单击"标题"应用该样式（A1 单元格原被设置为"跨列居中"，文字看上去位于 A1:F1 单元格区域中，实际仅在 A1 中）。

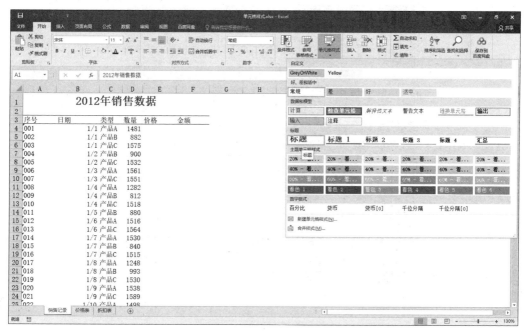

图 4-25　设置单元格样式

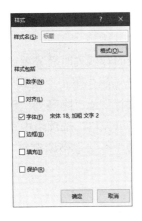

图 4-26 "样式"对话框

同 Word 2016 样式类似,在 Excel 2016 中也可以修改单元格样式或新建样式。例如,要修改"标题"样式,在"单元格样式"下拉列表中右击"标题"样式,在弹出的快捷菜单中选择"修改"选项,弹出如图 4-26 所示的"样式"对话框,单击"格式"按钮,在弹出的"设置单元格格式"对话框中可以更改样式的格式。

(2)套用表格样式

套用表格样式将把某种系统预定义的样式集合应用到数据区域。选中要套用表格样式的单元格,然后在"开始"选项卡"样式"选项组中单击"套用表格格式"下拉按钮,在弹出的下拉列表中选择一种样式,如图 4-27 所示。弹出"套用表格式"对话框,在"表数据的来源"文本框中确认要套用表格样式的区域是否正确,如果区域的首行为各列标题,要选中"表包含标题"复选框,然后单击"确定"按钮。

注意:套用表格样式只能用在不包含合并单元格的数据区域中。

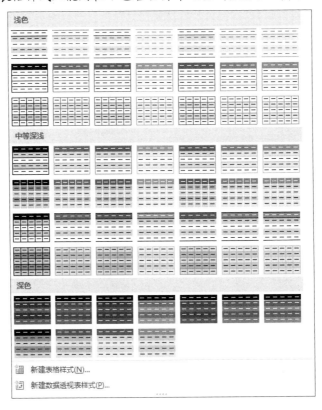

图 4-27 套用表格样式

如图 4-28 所示为"停车收费记录"工作表中的数据区域套用表格样式"表样式中等深浅 12"后的效果。在"表格工具-设计"选项卡"表格样式选项"选项组中,还可以进一步调整格式，如取消第一列的特殊格式，则取消选中"第一列"复选框；如果希望交替的行或列有不同格式，应选中"镶边行"或"镶边列"复选框；如果希望在最后一行增加汇总行，应选中"汇总行"复选框，此时就可以更改汇总方式。数据区域在被套用表格样式后，会同时被创建"表格"对象（或称"表"）。被创建为"表格"对象的一个明显标志是，选中数据的任意单元格后，功能区出现"表格工具-设计"选项卡。如果希望还原表格，单击"转换为区域"按钮即可。

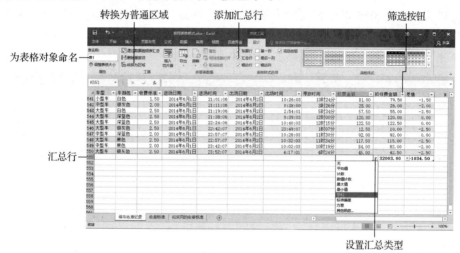

图 4-28　将数据区域转换为表格对象

4. 条件格式

条件格式就是有条件地设置格式，而不是都设置格式。这在实际工作中很实用。面对眼花缭乱的数据，如在成绩表中快速找到低于 60 分的成绩、最高分、最低分、前 3 名、后 3 名等，都可以通过 Excel 2016 条件格式功能一个不漏地挑选出来，并把这些单元格使用不同的格式标记，令人一目了然。

在"开始"选项卡"样式"选项组中单击"条件格式"下拉按钮，在弹出的下拉列表有 5 种类型的条件格式，如表 4-3 所示。

表 4-3　条件格式类型及功能说明

类型	功能说明
突出显示单元格规则	通过大于、小于、等于、介于等条件限定数据范围，对属于该数据范围的单元格设置格式
项目选取规则	将按数据大小排名后的第 1 或前几名，或排名为后最后 1 名或最后几名的单元格，或高于/低于平均分的单元格设置格式
数据条	使用不同长度的数据条表示单元格中值的大小，有助于与其他单元格相比
色阶	使用 2 种或 3 种颜色的渐变效果表示单元格中的数据，颜色的深浅表示值的高低
图标集	使用图标集表示数据，每个图标代表一个值的范围

在设置规则时，同一个单元格区域可以设置多个条件格式规则，如果各规则不冲突，各规则将被同时应用；如果规则发生冲突，将只应用优先级高的规则，优先级低的规则被覆盖。而优先级的高低由设置的先后顺序决定，后设置条件的优先级高于先设置条件的优先级。

5. 设置工作表背景

可以为 Excel 2016 工作表设置背景图片，方法是，单击"页面布局"选项卡"页面设置"选项组中的"背景"按钮，在弹出的"工作表背景"对话框中选择要插入的图片，然后单击"插入"按钮。完成效果如图 4-29 所示。

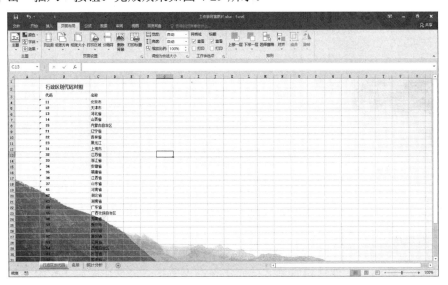

图 4-29　为工作表设置背景图片

6. 应用主题

与 Word 2016 文档类似，Excel 2016 工作簿也可以应用主题，方法是，在"页面布局"选项卡"主题"选项组中单击"主题"下拉按钮，在弹出的下拉列表中选择一种主题，则本工作簿中的所有工作表、单元格、文字、图表、形状等外观都会发生变化。

4.3　Excel 公式和函数

Excel 2016 的主要功能不在于它能输入、显示和存储数据，更重要的是对数据的计算。它可以对工作表中某一区域中的数据进行求和、求平均值、求最大值、求最小值及其他复杂的运算。在 Excel 2016 中，数据修改后公式的计算结果也会自动更新，这是手工计算无法比拟的。

4.3.1　公式

1. 公式的格式

公式的格式为 "=表达式"。表达式由运算符（如+、-、*、/等）、常量、单元格地址、函数及括号组成。

注意：公式中表达式前面必须要有等号（=）。

2. 公式中的运算符

公式中可以使用的运算符包括算术运算符、关系运算符、文本运算符、引用运算符，如表 4-4 所示。

表 4-4　运算符及其优先级

类型	运算符	优先级
算术运算符	%（百分比）、^（乘方）、*（乘）、/（除）、+（加）、-（减）	从高到低分为 3 个级别：百分比和乘方、乘和除、加和减。优先级相同时，按从左到右的顺序进行计算
关系运算符	=（等于）、<>（不等于）、>（大于）、>=（大于等于）、<（小于）、<=（小于等于）	优先级相同
文本运算符	&（字符串连接）	
引用运算符	:（区域）、,（联合）、空格（交叉）	从高到低：区域、联合、交叉

其中，算术运算符用来对数值进行算术运算，结果还是数值，在进行算术运算时按照其优先级的顺序依次进行计算，如果要改变优先级可以通过加圆括号来改变。

关系运算符又称为比较运算符，用来比较两个文本、数值、日期、时间的大小，其结果是一个逻辑值 true 或 false。各种数据类型的比较规则如下。

1）数值型：按数值大小进行比较。

2）日期型：昨天<今天<明天。

3）时间型：过去<现在<未来。

4）文本型：按照字典顺序比较。

文本运算符用来将多个文本连接成一个文本，如 "全国计算机" & "等级考试" 的结果为 "全国计算机等级考试"，注意文本要用英文状态下的引号引起来。

引用运算符用来将单元格区域进行合并运算，如表 4-5 所示。

表 4-5　引用运算符

引用运算符	含义	举例
:（区域）	包括两个引用在内的所有单元格的引用	SUM(A1:D5)
,（联合）	将多个引用合并为一个引用	SUM(B2,C3,D4)
空格（交叉）	产生同时隶属于两个引用的单元格区域的引用	SUM(B2:C3 B3:C5)

这 4 种类型运算符的优先级从高到低依次为引用运算符、算术运算符、文本运算符、

关系运算符。当多个运算符同时出现在公式中时，Excel 按运算符的优先级进行运算，优先级相同时，自左向右计算。

3. 单元格的引用

（1）相对地址

单元格相对引用的地址是单元格的相对位置。当公式或函数所在单元格地址改变时，公式或函数中引用的单元格地址也相应发生变化，如图 4-30 所示。在 F2 单元格中输入公式"=C2+D2+E2"，单击编辑栏中的"输入"按钮或按 Enter 键进行求和，输出结果是 268。在 C6 单元格中输入公式"=C2+C3+C4+C5"，单击编辑栏中的"输入"按钮或按 Enter 键进行求和，输出结果是 360。

图 4-30　相对地址

将 F2 单元格中的公式复制到 F3 单元格中，则 F3 单元格直接显示应用求和公式后的结果是 260，此时在编辑栏中显示的内容是"=C3+D3+E3"。将 C6 单元格中的公式复制到 D6 单元格中，则 D6 单元格直接显示应用求和公式的结果是 350，如图 4-31 所示。当将 F2 单元格中的公式复制到 F3 单元格时，输入公式所在的行发生变化而列没有变化，所以编辑栏中地址的行号随着公式所在行的变化而变化；当将 C6 单元格中的公式复制到 D6 单元格时，输入公式所在列发生变化而行没有变化，所以编辑栏中地址的列号随着公式所在列的变化而变化。

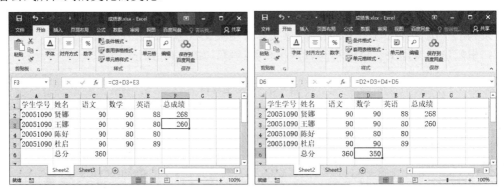

图 4-31　复制公式

复制公式时，如果使用的是相对地址，当垂直方向复制公式时行号变化列号不变；当水平方向复制公式时，行号不变列号变化。

（2）绝对地址

绝对引用的地址是单元格的绝对位置。它不随单元格地址的变化而变化。绝对引用地址的表示方法是在单元格的列号和行号前分别加字符"$"。在 Excel 2016 中无论怎样复制公式，绝对地址永远不变。将相对地址变为绝对地址最简单的方法是选择要转换的地址，然后按键盘上的 F4 键即可。如图 4-32 所示，在 F2 单元格中输入公式"=C2+D2+E2"，选中输入的公式，然后按 F4 键，编辑栏中的公式显示为"=$C$2+$D$2+$E$2"，单击编辑栏中的"输入"按钮或按 Enter 键进行求和，输出结果是 268。此时将 F2 单元格中的公式复制到 F3 单元格中，F3 单元格显示的仍然是 268，编辑栏中的公式仍然是"=$C$2+$D$2+$E$2"。

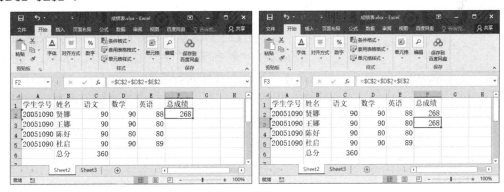

图 4-32　绝对地址

（3）混合地址

混合引用是指在同一单元格中，既有相对地址又有绝对地址，即混合引用具有绝对列相对行或是相对列绝对行，如$A3、B$3。当公式中采用混合引用地址时，如果公式所在单元格的位置发生变化，采用相对引用的改变，采用绝对引用的不变。

4.3.2　函数

函数是一些预定义的公式，通过使用一些称为参数的特定数值来按特定的顺序或结构执行计算。在 Excel 2016 中，函数是一个已经提供给用户的公式，并且具有一个描述性的总称。Excel 2016 的内部函数包括常用函数、财务函数、日期和时间函数、数学和三角函数、统计函数、查找与引用函数、数据库函数、文本函数、逻辑函数和信息函数等。

1. 函数的格式

函数的格式如下：函数名([参数 1],[参数 2],…)。
在 Excel 2016 中，函数的使用有以下几点要求。
1）函数必须有函数名，如 SUM。
2）函数名后面必须有一对括号，且函数名和后面的括号之间没有空格。

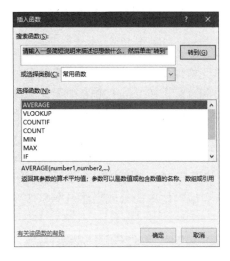

图 4-33 "插入函数"对话框

3）参数可以是数值、单元格引用、文字、其他函数的计算结果。

4）各参数之间用逗号分隔。

5）参数可以有，也可以没有，可以有 1 个，也可以有多个。

2. 输入函数

输入函数的方法有以下几种。

1）直接输入。由等号开始，按照函数的格式直接输入函数表达式即可，如=SUM(B2:B10)。

2）通过菜单输入。选择"公式"选项卡，在"函数库"选项组中单击"插入函数"按钮，弹出"插入函数"对话框，如图 4-33 所示。如果使用的函数在"选择函数"列表框中没有，可以在"搜索函数"文本框中输入函数名，然后单击"转到"按钮进行搜索。

3）使用编辑栏中的"插入函数"按钮输入。单击编辑栏中的"插入函数"按钮，在弹出的"插入函数"对话框中即可完成函数的输入。

3. 常用函数

常用函数如表 4-6 所示，在该表中列出了常用的函数及其说明。

表 4-6 常用函数

分类	函数名	功能
求和	SUM	计算（数列中）数值的和，如 SUM(B2:B10)
求平均数	AVERAGE	计算（数列中）数值的平均值，如 AVERAGE(B2:B10)
最大值	MAX	计算（数列中）数值的最大值，如 MAX(B2:B10)
最小值	MIN	计算（数列中）数值的最小值，如 MIN(B2:B10)
计数函数	COUNT	计算（数列中）数值单元格个数，如 COUNT(B2:B10)
日期函数	DATE	返回指定日期的日期数，如 DATE(99,11,12)
时间函数	TIME	返回指定时间的时间数，如 TIME(6,35,55)
条件函数	IF	执行真假判断，如 IF(H2>270,"优秀","良好")
排名函数	RANK	返回指定数在数列中的排名，如 RANK(H2,$H$2:$H$20,0)
有条件计数	COUNTIF	计算满足条件单元格的个数，如 COUNTIF(K3:K16,"及格")
有条件求和	SUMIF	计算满足条件数列数值的和，如 SUMIF(B2:B11,"助教",C2:C11)

【例 4-2】打开如图 4-34 所示的学生成绩登记表，完成如下操作。

1）使用 SUM 函数计算学生的总成绩；使用 AVERAGE 函数计算学生的平均成绩（数值型，保留小数点后两位）；按总成绩的降序次序计算"名次"列的内容（利用 RANK 函数）。

2）利用 IF 函数进行等级判断（如果平均成绩大于等于 60 分，则“等级”栏内容为“及格”，否则为“不及格”）。

3）利用条件格式将等级不及格的字体颜色设置为红色。

4）利用 MAX 和 MIN 函数求各门课程、总成绩及平均成绩的最高分和最低分。

5）利用 COUNT 函数统计总人数。

6）利用 COUNTIF 函数统计及格与不及格的人数。

7）计算及格与不及格人数所占的百分比（保留两位小数）。

8）将 Sheet1 工作表重命名为“学生成绩统计与分析表”。

操作完成后的工作表如图 4-35 所示。

学生成绩登记表

班级	学号	姓名	数学	语文	外语	计算机	总成绩	平均成绩	名次	等级
计算机0701	2.01E+10	张军	80	86	77	85				
计算机0701	2.01E+10	李鑫鑫	90	52	86	80				
计算机0701	2.01E+10	赵海燕	94	90	92	95				
计算机0701	2.01E+10	马薇	76	60	80	60				
计算机0701	2.01E+10	李洁	69	78	60	75				
计算机0701	2.01E+10	王小华	61	55	48	50				
计算机0701	2.01E+10	卢超	87	89	78	85				
计算机0701	2.01E+10	刘杰	89	85	85	65				
计算机0701	2.01E+10	李莉莉	68	60	80	60				
计算机0701	2.01E+10	王涛	91	75	85	77				
计算机0701	2.01E+10	张艳	52	50	55	56				
计算机0701	2.01E+10	王刚	80	85	75	66				
计算机0701	2.01E+10	李晓明	63	76	75	85				
计算机0701	2.01E+10	张明英	45	56	54	56				
最高分										
最低分										
总人数										
等级	人数	所占比例								
及格										
不及格										

图 4-34　原始学生成绩表

学生成绩登记表

班级	学号	姓名	数学	语文	外语	计算机	总成绩	平均成绩	名次	等级
计算机0701	20073310001	张军	80	86	77	85	328	82.00	3	及格
计算机0701	20073310002	李鑫鑫	90	52	86	80	308	77.00	6	及格
计算机0701	20073310003	赵海燕	94	90	92	95	371	92.75	1	及格
计算机0701	20073310004	马薇	76	60	80	60	276	69.00	10	及格
计算机0701	20073310005	李洁	69	78	60	75	282	70.50	9	及格
计算机0701	20073310006	王小华	61	55	48	50	214	53.50	12	不及格
计算机0701	20073310007	卢超	87	89	78	85	339	84.75	2	及格
计算机0701	20073310008	刘杰	89	85	85	65	324	81.00	5	及格
计算机0701	20073310009	李莉莉	68	60	80	60	268	67.00	11	及格
计算机0701	20073310010	王涛	91	75	85	77	328	82.00	3	及格
计算机0701	20073310011	张艳	52	50	55	56	213	53.25	13	不及格
计算机0701	20073310012	王刚	80	85	75	66	306	76.50	7	及格
计算机0701	20073310013	李晓明	63	76	75	85	299	74.75	8	及格
计算机0701	20073310014	张明英	45	56	54	56	211	52.75	14	不及格
最高分			94	90	92	95	371	92.75		
最低分			45	50	48	50	211	52.75		
总人数			14							
等级	人数	所占比例								
及格	11	78.57%								
不及格	3	21.43%								

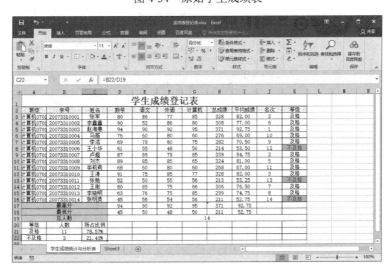

图 4-35　最终学生成绩效果图

操作步骤如下。

1）打开“学生成绩登记表”。双击“学生成绩登记表”文件，将其打开。也可以打开 Excel 2016，选择“文件”→“打开”选项，在弹出的“打开”对话框中选择“学生成绩登记表"文件，然后单击"打开"按钮即可。

2）使用 SUM 函数、AVERAGE 函数和 RANK 函数分别计算每个学生的总成绩、平均成绩及名次。

① 计算张军同学的总成绩。选择 H3 单元格，单击编辑栏中的"插入函数"按钮，或者单击"公式"选项卡"函数库"选项组中的"插入函数"按钮，弹出"插入函数"对话框。在对话框的"选择函数"列表框中选择 SUM（求和）函数，如图 4-36 所示，单击"确定"按钮，弹出"函数参数"对话框。在工作表中选择求和的 D3:G3 单元格区域，此区域会显示在"函数参数"对话框的"Number1"文本框中，如图 4-37 所示。

图 4-36　插入 SUM 函数

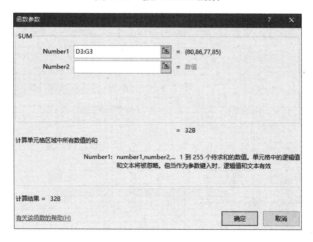

图 4-37　SUM 函数参数对话框

② 单击"确定"按钮，返回工作表。在 H3 单元格中显示总成绩，并且在编辑栏中显示函数公式"=SUM(D3:G3)"，将鼠标指针放在 H3 单元格的右下角，当鼠标指针变为实心的十字形时，按住鼠标左键并拖动填充柄，填充其他学生的总成绩，结果如图 4-38 所示。

班级	学号	姓名	数学	语文	外语	计算机	总成绩	平均成绩	名次	等级
学生成绩登记表										
计算机0701	2.01E+10	张军	80	86	77	85	328			
计算机0701	2.01E+10	李鑫鑫	90	52	86	80	308			
计算机0701	2.01E+10	赵海燕	94	90	92	95	371			
计算机0701	2.01E+10	马薇	76	60	80	60	276			
计算机0701	2.01E+10	李洁	69	78	60	75	282			
计算机0701	2.01E+10	王小华	61	55	48	50	214			
计算机0701	2.01E+10	卢超	87	89	78	85	339			
计算机0701	2.01E+10	刘杰	89	85	85	65	324			
计算机0701	2.01E+10	李莉莉	68	60	80	60	268			
计算机0701	2.01E+10	王涛	91	75	85	77	328			
计算机0701	2.01E+10	张艳	52	50	55	56	213			
计算机0701	2.01E+10	王刚	80	85	75	66	306			
计算机0701	2.01E+10	李晓明	63	76	75	85	299			
计算机0701	2.01E+10	张明英	45	56	54	56	211			
	最高分									
	最低分									
	总人数									
等级	人数	所占比例								
及格										
不及格										

图 4-38 复制求和函数

③ 使用同样的方法，计算出平均成绩。选择 I3 单元格，在"插入函数"对话框的"选择函数"列表框中选择 AVERAGE（求平均值）函数，单击"确定"按钮，弹出"函数参数"对话框。在工作表中选择求平均数的 D3:G3 单元格区域，此区域会显示在"函数参数"对话框的"Number1"文本框中，单击"确定"按钮，返回工作表。此时在 I3 单元格中显示平均成绩，并且在编辑栏中显示公式"=AVERAGE(D3:G3)"。将鼠标指针放在单元格 I3 的右下角，当鼠标指针变为实心的十字形时，按住鼠标左键并拖动填充柄，填充其他学生的平均成绩。

④ 设置"平均成绩"列的数字格式（数值型，保留小数点后两位）。选择 I3:I16 单元格区域，右击，在弹出的快捷菜单中选择"设置单元格格式"选项，弹出"设置单元格格式"对话框。在"数字"选项卡中进行相关的设置，如图 4-39 所示。

图 4-39 设置数字格式

⑤ 利用 RANK 函数计算排名。选择 J3 单元格，在"插入函数"对话框的"选择函数"列表框中选择 RANK（排序）函数，单击"确定"按钮，弹出"函数参数"对话框。在"Number"文本框中输入"H3"，在"Ref"文本框中输入"H3:H16"，在"Order"文本框中输入"0"，如图 4-40 所示。

图 4-40   设置 RANK 函数参数

注意：由于比较的范围是固定的，故 Ref 参数要用绝对地址，在此选中 H3:H16 后按 F4 键，则变成绝对地址$H$3:$H$16。

⑥ 单击"确定"按钮，返回工作表。此时在 J3 单元格中显示名次，并且在编辑栏中显示公式"=RANK(H3,$H$3:$H$16,0)"。拖动填充柄，计算出其他学生的名次，如图 4-41 所示。

	A	B	C	D	E	F	G	H	I	J	K
1	学生成绩登记表										
2	班级	学号	姓名	数学	语文	外语	计算机	总成绩	平均成绩	名次	等级
3	计算机0701	2.01E+10	张军	80	86	77	85	328	82.00	3	
4	计算机0701	2.01E+10	李鑫鑫	90	52	86	80	308	77.00	6	
5	计算机0701	2.01E+10	赵海燕	94	90	92	95	371	92.75	1	
6	计算机0701	2.01E+10	马薇	76	60	80	60	276	69.00	10	
7	计算机0701	2.01E+10	李洁	69	78	60	75	282	70.50	9	
8	计算机0701	2.01E+10	王小华	61	55	48	50	214	53.50	12	
9	计算机0701	2.01E+10	卢超	87	89	78	85	339	84.75	2	
10	计算机0701	2.01E+10	刘杰	89	85	85	65	324	81.00	5	
11	计算机0701	2.01E+10	李莉莉	68	60	80	60	268	67.00	11	
12	计算机0701	2.01E+10	王涛	91	75	85	77	328	82.00	3	
13	计算机0701	2.01E+10	张艳	52	50	55	56	213	53.25	13	
14	计算机0701	2.01E+10	王刚	80	85	75	66	306	76.50	7	
15	计算机0701	2.01E+10	李晓明	63	76	75	85	299	74.75	8	
16	计算机0701	2.01E+10	张明英	45	56	54	56	211	52.75	14	
17	最高分										
18	最低分										
19	总人数										
20	等级	人数	所占比例								
21	及格										
22	不及格										

图 4-41   排名后的效果

说明：Rank(Number,Ref,Order)，其中 Number 表示要排名的那个数字；Ref 指的是一组数，是一个范围，一般是固定不变的；Order 指定排名是按升序还是降序，默认为 0 表示降序，非 0 表示升序。

3）利用 IF 函数进行等级判断。

说明：IF(Logical_test,Value_if_true,Value_if_false)，第一个参数是逻辑表达式，当表达式为真时就显示第二个参数的值，当表达式为假时就显示第三个参数的值，其中第一个参数和第二个参数必选，第三个参数可选，如果没有第三个参数，则其值默认为 false。

① 选择 K3 单元格，在"插入函数"对话框的"选择函数"列表框中选择 IF 函数，单击"确定"按钮，弹出"函数参数"对话框。在"Logical_test"文本框中输入"I3>=60"，在"Value_if_true"文本框中输入""及格""，在"Value_if_false"文本框中输入""不及格""，如图 4-42 所示。

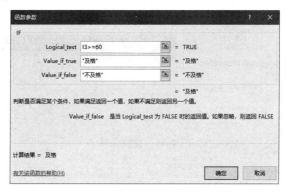

图 4-42　设置 IF 函数参数

② 单击"确定"按钮，得出张军同学的成绩等级，然后拖动填充柄，判断出其他学生的成绩等级，如图 4-43 所示。

	A	B	C	D	E	F	G	H	I	J	K
1	学生成绩登记表										
2	班级	学号	姓名	数学	语文	外语	计算机	总成绩	平均成绩	名次	等级
3	计算机0701	2.01E+10	张军	80	86	77	85	328	82.00	3	及格
4	计算机0701	2.01E+10	李鑫鑫	90	52	86	80	308	77.00	6	及格
5	计算机0701	2.01E+10	赵海燕	94	90	92	95	371	92.75	1	及格
6	计算机0701	2.01E+10	马薇	76	60	80	60	276	69.00	10	及格
7	计算机0701	2.01E+10	李洁	69	78	60	75	282	70.50	9	及格
8	计算机0701	2.01E+10	王小华	61	55	48	50	214	53.50	12	不及格
9	计算机0701	2.01E+10	卢超	87	89	78	85	339	84.75	2	及格
10	计算机0701	2.01E+10	刘杰	89	85	85	65	324	81.00	5	及格
11	计算机0701	2.01E+10	李莉莉	68	60	80	60	268	67.00	11	及格
12	计算机0701	2.01E+10	王涛	91	75	85	77	328	82.00	3	及格
13	计算机0701	2.01E+10	张艳	52	50	55	56	213	53.25	13	不及格
14	计算机0701	2.01E+10	王刚	80	85	75	66	306	76.50	7	及格
15	计算机0701	2.01E+10	李晓明	63	76	75	85	299	74.75	8	及格
16	计算机0701	2.01E+10	张明英	45	56	54	56	211	52.75	14	不及格
17	最高分										
18	最低分										
19	总人数										
20	等级	人数	所占比例								
21	及格										
22	不及格										

图 4-43　计算等级后的效果

4）利用条件格式将等级不及格的字体颜色设置为红色。

先选择要设置格式的 K3:K16 单元格区域，选择"开始"选项卡，在"样式"选项组中选择"条件格式"下拉列表中的"突出显示单元格规则"→"文本包含"选项，弹出"文本中包含"对话框，在文本框中输入"不及格"，在"设置为"下拉列表中选择"红色文本"选项，如图 4-44 所示，单击"确定"按钮。

图 4-44　设置条件

5）利用 MAX 和 MIN 函数求各门课程、总成绩及平均成绩的最高分和最低分。

① 计算最高分。选择 D17 单元格，在"插入函数"对话框的"选择函数"列表框中选择 MAX 函数，单击"确定"按钮，弹出"函数参数"对话框。在"Number1"文本框中输入 D3:D16 单元格区域，如图 4-45 所示，然后单击"确定"按钮。水平向右拖动填充柄，计算出其他几门成绩及总成绩、平均成绩的最高分，结果如图 4-46 所示。

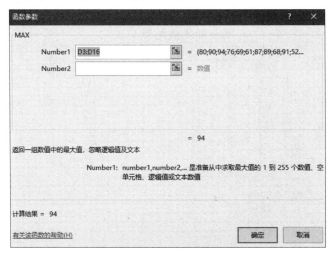

图 4-45　设置 MAX 函数参数

	A	B	C	D	E	F	G	H	I	J	K
1					学生成绩登记表						
2	班级	学号	姓名	数学	语文	外语	计算机	总成绩	平均成绩	名次	等级
3	计算机0701	2.01E+10	张军	80	86	77	85	328	82.00	3	及格
4	计算机0701	2.01E+10	李鑫鑫	90	52	86	80	308	77.00	6	及格
5	计算机0701	2.01E+10	赵海燕	94	90	92	95	371	92.75	1	及格
6	计算机0701	2.01E+10	马茵	76	60	80	60	276	69.00	10	及格
7	计算机0701	2.01E+10	李洁	69	78	60	75	282	70.50	9	及格
8	计算机0701	2.01E+10	王小华	61	55	48	50	214	53.50	12	不及格
9	计算机0701	2.01E+10	卢超	87	89	78	85	339	84.75	2	及格
10	计算机0701	2.01E+10	刘杰	89	85	85	65	324	81.00	5	及格
11	计算机0701	2.01E+10	李莉莉	68	60	80	60	268	67.00	11	及格
12	计算机0701	2.01E+10	王涛	91	75	85	77	328	82.00	3	及格
13	计算机0701	2.01E+10	张艳	52	50	55	56	213	53.25	13	不及格
14	计算机0701	2.01E+10	王刚	80	85	75	66	306	76.50	7	及格
15	计算机0701	2.01E+10	李晓明	63	76	75	85	299	74.75	8	及格
16	计算机0701	2.01E+10	张明英	45	56	54	56	211	52.75	14	不及格
17		最高分		94	90	92	95	371	92.75		
18		最低分									
19		总人数									
20	等级	人数	所占比例								
21	及格										
22	不及格										

图 4-46　计算最高分

② 计算最低分。选择 D18 单元格，在"插入函数"对话框的"选择函数"列表框中选择 MIN 函数，单击"确定"按钮，弹出"函数参数"对话框。在"Number1"文本框中输入 D3:D16 单元格区域，单击"确定"按钮，计算出数学成绩的最低分。然后水平向右拖动填充柄，计算出其他几门成绩及总成绩、平均成绩的最低分。

6）利用 COUNT 函数统计总人数。COUNT 函数的功能是计算选定区域中包含数字的单元格个数，此时用该函数统计人数必须统计存放数字的单元格个数，不能统计姓名的个数。

选择 D19 单元格，在"插入函数"对话框的"选择函数"列表框中选择 COUNT 函数，单击"确定"按钮，弹出"函数参数"对话框。在"Value1"文本框中输入 B3:B16 单元格区域（通过统计学号来统计总人数），如图 4-47 所示，单击"确定"按钮，统计出总人数为 14 人。

图 4-47　设置 COUNT 函数参数

7）利用 COUNTIF 函数统计及格与不及格的人数。

说明：COUNTIF(Range,Criteria)，第一个参数表示范围，第二个参数表示条件，功能是计算某个区域中满足给定条件的单元格数目。

① 统计及格人数。选择 B21 单元格，在"插入函数"对话框的"选择函数"列表框中选择 COUNTIF 函数，单击"确定"按钮，弹出"函数参数"对话框。在"Range"文本框中输入"K3:K16"单元格区域，在"Criteria"文本框中输入""及格""，如图 4-48 所示，单击"确定"按钮，统计出及格人数为 11 人。

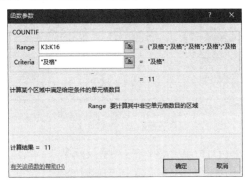

图 4-48　设置 COUNTIF 函数参数

② 统计不及格人数。方法同上，只是在"Criteria"文本框中输入""不及格""，单击"确定"按钮，统计出不及格人数为 3 人。

8）计算及格与不及格人数占总人数的百分比。

① 选择 C21 单元格，输入"=B21/\$D\$19"，然后按 Enter 键确认输入，最后向下拖动填充柄，即可求出及格与不及格人数所占的比例。

② 设置所占比例列内容为百分比型，保留两位小数。选择 C21:C22 单元格区域，右击，在弹出的快捷菜单中选择"设置单元格格式"选项，弹出"设置单元格格式"对话框。在"数字"选项卡中进行相关的设置，如图 4-49 所示。

图 4-49　设置百分比

9）将 Sheet1 工作表重命名为"学生成绩统计与分析表"。双击 Sheet1 工作表标签，此时 Sheet1 工作表标签被反相选取，或者右击 Sheet1 工作表标签，在弹出的快捷菜单中选择"重命名"选项；然后直接输入"学生成绩统计与分析表"，按 Enter 键确认即可。

4.3.3　常用函数及其应用

1. 日期和时间函数

Excel 2016 提供了 20 个日期和时间的函数，此处只列举部分常见的日期和时间函数，如表 4-7 所示。

表 4-7　常用的日期和时间函数

函数	功能
NOW	返回当前日期和时间对应的序号。如果在输入函数前，单元格格式为"常规"，则结果将设置为日期格式
HOUR	用于获取时间值的小时数，为一个 0～23 之间的整数
MINUTE	用于获取时间值的分钟数，为一个 0～59 之间的整数
SECOND	用于获取时间值的秒数，为一个 0～59 之间的整数
YEAR	返回某日期对应的年份，返回值为 1900～9999 之间的整数
TODAY	函数返回当前日期

【例 4-3】单元格 A2 中的数据是"9:48:58 AM"，利用 HOUR、MINUTE、SECOND 函数获取的数据显示如图 4-50 所示。

	A	B	C	D
1	时间	小时	分钟	秒
2	9:48:58 AM	9	48	58

图 4-50　日期和时间函数的使用

操作步骤如下。

1）选择 B2 单元格。

2）输入"=HOUR(A2)"，然后按 Enter 键。

3）分别在 C2、D2 单元格中输入"=MINUTE(A2)"和"=SECOND(A2)"，输入完成后按 Enter 键即可。

图 4-51　计算年龄和工龄

【例 4-4】计算年龄和工龄。如图 4-51 所示，在该表中给出了出生日期和参加工作日期，计算年龄和工龄。

操作步骤如下。

1）选择 B1 单元格，输入公式"=TODAY()"，计算当前日期。

2）计算年龄，利用当前年减去出生日期的年即可，输入函数"=YEAR(B1)-YEAR(B2)"。

3）计算工龄，利用当前年减去参加工作的年即可，输入函数"=YEAR(B1)-YEAR(B3)"。

	A	B
1	今天是	2019/1/7
2	出生日期	1982/5/1
3	参加工作日期	2004/8/1
4	年龄	37
5	工龄	15

图 4-52　计算后的结果

计算后的结果如图 4-52 所示。

2. 算术与统计函数

Excel 中提供了 60 个数学和三角函数、80 个统计函数，此处只列举部分常用的算术与统计函数，如表 4-8 所示。

表 4-8　常用的算术与统计函数

函数	功能
INT	将数字向下舍入为最接近的整数
MOD	返回除法的余数
RAND	返回 0 和 1 之间的一个随机数
ROUND	将数字按指定位数舍入
SUMIF	按给定条件对若干单元格求和
SUMIFS	对某一区域满足多重条件的单元格求和
AVERAGEIF	返回某个区域内满足给定条件的所有单元格的算术平均数
AVERAGEIFS	返回满足多重条件的所有单元格的算术平均数
COUNTA	计算参数列表中值的个数
COUNTIFS	计算某个区域中满足多重条件的单元格的个数
LARGE	返回数据集中第 k 个最大值

【例 4-5】打开"图书销售表.xlsx"工作簿，该文件有订单明细表和统计报告，表结构如图 4-53 和图 4-54 所示，根据订单明细表中的数据计算统计报告中的销售额。

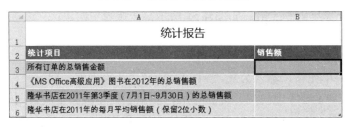

	A	B	C	D	E	F	G	H
1					销售订单明细表			
2	订单编号	日期	书店名称	图书编号	图书名称	单价	销量（本）	小计
3	BTW-08001	2011年1月2日	鼎盛书店	BK-83021	《计算机基础及MS Office应用》	36	12	432
4	BTW-08002	2011年1月4日	博达书店	BK-83033	《嵌入式系统开发技术》	44	5	220
5	BTW-08003	2011年1月4日	博达书店	BK-83034	《操作系统原理》	39	41	1599
6	BTW-08004	2011年1月5日	博达书店	BK-83027	《MySQL数据库程序设计》	40	21	840
7	BTW-08005	2011年1月6日	博达书店	BK-83028	《MS Office高级应用》	39	32	1248
8	BTW-08006	2011年1月9日	鼎盛书店	BK-83029	《网络技术》	43	3	129
9	BTW-08007	2011年1月9日	博达书店	BK-83030	《数据库技术》	41	1	41
10	BTW-08008	2011年1月10日	博达书店	BK-83031	《软件测试技术》	36	3	108
11	BTW-08009	2011年1月10日	博达书店	BK-83035	《计算机组成与接口》	40	43	1720
12	BTW-08010	2011年1月11日	隆华书店	BK-83022	《计算机基础及Photoshop应用》	34	22	748
13	BTW-08011	2011年1月11日	鼎盛书店	BK-83023	《C语言程序设计》	42	31	1302

图 4-53　销售订单明细表结构

	A	B
1	统计报告	
2	统计项目	销售额
3	所有订单的总销售金额	
4	《MS Office高级应用》图书在2012年的总销售额	
5	隆华书店在2011年第3季度（7月1日~9月30日）的总销售额	
6	隆华书店在2011年的每月平均销售额（保留2位小数）	

图 4-54　统计报告表

操作步骤如下。

1）选择统计报告表中的 B3 单元格。

2）单击编辑栏中的"插入函数"按钮，弹出"插入函数"对话框。在对话框中选择 SUM 函数，单击"确定"按钮，弹出"函数参数"对话框，如图 4-55 所示。在该对话框中输入适当的参数即可完成所有订单总销售额的统计。

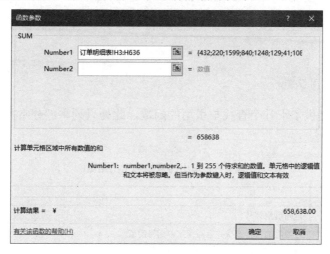

图 4-55　设置求和参数

3）选择统计报告表中的 B4 单元格。

4）在编辑栏中输入函数"=SUMIFS(订单明细表!H3:H636,订单明细表!E3:E636,"《MS Office 高级应用》",订单明细表!B3:B636,">=2012-1-1",订单明细表!B3:B636, "<=2012-12-31")"，输入完成后按 Enter 键。或单击编辑栏中的"插入函数"按钮，在弹出的"插入函数"对话框中选择 SUMIFS 函数，单击"确定"按钮，弹出"函数参数"对话框，如图 4-56 所示，在该对话框中输入适当的参数即可完成统计。

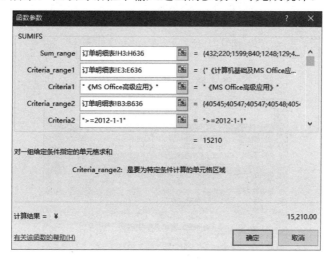

图 4-56　设置 SUMIFS 函数参数

5）其他项的统计类似，这里不再赘述，最后的结果如图 4-57 所示。

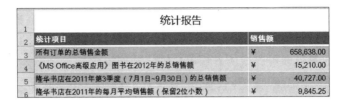

统计报告		
统计项目	销售额	
所有订单的总销售金额	¥	658,638.00
《MS Office高级应用》图书在2012年的总销售额	¥	15,210.00
隆华书店在2011年第3季度（7月1日~9月30日）的总销售额	¥	40,727.00
隆华书店在2011年的每月平均销售额（保留2位小数）	¥	9,845.25

图 4-57　最终计算结果

3. 查找与引用函数

Excel 2016 提供了十几个查找与引用的函数，此处只列举部分常见的查找与引用函数，如表 4-9 所示。

表 4-9　常见的查找与引用函数

函数	功能
COLUMN	返回引用列号
HLOOKUP	在数组的首行查找并返回指定单元格的值
INDEX	使用索引从引用或数组中选择值
ROW	返回引用行号
VLOOKUP	在数组第一列中查找，然后在行之间移动以返回单元格的值

【例 4-6】打开“图书销售情况.xlsx”工作簿，该文件有订单明细表和图书编号对照表，表结构如图 4-58 和图 4-59 所示，根据图书编号查找图书名称和单价，计算小计。

销售订单明细表							
订单编号	日期	书店名称	图书编号	图书名称	单价	销量（本）	小计
BTW-08001	2011年1月2日	鼎盛书店	BK-83021			12	
BTW-08002	2011年1月4日	博达书店	BK-83033			5	
BTW-08003	2011年1月4日	博达书店	BK-83034			41	
BTW-08004	2011年1月5日	博达书店	BK-83027			21	
BTW-08005	2011年1月6日	鼎盛书店	BK-83028			32	
BTW-08006	2011年1月9日	鼎盛书店	BK-83029			3	
BTW-08007	2011年1月9日	博达书店	BK-83030			1	
BTW-08008	2011年1月10日	鼎盛书店	BK-83031			3	
BTW-08009	2011年1月10日	博达书店	BK-83035			43	
BTW-08010	2011年1月11日	隆华书店	BK-83022			22	

图 4-58　销售订单明细表

图书编号对照表			
图书编号	图书名称	定价	
BK-83021	《计算机基础及MS Office应用》	¥	36.00
BK-83022	《计算机基础及Photoshop应用》	¥	34.00
BK-83023	《C语言程序设计》	¥	42.00
BK-83024	《VB语言程序设计》	¥	38.00
BK-83025	《Java语言程序设计》	¥	39.00
BK-83026	《Access数据库程序设计》	¥	41.00
BK-83027	《MySQL数据库程序设计》	¥	40.00
BK-83028	《MS Office高级应用》	¥	39.00
BK-83029	《网络技术》	¥	43.00
BK-83030	《数据库技术》	¥	41.00
BK-83031	《软件测试技术》	¥	36.00
BK-83032	《信息安全技术》	¥	39.00
BK-83033	《嵌入式系统开发技术》	¥	44.00
BK-83034	《操作系统原理》	¥	39.00
BK-83035	《计算机组成与接口》	¥	40.00
BK-83036	《数据库原理》	¥	37.00
BK-83037	《软件工程》	¥	43.00

图 4-59　图书编号对照表

操作步骤如下。

1）选择订单明细表中的 E3 单元格。

2）在编辑栏中单击"插入函数"按钮，在弹出的"插入函数"对话框中选择 VLOOKUP 函数，单击"确定"按钮，弹出"函数参数"对话框，如图 4-60 所示，在该对话框中输入适当参数即可完成查找。

图 4-60　设置 VLOOKUP 函数参数

其中，VLOOKUP 语法：VLOOKUP(Lookup_value,Table_array,Col_index_num,[Range_lookup])。Lookup_value 参数表示要查找的值，可以使用数值、引用或文本字符串；Table_array 参数表示要在其中查找数据的区域或数组，第一列数据必须按升序排序，否则找不到正确结果；Col_index_num 参数表示 Table_array 中待匹配值的列号；Range_lookup 参数为一逻辑值，指明是精确匹配还是近似匹配（如果是 TRUE 或省略，表示是近似匹配）。

3）利用公式的自动填充功能完成其他图书名称的查找。

4）选择订单明细表的 F3 单元格，操作方法与步骤 2）类似，在编辑栏中输入"=VLOOKUP(D3,图书编号对照表!$A$2:$C$20,3,TRUE)"，利用填充柄完成其他单价的查询。

5）选择订单明细表的 E3 单元格，在编辑栏中输入公式"=F3*G3"，利用填充柄完成其他小计。

4. 文本函数

Excel 2016 提供了 34 个文本函数，此处只列举部分常用的文本函数，如表 4-10 所示。

表 4-10　常用的文本函数

函数	功能
FIND	在一个文本值中查找另一个文本值（区分大小写）
LEFT	返回文本值中最左侧的字符

续表

函数	功能
LEN、LENB	返回文本字符串的字符格式
MID	在文本字符串中，从指定位置开始返回指定数量的字符
CONCATENATE	将几个文本项合并为一个文本项
REPLACE	替换文本中的字符
RIGHT	返回文本值中最右侧的字符
TRIM	从文本中删除空格
VALUE	将文本参数转换为数字

【例 4-7】根据身份证号计算性别和出生日期，如图 4-61 所示。

	A	B	C	D
1	姓名	身份证号	性别	出生日期
2	张军	33067519930601××××		
3	李鑫鑫	51102719800209××××		
4	赵海燕	51352519881018××××		
5	马薇	42038119820412××××		
6	李洁	42038119790412××××		

图 4-61　居民信息表结构

身份证号码中第 7～第 10 位表示出生年份；身份证号码中的第 11 位和第 12 位表示出生月份；身份证号码的第 13 位和第 14 位表示出生日；身份证号码的第 17 位数字表示性别：奇数表示男性，偶数表示女性。

操作步骤如下。

1）选择 C3 单元格，输入函数“=IF(MOD(MID(B2,17,1),2)=1,"男","女")”，完成后按 Enter 键。

2）利用填充柄自动填充。

3）选择 D3 单元格，输入函数“=CONCATENATE(MID(B2,7,4),"年",MID(B2,11,2),"月",MID(B2,13,2),"日")”。

4）利用公式的自动填充功能得到出生日期，如图 4-62 所示。

	A	B	C	D
1	姓名	身份证号	性别	出生日期
2	张军	33067519930601××××	男	1993年06月01日
3	李鑫鑫	51102719800209××××	男	1980年02月09日
4	赵海燕	51352519881018××××	女	1988年10月18日
5	马薇	42038119820412××××	男	1982年04月12日
6	李洁	42038119790412××××	女	1979年04月12日

图 4-62　最终效果图

【例 4-8】如图 4-63 所示，提取单元格中的数字，计算总价。

LEN 函数与 LENB 函数的功能相近，都是用来获取文本字符串长度的。其中，LEN 函数用于获取文本字符串中的字符数；LENB 函数用于获取文本字符中用于代表字符的字节数，每个汉字和全角状态下的英文字母、阿拉伯数字都是 2 字节，半角状态下的英文字母和阿拉伯数字只有 1 字节。实际工作中几乎不会使用全角状态下的英文和阿拉伯数字，所以可以搭配使用 LEN 与 LENB 函数，通过计算字符数与字节数的差异来判断引用的对象是汉字还是英文、数字。

	A	B	C	D
1	名称	价格	数量	总价
2	大理石	120元/平方米	12平方米	
3	水泥	380元/吨	50吨	
4	大米	5元/公斤	100公斤	

图 4-63　提取数字表结构

选择 D2 单元格，在 D2 单元格中输入函数 "=LEFT(B2,2*LEN(B2)-LENB(B2)-1)*LEFT(C2,2*LEN(C2)-LENB(C2))"，完成后按 Enter 键，利用公式的自动填充功能计算出其他行的总价，如图 4-64 所示。

	A	B	C	D
1	名称	价格	数量	总价
2	大理石	120元/平方米	12平方米	1440
3	水泥	380元/吨	50吨	19000
4	大米	5元/公斤	100公斤	500

图 4-64　提取后的效果图

5. 财务函数

Excel 2016 提供了 50 多个财务函数，利用这些函数，可以进行诸如存贷款、固定资产投资、债券投资、金融等方面的计算分析和决策。此处只列举部分常用的财务函数，如表 4-11 所示。

表 4-11　常用的财务函数

函数	功能
ACCRINT	返回定期付息有价证券的应计利息
ACCRINTM	返回到期付息有价证券的应计利息
CUMPRINC	返回两个周期之间累计偿还的本金数额
DISC	返回有价证券的贴现率
EFFECT	返回有效年利率
FV	返回投资的未来值
FVSCHEDULE	应用一系列复利率返回初始本金的未来值
IRR	返回一系列现金流的内部收益率
NPV	基于一系列定期的现金流和贴现率，返回一项投资的净现值
SLN	返回一项资产在一个期间中的线性折旧费
PMT	返回年金的定期付款额
IPMT	返回给定期间内投资的利息偿还额

【例 4-9】利用商业贷款买房，计算每月还款额与第一个月的还款利息。假定贷款 10 万元，年利率为 3.5%，贷款 10 年，每月末等额还款。其结果如图 4-65 所示。

	A	B
1	贷款月还款额计算表	
2	贷款年利率	3.50%
3	贷款期限（年）	10
4	贷款额（元）	100000
5	每月还款额	¥-988.86
6	第1个月还款利息	¥-291.67

图 4-65 计算每月还款额的效果图

操作步骤如下。

1）按图建立工作表。计算每月还款额时，选择 B5 单元格，输入函数“=PMT(B2/12,B3*12,B4)”，按 Enter 键，计算每月还款额。

2）选择 B6 单元格，输入函数“=IPMT(B2/12,1,B3*12,B4)”，按 Enter 键，计算第一个月的还款利息。

4.4 Excel 2016 的数据管理

Excel 2016 除具有上面介绍的若干功能外，还具有强大的数据库管理功能，可以方便地组织、管理和分析大量的数据信息。在 Excel 2016 中，工作表内符合一定条件的一块连续不间断的数据就是一个数据库，可以对数据库的数据进行筛选、排序、分类汇总等操作。

4.4.1 数据清单

1. 数据清单的概念

在 Excel 2016 中，数据清单是包含相似数据组并带有标题的一组工作表数据。可以把数据清单看成简单的数据库，数据清单中的行相当于数据库中的记录，列相当于数据库中的字段，列标题相当于字段名。借助数据清单，可以实现数据库中的数据管理功能——排序、筛选、分类汇总等。图 4-66 是一个数据清单的例子。

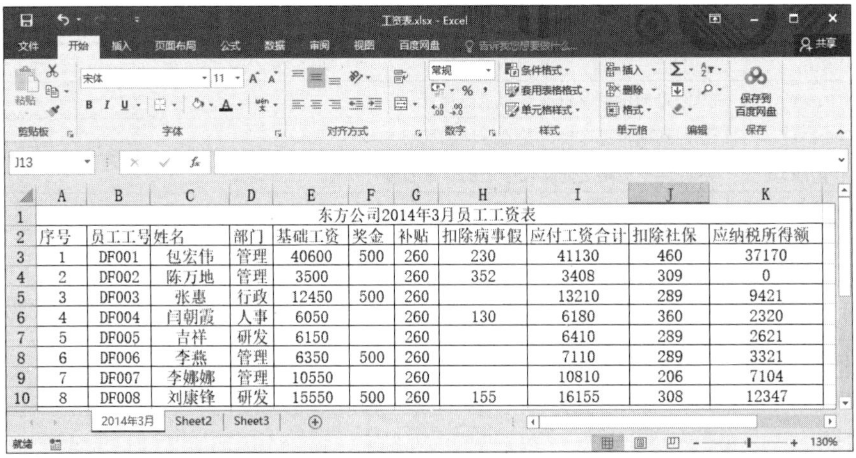

	A	B	C	D	E	F	G	H	I	J	K
1	东方公司2014年3月员工工资表										
2	序号	员工工号	姓名	部门	基础工资	奖金	补贴	扣除病事假	应付工资合计	扣除社保	应纳税所得额
3	1	DF001	包宏伟	管理	40600	500	260	230	41130	460	37170
4	2	DF002	陈万地	管理	3500		260	352	3408	309	0
5	3	DF003	张惠	行政	12450	500	260		13210	289	9421
6	4	DF004	闫朝霞	人事	6050		260	130	6180	360	2320
7	5	DF005	吉祥	研发	6150		260		6410	289	2621
8	6	DF006	李燕	管理	6350	500	260		7110	289	3321
9	7	DF007	李娜娜	管理	10550		260		10810	206	7104
10	8	DF008	刘康锋	研发	15550	500	260	155	16155	308	12347

图 4-66 数据清单

2. 使用记录单建立数据清单

建立数据清单时，可以采用建立工作表的方式，向行列中逐个输入数据，也可以使用记录单建立和编辑数据清单。记录单是数据清单的一种管理工具，利用记录单可以方便地在数据清单中输入、修改、删除和移动数据记录。

建立数据清单应注意以下几点。

1）一个工作表中最好只放置一个数据清单。尽量避免一个以上的数据清单，因为数据清单的某些管理功能一次只能处理工作表的一个清单。

2）在数据清单的第一行建立列标题，列标题使用的格式应与数据清单中的其他数据有所区别。

3）列标题名唯一且同列数据的数据类型应完全相同。

4）数据清单区域内不可出现空列或空行，如果想将数据隔开，可以使用边框线。

5）一个工作表中除数据清单外，可以有其他数据，但数据清单和其他数据之间要用空行分开。

4.4.2 数据排序

排序就是我们通常所说的"排名"，如产品排行榜、考生成绩排名等。排序以某一个或几个关键字为依据，按一定的顺序重新排列数据。通常数字由小到大、字母由 A 到 Z 的排序称为升序，反之称为降序。

1. 排序规则

在 Excel 2016 中，排序的规则如下。

1）数字按大小进行排序。

2）日期和时间按先后顺序排序。

3）英文按字母顺序，可以指定是否区分字母的大小写。如果区分字母大小写，则在进行升序排序时，小写字母排在大写字母之前。

4）汉字可以按拼音字母的顺序排序，也可以按汉字的笔画进行排序。

5）在逻辑值中，升序排序时 false 在 true 之前。

6）对于空白单元格，无论是升序还是降序总是排在最后面。

2. 简单排序

当仅仅需要对数据清单中的某一列数据进行排序时，只要选定该列中的任意单元格，然后单击"开始"选项卡"编辑"选项组中的"排序和筛选"下拉按钮，在弹出的下拉列表中选择"升序"或"降序"选项，即可完成按当前列的值升序或降序排序。

例如，在如图 4-67 所示的学生成绩表中，按"总成绩"由高到低的顺序排序。可以选择"总成绩"列数据区域中的任意单元格，然后单击"开始"选项卡"编辑"选项组中的"排序和筛选"下拉按钮，在弹出的下拉列表中选择"降序"选项即可。

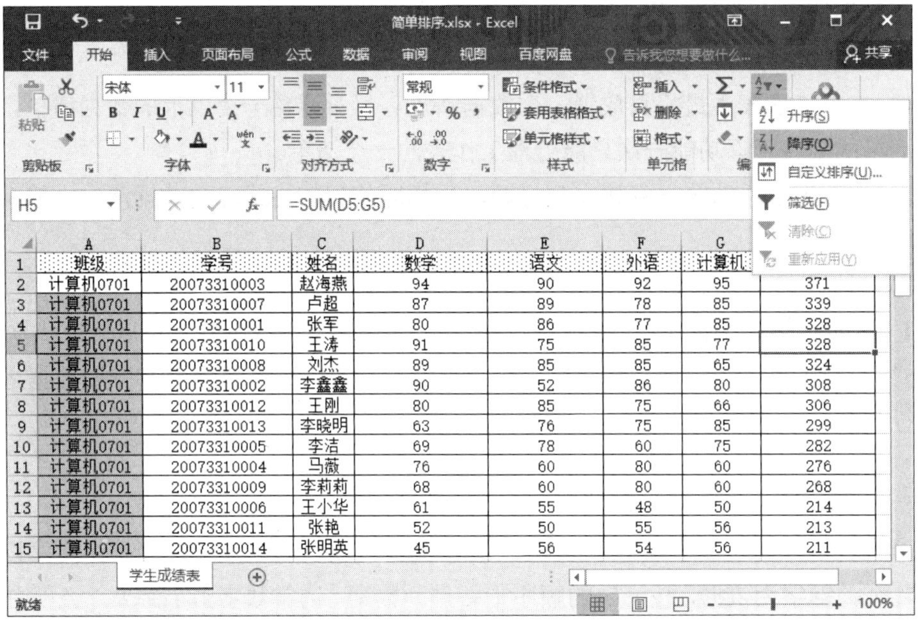

	A	B	C	D	E	F	G	H
1	班级	学号	姓名	数学	语文	外语	计算机	
2	计算机0701	20073310003	赵海燕	94	90	92	95	371
3	计算机0701	20073310007	卢超	87	89	78	85	339
4	计算机0701	20073310001	张军	80	86	77	85	328
5	计算机0701	20073310010	王涛	91	75	85	77	328
6	计算机0701	20073310008	刘杰	89	85	85	65	324
7	计算机0701	20073310002	李鑫鑫	90	52	86	80	308
8	计算机0701	20073310012	王刚	80	85	75	66	306
9	计算机0701	20073310013	李晓明	63	76	75	85	299
10	计算机0701	20073310005	李洁	69	78	60	75	282
11	计算机0701	20073310004	马薇	76	60	80	60	276
12	计算机0701	20073310009	李莉莉	68	60	80	60	268
13	计算机0701	20073310006	王小华	61	55	48	50	214
14	计算机0701	20073310011	张艳	52	50	55	56	213
15	计算机0701	20073310014	张明英	45	56	54	56	211

图 4-67 简单排序结果

3. 自定义排序

如果排序要求比较复杂，如对一个关键字进行升序或降序排序，当排序的字段值相同时，可按另一个关键字继续排序，此时排序不再局限于单列，必须使用“排序和筛选”下拉列表中的“自定义排序”选项。

【例 4-10】对员工工资表排序，按主要关键字“部门”升序排序，部门相同时，按“基础工资”降序排序，部门和基础工资相同时，按第三关键字“奖金”降序排序。排序后的结果如图 4-68 所示。

	A	B	C	D	E	F	G	H	I	J	K
1	姓名	部门	基础工资	奖金	补贴	扣除	应付工资合计	扣除社保	应纳税所得额	应交所得税	实发工资
2	包宏伟	管理	40,600.00	500.00	260.00	230.00	41,130.00	460.00	37,170.00	8,396.00	32,274.00
3	孙玉敏	管理	12,450.00	500.00	260.00		13,210.00	289.00	9,421.00	1,350.25	11,570.75
4	李娜娜	管理	10,550.00	500.00	260.00		11,310.00	206.00	7,604.00	965.80	10,138.20
5	谢如康	管理	9,800.00	300.00	260.00		10,360.00	309.00	6,551.00	755.20	9,295.80
6	李燕	管理	6,350.00	500.00	260.00		7,110.00	289.00	3,321.00	227.10	6,593.90
7	陈万地	管理	3,500.00	600.00	260.00	352.00	4,008.00	309.00	199.00	5.97	3,693.03
8	张惠	行政	12,450.00	500.00	260.00		13,210.00	289.00	9,421.00	1,350.25	11,570.75
9	王清华	行政	4,850.00	200.00	260.00		5,310.00	289.00	1,521.00	47.10	4,973.90
10	闫朝霞	人事	6,050.00	480.00	260.00	130.00	6,660.00	360.00	2,800.00	175.00	6,125.00
11	齐飞扬	销售	5,050.00	600.00	260.00		5,910.00	289.00	2,121.00	107.10	5,513.90
12	刘鹏举	销售	5,050.00	400.00	230.00		5,680.00	289.00	1,891.00	84.10	5,306.90
13	刘康锋	研发	15,550.00	500.00	260.00	155.00	16,155.00	308.00	12,347.00	2,081.75	13,765.25
14	吉祥	研发	6,150.00	300.00	260.00		6,710.00	289.00	2,921.00	187.10	6,233.90
15	倪冬声	研发	5,800.00	300.00	260.00	25.00	6,335.00	289.00	2,546.00	149.60	5,896.40
16	苏解放	研发	3,000.00	300.00	260.00		3,560.00	289.00	-	-	3,271.00

图 4-68 员工工资表

操作步骤如下。

1）选择表中数据区域中的任意单元格，单击"数据"选项卡"排序和筛选"选项组中的"排序"按钮，弹出"排序"对话框。

2）在"排序"对话框中的"主要关键字"下拉列表中选择"部门"选项，设置"次序"为升序，再单击"添加条件"按钮；在"次要关键字"下拉列表中分别选"基础工资"和"奖金"选项，均设置"次序"为降序，如图 4-69 所示。如果下拉列表中显示的是列 A、列 B 等，则选中"排序"对话框中的"数据包含标题"复选框。

图 4-69　设置排序参数

3）单击"确定"按钮即可完成数据的排序。

4.4.3　数据筛选

当数据列表中的数据非常多时，用户却只对其中一部分数据感兴趣，可以使用 Excel 2016 的数据筛选功能将用户不感兴趣的记录暂时隐藏起来，只显示用户感兴趣的数据，一旦筛选条件被取消，这些数据会重新出现。

数据筛选有两种：简单筛选和高级筛选。简单筛选可以实现单个字段筛选及多个字段筛选的"逻辑与"关系（同时满足多个条件），操作简便，能满足大部分应用需求；高级筛选能实现多个字段筛选的"逻辑与"和"逻辑或"关系，需要在数据清单以外建立一个条件区域。

1. 简单筛选

（1）自动筛选

自动筛选可以通过单击"数据"选项卡"排序和筛选"选项组中的"筛选"按钮，在数据清单中字段名右侧会出现自动筛选下拉按钮，单击字段名右侧的下拉按钮，弹出相应的下拉列表，选择要筛选的值就会显示出符合条件的筛选记录。例如，只显示全部管理部门的员工工资记录，可在其筛选列表中选中"管理"复选框，然后单击"确定"按钮，即可筛选出部门是"管理"的所有员工工资记录，如图 4-70 所示，其中含筛选条件字段旁边的筛选按钮图标变为漏斗形状。

图 4-70　简单筛选

（2）自定义筛选

在筛选列表中选择"文本筛选"（如果筛选字段为数值或日期和时间，则显示"数字筛选"或"日期筛选"）选项，选择筛选条件，在弹出的"自定义自动筛选方式"对

图 4-71　自定义自动筛选

话框中进行相应的设置。例如，在员工工资表中要筛选"实发工资"在 5000～10000 之间的员工记录，在"自定义自动筛选方式"对话框上、下两组文本框中输入筛选条件，两组文本框中间选择条件逻辑关系"与"，如图 4-71 所示，然后单击"确定"按钮，满足条件的记录即被筛选出来。

筛选并不意味着删除不满足条件的记录，而只是将其暂时隐藏起来。如果想恢复被隐藏的记录，可通过以下方法实现。

1）退出简单筛选。再次单击"数据"选项卡"排序和筛选"选项组中的"筛选"按钮，即可退出简单筛选功能。

2）取消对所有列进行的筛选。单击"数据"选项卡"排序和筛选"选项组中的"清除"按钮，可显示原来的全部记录，但不能退出简单筛选状态。

3）取消对某一列进行的筛选。单击该列字段名的下拉按钮，在弹出下拉列表中选择"全选"选项或选择从该列中清除筛选。

注意：筛选条件是累加的，每一个追加的筛选条件都是基于当前的筛选结果，同时对每一列只能应用一种筛选条件。

2. 高级筛选

利用简单筛选对各字段进行的筛选是逻辑与的关系，即同时满足各个条件，若要实现逻辑或的关系，则必须借助于高级筛选。高级筛选根据复合条件来筛选数据，并允许把满足条件的记录复制到另一个区域，形成一个新的数据清单。

在高级筛选中，将数据清单中进行筛选的区域称为数据区域，筛选条件所在的区域称为条件区域，在使用高级筛选之前，应正确地设置条件区域。

条件区域设置时应注意以下几点。

1）条件区域与数据区域之间至少要空出一行或一列。

2）条件区域至少有两行，第一行为条件标记，条件标记必须与数据清单中的字段名完全相同，排列顺序可以不同。条件标记下方的各行为相同的条件。

3）一条空白的条件行表示无条件，即数据清单中的所有记录都满足它，所有条件范围内不能有空白的条件行，它会使其他的条件都无效。

4）同一条件行不同单元格的条件互为"与"的关系，表示筛选同时满足这些条件的记录。

5）对相同的列指定一个以上的条件，或条件为一个数据范围时，应重复输入列标记。例如，筛选条件为"实发工资"大于等于 5000 小于 10000 的员工记录的条件标记如下。

实发工资　　　　实发工资

>=5000　　　　　<10000

6）不同条件行不同单元格中的条件互为"或"的关系，表示筛选满足任何一个条件的记录。例如，条件为"部门"是"管理"的或"实发工资"大于 10000 的所有员工记录的条件标记如下。

部门　　　　　　　实发工资

="管理"

　　　　　　　　　>10000

7）如果是在相同的范围内指定"或"的关系，则应重复输入条件行。例如，条件为"部门"是"管理"，"基础工资"大于等于 10000 或"部门"是"行政"，"基础工资"小于等于 5000 的员工记录的条件标记如下。

部门　　　　　　基础工资

="管理"　　　　>=10000

="行政"　　　　<=5000

【例 4-11】在员工工资表中筛选出管理部门基础工资大于等于 10000 或行政部门基础工资小于等于 5000 的记录。效果如图 4-72 所示。

	A	B	C	D	E	F	G	H	I	J	K
1		部门	基础工资								
2		管理	>=10000								
3		行政	<=5000								
4											
5	姓名	部门	基础工资	奖金	补贴	扣除	应付工资合计	扣除社保	应纳税所得额	应交所得税	实发工资
6	王清华	行政	4850	200	260		5310	289	1521	47.1	4973.9
13	包宏伟	管理	40600	500	260	230	41130	460	37170	8396	32274
14	孙玉敏	管理	12450	500	260		13210	289	9421	1350.25	11570.75
15	李娜娜	管理	10550	500	260		11310	206	7604	965.8	10138.2

图 4-72　高级筛选效果图

操作步骤如下。

1）在字段名称的上方插入 4 行空行，在第一行输入"部门"和"基础工资"，在第二行对应字段下面输入"="管理""和">=10000"，在第三行对应字段下面输入"="行政""和"<=5000"。

2）选择员工工资表中的任意单元格，单击"数据"选项卡"排序和筛选"选项组中的"高级"按钮，弹出"高级筛选"对话框。选中"在原有区域显示筛选结果"单选按钮，将光标定位到"列表区域"文本框中，先删除其中的内容再选择数据清单区域；将光标定位到"条件区域"文本框中，选择条件区域，如图 4-73 所示，然后单击"确定"按钮即可。

如果要取消高级筛选，则单击"数据"选项卡"排序和筛选"选项组中的"清除"下拉按钮，在弹出的下拉列表中选择相应的选项，即可清除当前数据范围内的高级筛选，并显示全部记录。

图 4-73 "高级筛选"对话框

4.4.4 分类汇总

分类汇总就是对数据列表按某个字段进行分类，将字段值相同的连续记录作为一类，进行求和、求平均值、计数等汇总运算，针对同一个分类字段，可以进行多种汇总操作。

注意：在分类汇总之前必须对分类字段进行排序，否则将得不到正确的分类汇总结果；其次，在分类汇总时要分清楚对哪个字段分类、对哪些字段汇总、汇总的方式等，这些在分类汇总中都要逐一设置。

1. 简单分类汇总

简单分类汇总是指对数据清单中的一个或多个字段仅进行一种方式的汇总。

【例 4-12】在员工工资表中，求各部门基础工资的平均值。汇总结果如图 4-74 所示。

姓名	部门	基础工资	奖金	补贴	扣除	应付工资合计	扣除社保	应纳税所得额	应交所得税	实发工资
谢如康	管理	9800	300	260		10360	309	6551	755.2	9295.8
包宏伟	管理	40600	500	260	230	41130	460	37170	8396	32274
孙玉敏	管理	12450	500	260		13210	289	9421	1350.25	11570.75
李鹏鹏	管理	10550	500	260		11310	206	7604	965.8	10138.2
李燕	管理	6350	500	260		7110	289	3321	227.1	6593.9
陈万地	管理	3500	600	260	352	4008	309	199	5.97	3693.03
	管理 平均值	13875								
王清华	行政	4850	200	260		5310	289	1521	47.1	4973.9
张惠	行政	12450	500	260		13210	289	9421	1350.25	11570.75
	行政 平均值	8650								
闫朝霞	人事	6050	480	260	130	6660	360	2800	175	6125
	人事 平均值	6050								
刘鹏举	销售	5050	400	230		5680	289	1891	84.1	5306.9
齐飞扬	销售	5050	600	260		5910	289	2121	107.1	5513.9
	销售 平均值	5050								
吉祥	研发	6150	300	260		6710	289	2921	187.1	6233.9
倪冬声	研发	5800	300	260	25	6335	289	2546	149.6	5896.4
苏解放	研发	3000	300	260		3560	289	0	0	3271
刘康锋	研发	15500	500	260	155	16155	308	12347	2081.75	13765.25
	研发 平均值	7625								
	总计平均值	9813.3333								

图 4-74 各部门基础工资的平均值汇总

操作步骤如下。

1）选择"部门"列中的任意一个数据单元格，单击"数据"选项卡"排序和筛选"

选项组中的"升序" ⚡↓ 或"降序" ⚡↓ 按钮对部门进行排序。

2）选择数据清单中的任意单元格，单击"数据"选项卡"分级显示"选项组中的"分类汇总"按钮，弹出"分类汇总"对话框。在"分类字段"下拉列表中选择"部门"选项，在"汇总方式"下拉列表中选择"平均值"选项，在"选定汇总项"列表框中选中"基础工资"复选框，如图 4-75 所示，单击"确定"按钮。

分类汇总后，默认情况下，数据会分 3 级显示，可以单击分级显示区上方的 [1][2][3] 按钮控制。单击 [1] 按钮，只显示清单中的列标题和总计结果；单击 [2] 按钮，显示各个分类汇总结果和总计结果；单击 [3] 按钮，显示全部详细数据。

图 4-75　"分类汇总"对话框

2. 嵌套分类汇总

对同一字段进行多种方式的汇总，称为嵌套汇总。

【例 4-13】在员工工资表中，求各部门基础工资的平均值并统计各部门的人数，汇总结果如图 4-76 所示。

	姓名	部门	基础工资	奖金	补贴	扣除	应付工资合计	扣除社保	应纳税所得额	应交所得税	实发工资
1											
2	谢如康	管理	9800	300	260		10360	309	6551	755.2	9295.8
3	包宏伟	管理	40600	500	260	230	41130	460	37170	8396	32274
4	孙玉敏	管理	12450	500	260		13210	289	9421	1350.25	11570.75
5	李娜娜	管理	10550	500	260		11310	206	7604	965.8	10138.2
6	李燕	管理	6350	500	260		7110	289	3321	227.1	6593.9
7	陈万地	管理	3500	600	260	352	4008	309	199	5.97	3693.03
8		管理 计数	6								
9		管理 平均值	13875								
10	王清华	行政	4850	200	260		5310	289	1521	47.1	4973.9
11	张惠	行政	12450	500	260		13210	289	9421	1350.25	11570.75
12		行政 计数	2								
13		行政 平均值	8650								
14	闫朝霞	人事	6050	480	260	130	6660	360	2800	175	6125
15		人事 计数	1								
16		人事 平均值	6050								
17	刘鹏举	销售	5050	400	230		5680	289	1891	84.1	5306.9
18	齐飞扬	销售	5050	600	260		5910	289	2121	107.1	5513.9
19		销售 计数	2								
20		销售 平均值	5050								
21	吉祥	研发	6150	300	260		6710	289	2921	187.1	6233.9
22	倪冬声	研发	5800	260	260	25	6335	289	2546	149.6	5896.4
23	苏解放	研发	3000	300	260		3560	289	0	0	3271
24	刘康锋	研发	15550	500	260	155	16155	308	12347	2081.75	13765.25
25		研发 计数	4								
26		研发 平均值	7625								
27		总计数	15								
28		总计平均值	9813.3333								

图 4-76　汇总结果

操作步骤如下。

1）先按上述简单分类汇总的方法进行平均值汇总。

2）在平均值汇总的基础上统计各部门人数。统计人数"分类汇总"对话框的设置如图 4-77 所示。

注意：在此要取消选中"替换当前分类汇总"复选框。

3. 删除分类汇总

如果要删除分类汇总的显示结果，恢复到数据列表的原始状态，则需要选定分类汇总数据列表中的任意单元格，然后选择"数据"选项卡，在"分级显示"选项组中单击"分类汇总"按钮，在弹出的"分类汇总"对话框中单击"全部删除"按钮即可删除分类汇总。删除分类汇总时，Excel 2016 也会删除分级显示，以及随分类汇总一起插入列表中的所有分页符。

图 4-77　嵌套汇总

4.4.5　合并计算

合并计算是将相同布局的多个工作表中的数据合并到一个主工作表中，以便进行统一汇总分析。要合并的工作表可以与主工作表位于同一工作簿中，也可以位于不同的工作簿中。

如图 4-78 所示，在"合并计算"工作簿中有两个工作表分别是第五次、第六次人口普查数据统计结果表。现需要将这两个工作表的内容合并到空白的 Sheet3 工作表中。选择在 Sheet3 工作表中要存放汇总数据的起始单元格 A1 单元格，在"数据"选项卡"数据工具"选项组中单击"合并计算"按钮，弹出"合并计算"对话框，如图 4-79 所示。

图 4-78　要合并的两个工作表

图 4-79　"合并计算"对话框

在“函数”下拉列表中选择汇总方式为“求和”，这样可以使两个表中同一类型的数据以求和的方式合并为一个数据。在本例中，第五次普查数据工作表和第六次普查数据工作表没有相同名称的列，因此将只是合并相同城市的行，但同时包含两个表的 4 列数据。

在“引用位置”文本框中选择要合并的数据区域（如果要合并的区域位于另一个工作簿中，可以单击“浏览”按钮查找到该工作簿，并选择相应的区域），依次选择每个数据区域后单击“添加”按钮，添加到“所有引用位置”列表框中。这里先选择第一个区域为“第五次普查数据!$A$1:$C$34”（可以单击“折叠”按钮后再在第五次普查数据工作表中选择），单击“添加”按钮；然后选择第二个区域为“第六次普查数据! $A$1:$C$34”，单击“添加”按钮。在“标签位置”选项组中选中“首行”和“最左列”复选框，表示相同行标题和相同列标题的数据都进行合并，然后单击“确定”按钮，则在 Sheet3 工作表中生成合并结果。适当地调整结果表格的行高、列宽，并在 A1 单元格中输入“地区”。合并计算结果如图 4-80 所示。

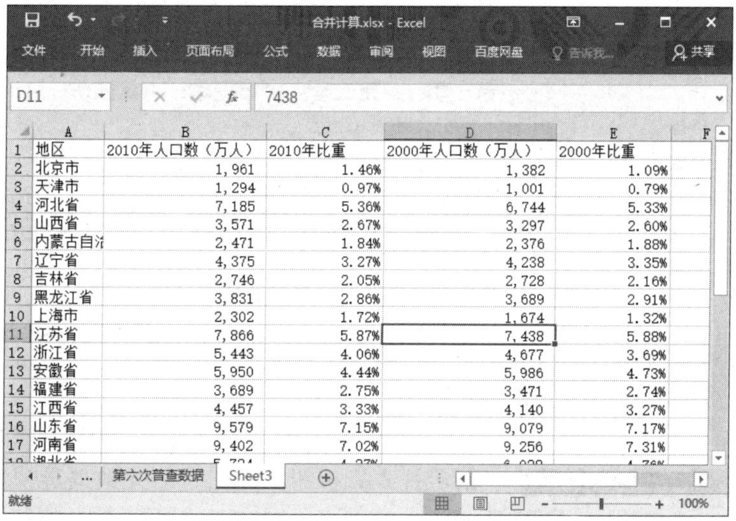

	A	B	C	D	E
1	地区	2010年人口数（万人）	2010年比重	2000年人口数（万人）	2000年比重
2	北京市	1,961	1.46%	1,382	1.09%
3	天津市	1,294	0.97%	1,001	0.79%
4	河北省	7,185	5.36%	6,744	5.33%
5	山西省	3,571	2.67%	3,297	2.60%
6	内蒙古自治	2,471	1.84%	2,376	1.88%
7	辽宁省	4,375	3.27%	4,238	3.35%
8	吉林省	2,746	2.05%	2,728	2.16%
9	黑龙江省	3,831	2.86%	3,689	2.91%
10	上海市	2,302	1.72%	1,674	1.32%
11	江苏省	7,866	5.87%	7,438	5.88%
12	浙江省	5,443	4.06%	4,677	3.69%
13	安徽省	5,950	4.44%	5,986	4.73%
14	福建省	3,689	2.75%	3,471	2.74%
15	江西省	4,457	3.33%	4,140	3.27%
16	山东省	9,579	7.15%	9,079	7.17%
17	河南省	9,402	7.02%	9,256	7.31%

图 4-80　合并计算结果

4.4.6　数据透视表

分类汇总适合按一个字段进行分类，对一个或多个字段进行汇总。如果要对多个字段进行分类并汇总，这就需要利用数据透视表这个有利的工具来实现。

【例 4-14】根据销售订单工作表中的数据，表结构如图 4-81 所示，创建一个数据透视表，汇总 2012 年各书店的销售情况，设置“日期”字段为列标签，“书店名称”字段为行标签，“销量（本）”字段为求和汇总项，并按销量（本）降序排序。效果如图 4-82 所示。

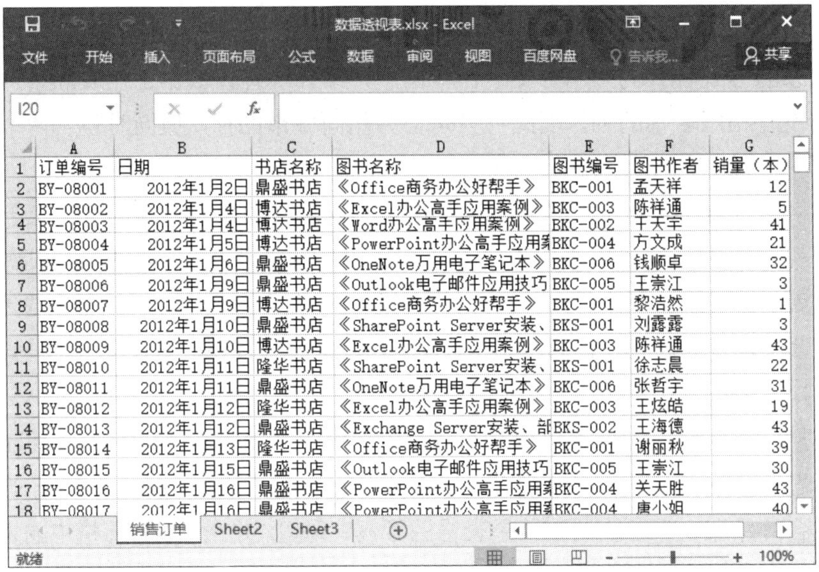

	A	B	C	D	E	F	G
1	订单编号	日期	书店名称	图书名称	图书编号	图书作者	销量（本）
2	BY-08001	2012年1月2日	鼎盛书店	《Office商务办公好帮手》	BKC-001	孟天祥	12
3	BY-08002	2012年1月4日	博达书店	《Excel办公高手应用案例》	BKC-003	陈祥通	5
4	BY-08003	2012年1月4日	博达书店	《Word办公高手应用案例》	BKC-002	王天宇	41
5	BY-08004	2012年1月5日	博达书店	《PowerPoint办公高手应用案	BKC-004	方文成	21
6	BY-08005	2012年1月6日	鼎盛书店	《OneNote万用电子笔记本》	BKC-006	钱顺卓	32
7	BY-08006	2012年1月9日	鼎盛书店	《Outlook电子邮件应用技巧	BKC-005	王崇江	3
8	BY-08007	2012年1月9日	博达书店	《Office商务办公好帮手》	BKC-001	黎浩然	1
9	BY-08008	2012年1月10日	鼎盛书店	《SharePoint Server安装、	BKS-001	刘露露	3
10	BY-08009	2012年1月10日	博达书店	《Excel办公高手应用案例》	BKC-003	陈祥通	43
11	BY-08010	2012年1月11日	隆华书店	《SharePoint Server安装、	BKS-001	徐志晨	22
12	BY-08011	2012年1月11日	鼎盛书店	《OneNote万用电子笔记本》	BKC-006	张哲宇	31
13	BY-08012	2012年1月12日	隆华书店	《Excel办公高手应用案例》	BKC-003	王炫皓	19
14	BY-08013	2012年1月12日	鼎盛书店	《Exchange Server安装、部	BKS-002	王海德	43
15	BY-08014	2012年1月13日	隆华书店	《Office商务办公好帮手》	BKC-001	谢丽秋	39
16	BY-08015	2012年1月15日	鼎盛书店	《Outlook电子邮件应用技巧	BKC-005	王崇江	30
17	BY-08016	2012年1月16日	鼎盛书店	《PowerPoint办公高手应用案	BKC-004	关天胜	43
18	BY-08017	2012年1月16日	鼎盛书店	《PowerPoint办公高手应用案	BKC-004	唐小姐	40

图 4-81　销售订单表结构

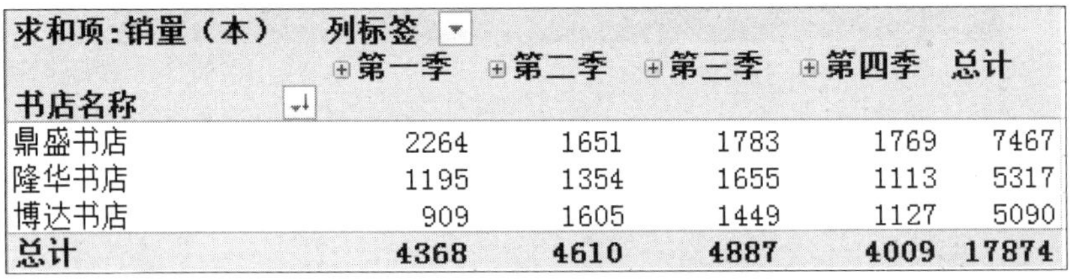

求和项:销量（本） 书店名称	列标签 第一季	第二季	第三季	第四季	总计
鼎盛书店	2264	1651	1783	1769	7467
隆华书店	1195	1354	1655	1113	5317
博达书店	909	1605	1449	1127	5090
总计	**4368**	**4610**	**4887**	**4009**	**17874**

图 4-82　数据透视表的效果

操作步骤如下。

1）选择数据清单中的任意单元格。

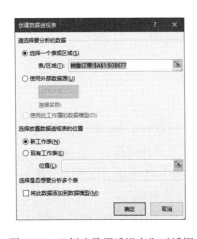

2）单击“插入”选项卡“表格”选项组中的“数据透视表”按钮，弹出“创建数据透视表”对话框，如图 4-83 所示。选择要分析的数据的范围及数据透视表放置的位置，然后单击“确定”按钮。

图 4-83　“创建数据透视表”对话框

3）在“数据透视表字段”窗格中把要分类的字段拖入“行”标签区、“列”标签区位置，使其成为数据透视表的行、列标题，将要汇总的字段拖入“值”标签区。本例的“书店名称”字段作为行标签，“日期”字段作为列标签，统计的数据是对“销量（本）”求和，如图 4-84 所示。

4）选择列标签中的“2012 年”或“2013 年”单元格，右击，在弹出的快捷菜单中选择“删除‘年’”选项。

5）选择行标签所在的单元格，将其修改为"书店名称"。

6）单击行标签右侧的下拉按钮，在弹出的下拉列表中选择"其他排序选项"选项，弹出相应的"排序"对话框，如图 4-85 所示。在该对话框中选中"降序排序（Z 到 A）依据"单选按钮，并在其下拉列表中选择"求和项：销量（本）"选项，然后单击"确定"按钮即可。

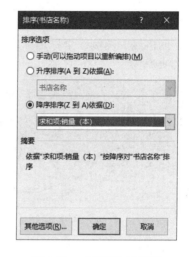

图 4-84　设置数据透视表字段列表　　　　图 4-85　"排序"对话框

创建好数据透视表后，"数据透视表工具"选项卡会自动出现，它可以用来修改数据透视表。数据透视表的修改主要有以下 3 个方面。

（1）更改数据透视表布局

数据透视表结构中行、列、数据字段都可以被更替或增加。将行、列、数据字段移除表示删除字段，移入表示增加字段。

（2）改变汇总方式

可以通过单击"数据透视表工具-分析"选项卡"活动字段"选项组中的"字段设置"按钮来更改汇总方式。

（3）数据更新

有时候数据清单中的数据发生了变化，但数据透视表并没有随之变化。此时不必重新生成数据透视表，只需单击"数据透视表工具-分析"选项卡"数据"选项组中的"刷新"按钮即可。

4.5 Excel 2016 图表

人脑对于图形的记忆强度远远大于数字本身。要记住一串数字或通过数字找规律虽然可以实现，但是需要消耗较多的精力，而且很难在大脑中保持长时间的记忆。如果通过图形来展现数据，则人人都可以轻松地从中发掘数据的规律，也会加强记忆强度。

图表是数据的视觉呈现方式，是把数字转换成图形对象的工具。它能使数据更直观地表现出来，让枯燥的数字形象化地告诉用户诸多有利于分析数据的信息。

4.5.1 图表的组成

图表包括很多元素，但是有些元素之间相互冲突，不能同时出现，所以不可能在一个图表中具备图表的所有元素。具体来说，图表由坐标轴、图表区、绘图区、图表标题、数据系列、网格线、图例、坐标轴标题、数据标签等组成，如图 4-86 所示。

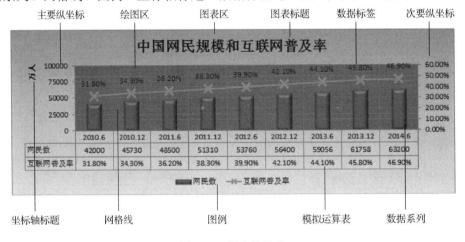

图 4-86 图表的组成

1. 坐标轴

坐标轴是界定图表绘图区的线条，用于度量的参照标准。竖向的坐标轴称为垂直轴，也称数值轴，它以数值为刻度单位；横向的坐标轴称为水平轴，也称类别轴，它以数据类别作为刻度单位。但在散点图中却称为 X 轴和 Y 轴，而不是数值轴和类别轴。

2. 图表区

图表区指的是包含绘制的整个图表及图表中元素的区域。如果用户要复制或移动图表，必须先选择图表区。

3. 绘图区

二维表和三维表的绘图区有一点不同。在二维图表中，绘图区是以坐标轴为界并包含全部数据系列的区域。在三维图表中，绘图区是以坐标轴为界并包含数据系列、分类名称、刻度线和坐标轴标题的区域。

4. 图表标题

图表标题在图表中起到说明性的作用，是图表性质的大致概括和内容的总结，相当于一篇文章的标题，并用它来定义图表的名称。它可以自动与坐标轴对齐或居中排列于图表的顶端。

5. 数据系列

在 Excel 中，数据系列又称为分类，它指的是图表上的一组相关数据点。在 Excel 图表中，每个数据系列都用不同的颜色和图案加以区别。每一个数据系列分别来自工作表的某一行或某一列。在同一个图表（除饼图和圆环图外）中用户可以绘制多个数据系列。

6. 网格线

网格线是界定数据系列的数值分布边界，它对应坐标轴的刻度。调整坐标轴的刻度时可以改变网格线的疏密程度。

7. 图例

图例用于补充说明数据系列与该系列所对应的标题间的关系，当只有一个数据系列时，可以忽略图例。

8. 坐标轴标题

坐标轴标题位于图表的下方和左侧，它标记的是类别轴和数值轴的名称。

9. 数据标签

数据标签用于显示数据系列的值，每一个标签对应一个系列点，如果图表有多个系列，那么就可以生成多组标签。

4.5.2　图表的创建

使用 Excel 提供的图表功能，可以方便、快速地建立一个标准类型或自定义类型的图表。而且，图表的各部分创建完成后可以继续修改，以使整个图表趋于完善。

【例 4-15】根据班级总体成绩表（图 4-87）中的班级及各科成绩生成一个三维簇状柱形图。

	A	B	C	D	E	F	G	H	I	J
1	班级	英语	体育	计算机	近代史	法制史	刑法	民法	法律英语	立法法
2	法一	80.3	85.9	80.1	77.9	88.2	79.1	82.3	86.1	88.6
3	法二	83.0	88.6	80.2	80.9	87.9	81.3	81.9	87.4	89.2
4	法三	81.1	85.8	80.2	77.9	80.7	81.9	78.8	84.1	89.0
5	法四	82.1	84.1	79.2	77.2	81.8	82.4	79.2	86.2	88.8

图 4-87　班级总体成绩表

操作步骤如下。

1）选择建立图表的数据源。选择 A1:J5 单元格区域。

注意：在选择数据源时，如果要选择多个不连续的数据区域，选择区域的高度必须相同。

2）单击"插入"选项卡"图表"选项组中的"插入柱形图或条形图"下拉按钮，在弹出的下拉列表中选择"三维柱形图"中的"三维簇状柱形图"选项，然后将图表调整至合适大小即可。效果如图 4-88 所示。

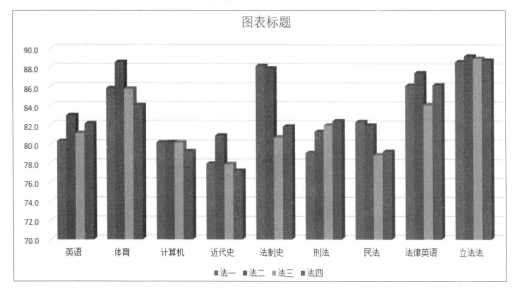

图 4-88　三维簇状柱形图

除通过引用区域数据生成图表外，还可以使用常量数组生成图表，甚至可以区域引用和常量数组同时出现在一个图表中。

【例 4-16】使用常量数组生成簇状柱形表。

操作步骤如下。

1）选择一个空白单元格，单击"插入"选项卡"图表"选项组中的"插入柱形图或条形图"下拉按钮，在弹出的下拉列表中选择"二维柱形图"中的"二维簇状柱形图"选项，从而新建一个空白图表。

2）选择图表，选择"图表工具-设计"选项卡，在"数据"选项组中单击"选择数据"按钮，弹出"选择数据源"对话框，如图 4-89 所示。

3）在对话框中单击"添加"按钮，弹出如图 4-90 所示的"编辑数据系列"对话框。

在"系列名称"文本框中输入"成绩"，在"系列值"文本框中输入"={78,88,86,84,65}"，然后单击"确定"按钮。

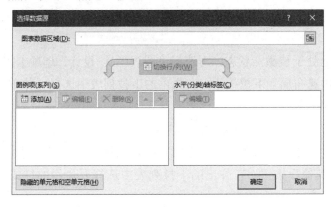

图 4-89　"选择数据源"对话框　　　　　图 4-90　"编辑数据系列"对话框

4）在"选择数据源"对话框中单击"水平（分类）轴标签"下方的"编辑"按钮，弹出如图 4-91 所示的"轴标签"对话框，在文本框中输入"={"张华","李丽","周文","赵武","肖华"}"，然后单击"确定"按钮。

5）单击"选择数据源"对话框中的"确定"按钮，效果如图 4-92 所示。

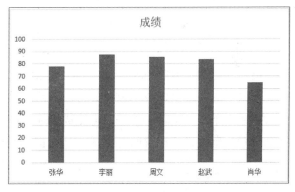

图 4-91　"轴标签"对话框　　　　　　图 4-92　成绩簇状柱形图表

4.5.3　图表的编辑

1. 缩放、移动、复制和删除图表

图表的缩放、移动、复制和删除操作与 Word 2016 中的图形操作相同，首先选择要操作的对象，然后进行相应的操作，具体操作方法这里不再赘述。

2. 更改图表类型

选择要更改类型的图表，使之处于被激活状态，再选择"图表工具-设计"选项卡，在"类型"选项组中单击"更改图表类型"按钮，在弹出的"更改图表类型"对话框中选择合适的图表即可。

3. 更改图表的布局和样式

（1）更改图表的布局

选择要更改布局的图表，使之处于被激活状态，再选择"图表工具-设计"选项卡，在"图表布局"选项组中单击"快速布局"下拉按钮，在弹出的下拉列表中选择一种布局即可。

（2）更改图表的样式

选择要更改样式的图表，使之处于被激活状态，再选择"图表工具-设计"选项卡，在"图表样式"选项组中单击"其他"按钮，在弹出的下拉列表中选择要使用的样式即可。

4. 添加或删除标签

选择要添加或删除标签的图表，使之处于被激活状态，再选择"图表工具-设计"选项卡，在"图表布局"选项组中单击"添加图表元素"下拉按钮，在弹出的下拉列表中可以实现对坐标轴、轴标题、图表标题、数据标签、数据表、网格线、图例的添加和删除。

5. 编辑图表中的数据

选择要更改数据的图表，使之处于被激活状态，再选择"图表工具-设计"选项卡，在"数据"选项组中单击"选择数据"按钮，弹出"选择数据源"对话框，选择要删除的数据系列单击"删除"按钮即可完成删除；单击"添加"按钮，在弹出的"编辑数据系列"对话框中进行设置即可完成添加数据的操作。

4.5.4 图表的格式化

图表的格式化是指对图表的各个对象的格式化设置，包括文字和数值的格式、颜色、外观等。不同的对象有不同的格式设置选项，选择要格式化的对象，利用快捷菜单中对应的格式化命令，打开相对应的格式设置对话框进行格式设置。例如，绘图区、图表区、坐标轴、数据系列等对象对应的格式设置对话框都不一样。

【例 4-17】根据网民调查表中的数据（图 4-93），生成如图 4-94 所示的图表。

	A	B	C	D	E	F	G	H	I	J
1	时间	2010.6	2010.12	2011.6	2011.12	2012.6	2012.12	2013.6	2013.12	2014.6
2	网民数	42000	45730	48500	51310	53760	56400	59056	61758	63200
3	联网普及率	31.80%	34.30%	36.20%	38.30%	39.90%	42.10%	44.10%	45.80%	46.90%

图 4-93　网民调查表

图 4-94　中国网民规模和互联网普及率图表

操作步骤如下。

1）选择一个空白单元格，单击"插入"选项卡"图表"选项组中的"插入柱形图或条形图"下拉按钮，在弹出的下拉列表中选择"二维柱形图"中的"簇状柱形图"选项。

2）选择图表，在"图表工具-设计"选项卡"数据"选项组中单击"选择数据"按钮，弹出"选择数据源"对话框。将光标定位到"图表数据区域"文本框中，选择 A2:J3 单元格区域；单击"水平（分类）轴标签"下的"编辑"按钮，弹出"轴标签"对话框。将光标定位到"轴标签区域"文本框中，选择 B1:J1 单元格区域，单击"确定"按钮，然后单击"选择数据源"对话框中的"确定"按钮，效果如图 4-95 所示。

图 4-95　二维簇状柱形图

3）选择图表的任意数据系列，右击，在弹出的快捷菜单中选择"更改系列图表类型"选项，弹出"更改图表类型"对话框，如图 4-96 所示。将系列名称为"互联网普及率"的图表类型设置为"折线图"，并选中其右侧的"次坐标轴"复选框，将其设置为次坐标轴。

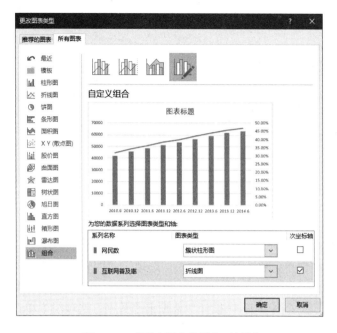

图 4-96 "更改图表类型"对话框

4）选择折线，右击，在弹出的快捷菜单中选择"设置数据系列格式"选项，弹出"设置数据系列格式"窗格，如图 4-97 所示。单击"填充与线条"按钮，选中"数据标记选项"选项组中的"内置"单选按钮，在"类型"下拉列表中选择一种内置图形，将"大小"设置为 8，设置"边框"中的"颜色"为绿色，设置"宽度"为 1.75 磅。

图 4-97 "设置数据系列格式"窗格

5）选择图表左侧的纵坐标轴，右击，在弹出的快捷菜单中选择"设置坐标轴格式"选项，弹出"设置坐标轴格式"窗格，如图 4-98 所示，设置相应的参数。使用同样的方法设置右侧的坐标轴即可。

图 4-98　"设置坐标轴格式"窗格

6）选择图表，选择"图表工具-设计"选项卡，在"图表布局"选项组中单击"添加图表元素"下拉按钮，在弹出的下拉列表中添加图表标题、主纵坐标轴标题、图例等。

4.5.5　迷你图

迷你图是被嵌入在一个单元格中的微型图表。迷你图与图表有许多相似之处，但又与图表不同。迷你图一般被放置在数据旁边，只占用很小的空间，迷你图只能有一个数据系列，反映某一行或某一列的数据走势，并可突出显示最大值、最小值等。

1. 创建迷你图

如图 4-99 所示，要在"销售趋势"列中创建一个迷你图用来反映本行 1～12 月销售变化情况。选择 N4 单元格，在"插入"选项卡"迷你图"选项组中单击"折线图"按钮，弹出"创建迷你图"对话框。在对话框的"数据范围"文本框中选择用于创建迷你图的数据区域，在"位置范围"文本框中选择迷你图要被放置到的单元格，默认为选中的单元格，然后单击"确定"按钮即可创建迷你图。将鼠标指针放在 N4 单元格的右下角，向下拖动填充柄至 N11 单元格，可以实现迷你图的复制。

图 4-99　创建迷你图

2. 更改迷你图类型

迷你图分为折线图、柱形图和盈亏图 3 种。盈亏图类似柱形图，但不论数据的大小如何，柱形高度都是相同的。盈亏图只分正值和负值，对正值和负值分别向上和向下绘制柱形表示盈亏。创建迷你图后，也可以更改迷你图的类型。选择包含迷你图的单元格，在"迷你图工具-设计"选项卡"类型"选项组单击某一类型即可改变迷你图的类型。通过拖动填充柄复制的迷你图，或共同创建的若干个迷你图默认被自动组合为一个"图组"，在对迷你图进行各种设置时，一个"图组"中的所有迷你图都将被同时改变。如果希望只改变其中某一个迷你图，则需要取消组合图组，方式是，选择要取消组合的若干迷你图，单击"迷你图工具-设计"选项卡"分组"选项组中的"取消组合"按钮即可。

3. 突出显示数据点

在迷你图中可以突出显示数据的高点（最高值）、低点（最低值）、首点（第一个值）、尾点（最后一个值）、负点（负数值）和标记（所有数据点）等。要突出显示这些数据点，在"迷你图工具-设计"选项卡"显示"选项组中选中相应的复选框即可。

4. 迷你图样式

在"迷你图工具-设计"选项卡"样式"选项组中还为迷你图提供了很多预定义的样式，单击相应的样式可快速设置迷你图的外观格式。要自定义迷你图的颜色，可在"样式"选项组中单击"迷你图颜色"下拉按钮，在弹出的下拉列表中进行设置。

习　题

一、选择题

1．小刘用 Excel 2016 制作了一份员工档案表，但经理的计算机中只安装了 Office 2003，能让经理正常打开员工档案表的最优操作方法是（　　）。

  A．将文档另存为 Excel 97-2003 文档格式

  B．将文档另存为 PDF 格式

  C．经理安装 Office 2016

  D．小刘自行安装 Office 2003，并重新制作一份员工档案表

2．初二年级各班的成绩单分别保存在独立的 Excel 2016 工作簿文件中，李老师需要将这些成绩单合并到一个工作簿文件中进行管理，最优的操作方法是（　　）。

  A．将各班成绩单中的数据分别通过复制、粘贴命令整合到一个工作簿中

  B．使用移动或复制工作表功能，将各班成绩单整合到一个工作簿中

  C．打开一个班的成绩单，将其他班级的数据输入同一个工作簿的不同工作表中

  D．使用插入对象功能，将各班成绩单整合到一个工作簿中

3．在 Excel 2016 中，将 B5 单元格中显示为"#"号的数据完整显示出来的最快捷的方法是（　　）。

  A．将 B5 单元格的字号减小

  B．将 B5 单元格与右侧的 C5 单元格合并

  C．将 B5 单元格自动换行

  D．双击 B 列列标的右边框

4．在某列单元格中，快速填充 2011～2013 年每月最后一天日期的最优操作方法是（　　）。

  A．在一个单元格中输入"2011-1-31"，然后使用 MONTH 函数填充其余 35 个单元格

  B．在一个单元格中输入"2011-1-31"，拖动填充柄，然后使用智能标记自动填充其余 35 个单元格

  C．在一个单元格中输入"2011-1-31"，然后使用格式刷直接填充其余 35 个单元格

  D．在一个单元格中输入"2011-1-31"，然后执行"开始"选项卡中的"填充"命令

5．小李在 Excel 2016 中整理职工档案，希望"性别"一列只能从"男"和"女"两个值中进行选择，否则系统提示错误信息，最优的操作方法是（　　）。

  A．使用 IF 函数进行判断，控制"性别"列的输入内容

  B．请同事帮忙进行检查，错误内容用红色标记

  C．设置条件格式，标记不符合要求的数据

D. 设置数据有效性，控制"性别"列的输入内容

6. 如果单元格值大于 0，则在本单元格中显示"已完成"；如果单元格值小于 0，则在本单元格中显示"还未开始"；如果单元格值等于 0，则在本单元格中显示"正在进行中"，最优的操作方法是（　　　）。

    A. 使用 IF 函数

    B. 通过自定义单元格格式，设置数据的显示方式

    C. 使用条件格式命令

    D. 使用定义函数

7. 某公司需要在 Excel 2016 中统计各类商品的全年销量冠军，最优的操作方法是（　　　）。

    A. 在销售量表中直接找到每类商品的销量冠军，并用特殊的颜色标记

    B. 分别对每类商品的销量进行排序，将销量冠军用特殊的颜色标记

    C. 通过自动筛选功能，分别找出每类商品的销量冠军，并用特殊的颜色标记

    D. 通过设置条件格式，分别标出每类商品的销量冠军

8. 在 Excel 2016 中，设定与使用的"主题"是指（　　　）。

    A. 标题   B. 一段标题文字

    C. 一个表格   D. 一组格式集合

9. 在 Excel 2016 工作表单元格中输入公式时，F$2 单元格的引用方式称为（　　　）。

    A. 交叉地址引用   B. 绝对地址引用

    C. 混合地址引用   D. 相对地址引用

10. 将 Excel 2016 工作表 A1 单元格中的公式 SUM(B$2:C$4）复制到 B18 单元格后，原公式将变为（　　　）。

    A. SUM(C$19:D$19)   B. SUM(C$2:D$4)

    C. SUM(B$19:C$19)   D. SUM(B$2:C$4)

11. 在 Excel 2016 工作表中存放了第一中学和第二中学所有班级总计 300 个学生的考试成绩，A 列到 D 列分别对应"学校""班级""学号""成绩"，利用公式计算第一中学 3 班的平均分，最优的操作方法是（　　　）。

    A. =SUMIFS(D2:D301,A2:A301,"第一中学",B2:B301,"3 班")/COUNTIFS(A2:A301,"第一中学",B2:B301,"3 班")

    B. =SUMIFS(D2:D301,B2:B301,"3 班")/COUNTIFS(B2:B301,"3 班")

    C. =AVERAGEIFS(D2:D301,A2:A301,"第一中学",B2:B301,"3 班")

    D. =AVERAGEIF(D2:D301,A2:A301,"第一中学",B2:B301,"3 班")

12. Excel 2016 成绩单工作表包含了 20 个学生的成绩，C 列为成绩值，第一行为标题行，在不改变行列顺序的情况下，在 D 列统计成绩排名，最优的操作方法是（　　　）。

    A. 在 D2 单元格中输入"=RANK(C2,$C2:$C21)"，然后向下拖动该单元格的填充柄到 D21 单元格

    B. 在 D2 单元格中输入"=RANK(C2,C2:C$21)"，然后向下拖动该单元格的填充柄到 D21 单元格

C．在 D2 单元格中输入"=RANK(C2,$C2:$C21)"，然后双击该单元格的填充柄

D．在 D2 单元格中输入"=RANK(C2,C$2:C$21)"，然后双击该单元格的填充柄

13．在 Excel 2016 中，如果需要对 A1 单元格数值的小数部分进行四舍五入运算，最优的操作方法是（　　）。

　　A．=INT(A1)　　　　　　　　B．=INT(A1+0.5)

　　C．=ROUND(A1,0)　　　　　　D．=ROUNDUP(A1,0)

14．在 Excel 2016 工作表的 A1 单元格中存放了 18 位二代身份证号码，其中第 7～10 位表示出生年份。在 A2 单元格中利用公式计算该人的年龄，最优的操作方法是（　　）。

　　A．=YEAR(TODAY())−MID(A1,6,8)

　　B．=YEAR(TODAY())−MID(A1,6,4)

　　C．=YEAR(TODAY())−MID(A1,7,8)

　　D．=YEAR(TODAY())−MID(A1,7,4)

15．Excel 2016 工作表的 D 列保存了 18 位身份证号码信息，为了保护个人隐私，需要将身份证信息的第 3、4 位和第 9、10 位用"*"表示，以 D2 单元格为例，最优的操作方法是（　　）。

　　A．=REPLACE(D2,9,2,"**")+REPLACE(D2,3,2,"**")

　　B．=REPLACE(D2,3,2,"**",9,2,"**")

　　C．=REPLACE(REPLACE(D2,9,2,"**"),3,2,"**")

　　D．=MID(D2,3,2,"**",9,2,"**")

16．小金从网站上查到了最近一次全国人口普查的数据表格，他准备将这份表格中的数据引用到 Excel 2016 中以便进一步分析，最优的操作方法是（　　）。

　　A．对照网页上的表格，直接将数据输入 Excel 工作表中

　　B．通过复制、粘贴功能，将网页上的表格复制到 Excel 工作表中

　　C．通过 Excel 2016 中的"自网站获取外部数据"功能，直接将网页上的表格导入 Excel 2016 工作表中

　　D．先将包含表格的网页保存为.htm 或.mht 格式文件，然后在 Excel 2016 中直接打开该文件

17．下列对 Excel 2016 高级筛选功能的描述中，说法正确的是（　　）。

A．高级筛选通常需要在工作表中设置条件区域

B．利用"数据"选项卡"排序和筛选"选项组中的"筛选"命令可以进行高级筛选

C．高级筛选之前必须对数据进行排序

D．高级筛选就是自定义筛选

18．小王要将一份通过 Excel 2016 整理的调查问卷统计结果送交经理审阅，这份调查表包含统计结果和中间数据两个工作表。他希望经理无法看到其存放中间数据的工作表，最优的操作方法是（　　）。

A．将存放中间数据的工作表隐藏，然后设置保护工作表隐藏

B．将存放中间数据的工作表删除

  C．将存放中间数据的工作表移动到其他工作簿保存

  D．将存放中间数据的工作表隐藏，然后设置保护工作簿结构

19．字符串的连接运算符是（　　）。

  A．+   B．&   C．*   D．%

20．在 Excel 2016 中，创建公式的操作步骤是（　　）。

① 在编辑栏中输入"="。

② 输入公式。

③ 按 Enter 键。

④ 选择需要建立公式的单元格。

  A．④③①② B．④①②③ C．④①③② D．①②③④

二、简答题

1．Excel 2016 中单元格的相对引用、绝对引用和混合引用有什么区别？

2．简述 Excel 2016 中创建图表的操作步骤。

3．简述 Excel 2016 中实现高级筛选的操作步骤。

4．在"原工作表中嵌入图表"和"建立新图表"有什么区别？它们各自如何实现？

5．试比较 Excel 2016 中的图表功能和 Word 中的图表功能。

参 考 答 案

一、选择题

1．A 2．B 3．D 4．B 5．D

6．B 7．D 8．D 9．C 10．B

11．C 12．D 13．C 14．D 15．C

16．C 17．A 18．D 19．B 20．B

二、简答题

略

第 5 章　PowerPoint 演示文稿软件

5.1　PowerPoint 2016 概述

PowerPoint 是用来制作演示文稿的软件，能够制作出集文字、图形、图像、声音及视频剪辑等多媒体元素于一体的演示文稿，把自己所要表达的信息组织在一组图文并茂的画面中，用于介绍公司的产品、展示自己的学术成果及课堂教学。利用 PowerPoint 不仅可以创建演示文稿，还可以在互联网上远程展示演示文稿。

PowerPoint 2016 在继承历史版本特性的基础上，新增了如下一些功能。

1）新增图表类型。PowerPoint 2016 新增加了树状图、旭日图、直方图、箱形图和瀑布图 5 个图表类型。

2）屏幕录制。可以选择录制区域、音频及录制指针，并能将录制的视频插入幻灯片中。

3）新增彩色和黑色主题色彩。其中，彩色是默认的主题色彩。

4）设计器。计算机接入网络时，设计器能够根据幻灯片的内容自动生成多种多样的设计版面效果。

5）墨迹书写。可以手绘一些图形及文字，将其转换为形状，直接进行形状效果设置。

6）墨迹公式。手动书写需要的公式，并将其插入幻灯片中。

7）高清 1080P 视频。PowerPoint 2016 支持将演示文件导出为 1080P 视频。

5.1.1　PowerPoint 2016 的启动与退出

1. 启动 PowerPoint 2016

启动 PowerPoint 2016 的常用方法如下。

1）单击"开始"按钮，在弹出的"开始"菜单中选择"PowerPoint 2016"选项即可。

2）双击桌面上的 PowerPoint 2016 快捷方式图标。

3）双击文件夹中的 PowerPoint 演示文稿文件，将启动 PowerPoint 2016，并打开该演示文稿。

2. 退出 PowerPoint 2016

退出 PowerPoint 2016 的最简单方法是单击 PowerPoint 2016 窗口右上角的"关闭"按钮。也可以按 Alt+F4 组合键，退出时系统会弹出对话框，要求用户确认是否保存对演示文稿的更改工作，如图 5-1 所示。单击"保存"按钮则存盘退出，单击"不保存"

按钮则退出但不存盘。

图 5-1 退出对话框

5.1.2 PowerPoint 2016 的工作界面

启动 PowerPoint 2016 后，其工作界面如图 5-2 所示。该窗口主要有标题栏、快速访问工具栏、"文件"菜单、幻灯片缩略图、幻灯片编辑区、备注编辑区及其他各类选项卡等。

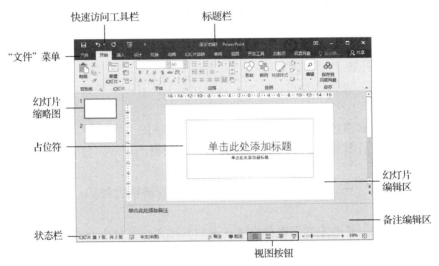

图 5-2 演示文稿的工作界面

其中，PowerPoint 2016 程序主界面特有的组成部分如下。

1. 幻灯片窗格

幻灯片窗格位于功能区的下方、演示文稿窗口的左侧，以缩略图的方式呈现。使用缩略图能方便地浏览演示文稿，并观看任何涉及更改的效果。在这里还可以轻松地切换、重新排列、添加或删除幻灯片。

2. 幻灯片编辑区

幻灯片编辑区是演示文稿窗口中最大的工作区域，在幻灯片编辑区中可以编辑各种媒体信息，此区域的显示大小可以通过显示比例控制按钮进行设置。

3. 备注编辑区

备注编辑区位于幻灯片编辑区下方，可供幻灯片制作者或幻灯片演讲者查阅该幻灯片信息或在播放演示文稿时对需要的幻灯片添加说明和注释。

4. 视图按钮

在状态栏的右侧有 3 个视图切换按钮和"幻灯片放映"按钮，单击这些按钮可以快速地切换视图方式和放映演示文稿。

（1）普通视图

普通视图是创建演示文稿的默认视图，是主要的编辑视图，用于撰写和设计演示文稿。普通视图包括 3 个窗格：左侧窗格以缩略图的形式显示演示文稿中的幻灯片，方便查看整体效果，可以在此窗格中对幻灯片进行移动（顺序调整）、复制、删除；右侧为幻灯片窗格，显示当前幻灯片中所有的内容和设计元素，可以对幻灯片进行编辑；备注窗格显示当前幻灯片的备注信息，拖动窗格边框可以调整不同窗格的大小。

（2）大纲视图

大纲视图在左侧窗格中以大纲形式显示幻灯片中的标题文本，如图 5-3 所示。大纲视图用于查看、编排演示文稿的大纲，方便把握整个演示文稿的设计主题。在左侧窗格中输入或编辑文字时，在右侧窗格中能够看到变化。

图 5-3　大纲视图

（3）幻灯片浏览视图

在幻灯片浏览视图中，可以在屏幕上同时看到演示文稿中的所有幻灯片，这些幻灯片是以缩略图的方式显示的，如图 5-4 所示。右击选择的幻灯片，在弹出的快捷菜单中选择相应的选项，即可很容易地添加、删除、移动幻灯片，但不能对幻灯片的内容进行编辑。

（4）备注页视图

备注页视图主要用于为幻灯片添加备注内容，如演讲者的备注信息、解释说明信息等。在该视图模式下无法对幻灯片的内容进行编辑。

（5）阅读视图

在阅读视图下，只保留幻灯片窗格、标题栏和状态栏，其他编辑功能被屏蔽，可以简单放映浏览制作完成后的幻灯片。通常是从当前幻灯片开始放映，单击可以切换到下一张幻灯片，直到放映最后一张幻灯片后退出阅读视图。

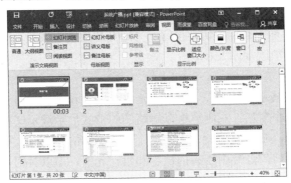

图 5-4　幻灯片浏览视图

5.1.3　演示文稿的基本操作

在 PowerPoint 2016 中创建一个演示文稿，就是建立一个新的以.pptx 为扩展名的 PowerPoint 文件。一个演示文稿是由若干张幻灯片组成的，创建一个演示文稿的过程实际就是一次制作一张张幻灯片的过程。

1. 演示文稿的创建

PowerPoint 2016 根据用户的不同需要，提供了多种新建演示文稿的方式。

（1）新建空白演示文稿

用户如果希望建立具有自己风格和特色的幻灯片，可以从空白演示文稿开始设计。操作步骤如下。

1）选择"文件"菜单中的"新建"选项，打开"新建"窗口，如图 5-5 所示。

2）选择"空白演示文稿"选项，即可建立一个空白的演示文稿。

在 PowerPoint 2016 中建立空白演示文稿时，显示的默认版式是"标题幻灯片"。

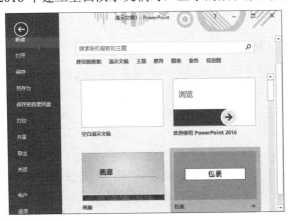

图 5-5　新建演示文稿

（2）利用模板建立演示文稿

模板是控制演示文稿外观统一的最快捷的方法。模板是以扩展名为.potx 的文件保存的幻灯片或幻灯片组合图案或蓝图。模板可以包含版式、主题和背景样式，还可以包含部分特定内容。模板的选择对于一个演示文稿的风格和演示效果的影响很大。用户可以随时为某个演示文稿选择一个满意的模板，并对选择的模板进行进一步的修饰与更改。

利用模板创建演示文稿的操作步骤如下。

1）选择"文件"菜单中的"新建"选项，打开"新建"窗口。

2）在"新建"列表框中选择一种合适的模板，如"教育"主题中的"实验室安全"模板，如图 5-6 所示，单击"创建"按钮，即可建立一个以选定的设计模板为背景的空白演示文稿。

图 5-6　选择"实验室安全"模板

利用"搜索联机模板和主题"搜索框，可以查找更多模板和主题。用户可以根据自己的需要对模板进行修改，创建自己的模板后，可以通过"文件"菜单中的"另存为"选项将其保存为模板文件供以后使用。在保存模板文件时需要把保存的文件类型修改为"PowerPoint 模板(*.potx)"。

2．演示文稿的保存

与 Microsoft Office 中其他应用程序一样，创建好演示文稿后应立即为其命名并加以保存，在编辑过程中也要经常保存所做的更改。

常见保存演示文稿的操作方法如下。

1）单击"快速访问工具栏"中的"保存"按钮 。

2）选择"文件"菜单中的"保存"或"另存为"选项。

3）按 Ctrl+S 组合键。

3. 演示文稿的打开

1）以一般方式打开演示文稿。

① 选择"文件"菜单中的"打开"选项，然后单击"浏览"按钮，弹出"打开"对话框。

② 在左侧窗格选择存放目标演示文稿的文件夹，在右侧窗格列出的文件中选择要打开的演示文稿或直接在"文件名"文本框中输入要打开的演示文稿的文件名，然后单击"打开"按钮即可打开该演示文稿。

2）以副本方式打开演示文稿。演示文稿以其副本的方式打开，对副本的修改不会影响原演示文稿。

具体操作与一般方式一样，不同的是不直接单击"打开"对话框中的"打开"按钮，而是单击"打开"下拉按钮，在弹出的下拉列表中选择"以副本方式打开"选项。这样打开的是演示文稿副本，在标题栏演示文稿文件名前出现"副本（1）"字样，此时进行的编辑与原演示文稿无关。

3）以只读方式打开演示文稿。以只读方式打开的演示文稿，只能浏览，不允许修改。若要修改，则不能使用原文件名进行保存，只能以其他文件名进行保存。

以只读方式打开的操作方法与副本方式打开的方法类似，不同的是在"打开"下拉列表中选择"以只读方式打开"选项。在标题栏演示文稿文件名后出现"[只读]"字样。

4）一次打开多个演示文稿。如果希望同时打开多个演示文稿，可以选择"文件"菜单中的"打开"选项，在弹出的"打开"对话框中找到目标演示文稿文件夹，按住Ctrl键单击多个要打开的演示文稿文件，然后单击"打开"按钮即可同时打开选择的多个演示文稿。

5.2 演示文稿的编辑

编辑演示文稿包括两部分：一是在演示文稿中插入幻灯片，对幻灯片进行移动、复制、粘贴等操作；二是对每张幻灯片中的对象进行编辑等操作。

5.2.1 幻灯片的操作

1. 插入新幻灯片

在演示文稿中插入一张新的幻灯片时，可以在普通视图和幻灯片浏览视图中进行。一般是在普通视图窗口左侧的幻灯片窗格中进行，操作步骤如下。

1）选择一张幻灯片。

2）选择"开始"选项卡"幻灯片"选项组中的"新建幻灯片"下拉按钮，在弹出的下拉列表中选择需要的版式。

这样，就在选择幻灯片之后插入了一张新的幻灯片。如果需要在两张幻灯片之间插入一张新幻灯片，可以在两张幻灯片之间的区域单击，待提示线出现后，单击"开始"

选项卡"幻灯片"选项组中的"新建幻灯片"按钮即可。

2．插入一个已存在的幻灯片

有时需要将已存的一张或多张幻灯片插入演示文稿中，其操作步骤如下。

1）单击"开始"选项卡"幻灯片"选项组中的"新建幻灯片"下拉按钮，在弹出的下拉列表中选择"重用幻灯片"选项，在窗口右侧弹出"重用幻灯片"窗格，如图 5-7 所示。

图 5-7　重用幻灯片

2）在"重用幻灯片"窗格中，单击"浏览"下拉按钮，在弹出的下拉列表中选择"浏览文件"选项，在弹出的"浏览"对话框中选择要插入的幻灯片文件后，在"重用幻灯片"窗格中的下方列表中将会显示所有幻灯片的缩略图。单击需要的幻灯片，即可将该幻灯片插入新的文稿中。

3．删除幻灯片

删除幻灯片有以下几种方法。

1）选择要删除的幻灯片并右击，在弹出的快捷菜单中选择"删除幻灯片"选项或"剪切"选项即可。

2）选择要删除的幻灯片，单击"开始"选项卡"剪贴板"选项组中的"剪切"按钮。

3）选择要删除的幻灯片，按 Backspace 键或 Delete 键或 Ctrl+X 组合键。

4．复制幻灯片

复制幻灯片有以下几种方法。

1）选择要复制的幻灯片并右击，在弹出的快捷菜单中选择"复制幻灯片"选项。

2）选择要复制的幻灯片，按 Ctrl+C 组合键。

3）在幻灯片浏览视图中，拖动幻灯片进行移动的同时按住 Ctrl 键，可以将选择的幻灯片复制到指定的位置。

5. 移动幻灯片

移动幻灯片可以调整幻灯片的位置，使演示文稿的结构更加合理。移动幻灯片有以下几种方法。

1）选择要移动的幻灯片，用鼠标拖动该幻灯片到目标位置即可。

2）选择要移动的幻灯片并剪切该幻灯片，然后将光标定位到目标位置进行粘贴。

5.2.2　编辑幻灯片中的对象

在幻灯片中添加对象有两种方法：建立幻灯片时，通过选择幻灯片版式为添加的对象提供占位符，再输入需要的对象；或通过"插入"选项卡中的相应按钮，如"图片""形状"按钮等来实现。

用户在幻灯片上添加的对象除文本框、图片、图形、艺术字、表格、图表、SmartArt、公式等外，为了丰富演示文稿的内容，还可以添加音频、视频等对象。对于文本框、图片、图形、艺术字、表格、图表、SmartArt、公式等对象的操作和 Word 相同，这里不再赘述。下面着重介绍音频、视频、Flash 动画、屏幕录制的插入和编辑。

音频和视频文件的插入方式有"插入"和"链接到文件"两种，如图 5-8 所示。选择"插入"方式是将音频或视频嵌入演示文稿中，该方式可能会造成演示文稿过大，但优点是不会因未复制外部音频或视频文件或相对路径改变而无法播放；选择"链接到文件"方式，则音频或视频文件不嵌入演示文稿，在复制时需要将音频或视频文件一并复制，并保持与演示文稿的相对路径一致，才能正常播放。

图 5-8　插入音视频方式

1. 插入音频对象

在幻灯片中用户可以插入声音以增加信息的传播途径，使用 PowerPoint 2016 可以向幻灯片中插入多种类型的声音，同时可以对插入的声音进行相关设置并控制其播放。

（1）插入本地音频文件

本地音频文件指的是保存在当前计算机上的音频文件，目前 PowerPoint 2016 提供了对大多数常用音频文件格式的支持，如 MP3、WAV、WMA 及 MIDI 格式。这些格式的音频文件可以直接插入幻灯片中使用。

插入本地音频文件的操作步骤如下。

1）选择要插入音频的幻灯片，单击"插入"选项卡"媒体"选项组中的"音频"下拉按钮，在弹出的下拉列表中选择"PC 上的音频"选项，如图 5-9 所示。

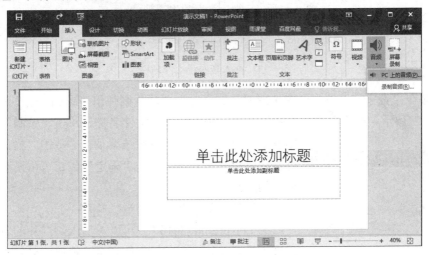

图 5-9　插入音频

2）在弹出的"插入音频"对话框中，选择要插入的音频，单击"插入"按钮，如图 5-10 所示。此时，音频文件就被插入当前幻灯片中，在幻灯片中就会出现一个声音图标和播放控制栏。如果希望采用链接方式插入，则单击"插入"下拉按钮，在弹出的下拉列表中选择"链接到文件"选项。

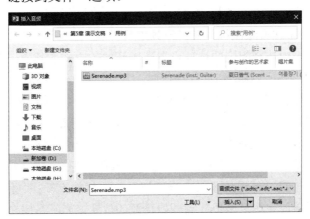

图 5-10　"插入音频"对话框

3）此时在幻灯片中将出现一个音频图标，这表明音频文件已经成功插入演示文稿了。单击音频图标会在图标下方显示一个浮动控制栏，如图 5-11 所示。利用此浮动控制栏中的工具按钮可以在幻灯片上播放/暂停音频。

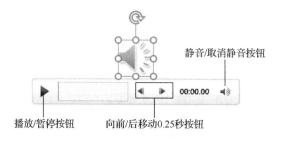

图 5-11 插入音频浮动控制栏

如果在"音频"下拉列表中选择"录制音频"选项，则弹出"录制声音"对话框，如图 5-12 所示。在"名称"文本框中输入录制的音频文件名称，单击"录制"按钮开始录音，单击"结束"按钮结束录音，单击"播放"按钮可以试听录制的音频，单击"确定"按钮可将录制的音频插入幻灯片中。

图 5-12 "录制声音"对话框

（2）控制音频文件的播放

在 PowerPoint 2016 中，可以对插入幻灯片的音频的播放进行设置，如设置其播放的音量、播放的进度和播放的方式等。下面具体介绍其设置方法。

1）将鼠标指针移动到浮动控制栏的"静音/取消静音"按钮上会出现一个滚动条，拖动滚动条可以改变音量的大小。

2）单击"向前移动 0.25 秒"或"向后移动 0.25 秒"按钮，可以使播放进度前移或后移 0.25 秒。在浮动控制栏的声音播放进度条上单击，可以将播放进度移动到当前单击处，音频从进度条当前位置开始播放。

3）选择幻灯片中的音频图标，在"音频工具-播放"选项卡"音频选项"选项组中的"开始"下拉列表中选择相应的选项设置音频开始的方式。其中，有"自动"和"单击时"两个选项。"自动"是指幻灯片播放时，音频同时自动播放，切换到下一张幻灯片时停止播放；"单击时"是指幻灯片播放时，单击幻灯片上的小喇叭图标开始播放，如果设置了触发器，则单击触发器播放，切换到下一张幻灯片时停止播放。"跨幻灯片播放"复选框指的是幻灯片播放时，音频同时自动播放，切换到下一张幻灯片时如果音频没有结束将继续播放。"放映时隐藏"复选框用来隐藏浮动控制栏；"循环播放，直到停止"复选框，指一直循环播放音频，直到演示文稿播放完毕；"播放完毕返回开头"复选框，指当音频播放完毕后又重新到开始播放的位置，而不是停在末尾，但此时音频已停止播放了。如果选中了"放映时隐藏"复选框，就无法通过浮动控制栏来控制音频的播放，此时可以通过触发器控制播放。通过"音频样式"选项组中的"在后台播放"按钮可以完成"音频选项"选项组中的多项设置。

（3）音频文件的编辑

PowerPoint 2016 提供了对音频文件的编辑功能，用户能够为音频添加淡入、淡出效果、对音频进行剪辑及为音频添加书签等。下面介绍对音频进行编辑的操作方法。

1）在幻灯片中选择声音图标，选择"音频工具-播放"选项卡，在"编辑"选项组中的"淡入"和"淡出"文本框中分别输入相应的时间间隔，可以在声音开始播放和结束时添加淡入、淡出效果，此时输入的时间间隔为淡入、淡出效果的持续时间。

2）在"编辑"选项组中单击"剪裁音频"按钮，弹出"剪裁音频"对话框，在该对话框中拖动绿色"起始时间"滑块设置音频开始的时间，拖动红色"终止时间"滑块设置音频的结束时间，如图 5-13 所示，然后单击"确定"按钮，两个滑块之间的音频将保留，而滑块之外的音频将被裁剪掉。

3）在音频播放时，在"书签"选项组中单击"添加书签"按钮可以在当前位置添加一个书签，如图 5-14 所示，在播放进度条上选择书签，单击"删除书签"按钮可以将选择的书签删除。书签可以帮助用户在音频播放时快速定位播放位置，还可以通过书签触发动画（音频播放到书签位置就会触发一个动画），触发动画后，音频文件不会停止播放。

图 5-13　"剪裁音频"对话框

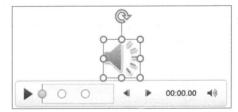

图 5-14　添加书签

2. 插入视频对象

PowerPoint 2016 提供了对视频的很好支持，能够方便地向幻灯片中添加视频，以丰富演示文稿的内容。PowerPoint 2016 可支持 AVI、CDA、MPG、MPE、MPEG 和 ML等常见的视频文件。

（1）插入本地视频文件

1）选择幻灯片，在"插入"选项卡的"媒体"选项组中单击"视频"下拉按钮，在弹出的下拉列表中选择"PC 上的视频"选项，如图 5-15 所示。也可以插入"联机视频"，需要计算机正常联网，可插入网络视频，也可以通过插入视频代码快速插入视频文件。

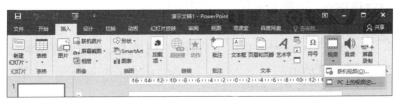

图 5-15　插入视频

2）在弹出的"插入视频文件"对话框中选择要插入的视频文件，如图 5-16 所示，然后单击"插入"按钮即可将选择的视频插入当前幻灯片中。

图 5-16　"插入视频文件"对话框

注意：当插入的视频文件在演示文稿中无法正常播放时，可以借助视频转换软件如格式工厂，将视频文件格式转换成 PowerPoint 2016 支持的格式。

（2）视频设置

在幻灯片中插入视频后，对视频播放进行控制的方法与音频播放的控制方法相同，这里不再赘述。可以对插入幻灯片中的视频显示的大小、外观样式和色调等进行相关的设置。

1）选择插入的视频，可以通过鼠标拖动视频四周的控制点来放大/缩小视频窗口的大小，也可以通过"格式"选项卡"大小"选项组中的"视频高度"和"视频宽度"文本框来设置视频窗口的大小。

2）在"格式"选项卡的"视频样式"列表中可以选择相应的选项对视频外观进行设置。

3）在"调整"选项组中单击"颜色"下拉按钮，在弹出的下拉列表中选择相应的选项，可将该预设颜色效果应用到视频。通过单击"更正"下拉按钮，在弹出的下拉列表中选择相应的选项可以调整亮度和对比度等。

3. 利用视频控件插入视频

在 PowerPoint 2016 中，除直接插入视频文件外，还可以利用 Windows Media Player 控件（简称 WMP 控件）来插入视频，操作步骤如下。

1）在 PowerPoint 2016 的"文件"菜单中选择"选项"选项，弹出"PowerPoint 选项"对话框，在左侧窗格中选择"自定义功能区"选项卡，在右侧窗格中选中"开发工具"复选框，如图 5-17 所示。

图 5-17　"PowerPoint 选项"对话框

2）选择需要插入视频的幻灯片，选择"开发工具"选项卡，单击"控件"选项组中的"其他控件"按钮，弹出"其他控件"对话框，选择"Windows Media Player"选项，如图 5-18 所示，单击"确定"按钮，并在幻灯片中绘制一个视频窗口的区域。

3）选择绘制的 Windows Media Player 控件后右击，在弹出的快捷菜单中选择"属性"选项，弹出"属性"对话框。将视频文件的完整路径复制到"URL"文本框中即可，如图 5-19 所示。

图 5-18　"其他控件"对话框

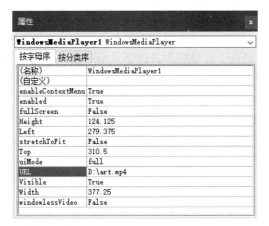

图 5-19　设置 URL 属性

4. 插入 Flash 动画对象

在课件制作中，时常将一些制作好的动画文件添加到幻灯片中进行播放，如 Flash 动画。其不仅能丰富课件内容，激发学生学习兴趣，还能够增强课件的表现力。插入 Flash 动画的操作步骤如下。

1）选择需要插入视频的幻灯片，选择"开发工具"选项卡，单击"控件"选项组中的"其他控件"按钮，弹出"其他控件"对话框，选择"Shockwave Flash Object"选项，如图 5-20 所示，单击"确定"按钮，并在幻灯片中绘制一个视频窗口的区域。

2）选择"Shockwave Flash Object"控件后右击，在弹出的快捷菜单中选择"属性"选项，弹出"属性"对话框。将 Flash 文件的完整路径复制到"Movie"文本框中即可，如图 5-21 所示。

图 5-20　选择 Shockwave Flash Object 控件

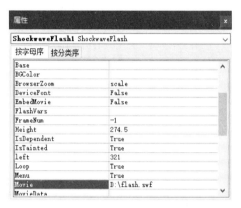

图 5-21　设置 Movie 参数

5. 插入屏幕录制对象

屏幕录制是 PowerPoint 2016 的一个新功能，使用此功能可以录制屏幕正在进行的任务内容并将其插入演示文稿。

打开需要录制的内容，在"插入"选项卡"媒体"选项组中单击"屏幕录制"按钮，切换计算机屏幕，弹出"屏幕录制"窗口，如图 5-22 所示。单击"选择区域"按钮选

图 5-22　"屏幕录制"对话框

择录制区域，单击"录制"按钮开始录制，按 Windows+Shift+Q 组合键停止录制，并将录制的视频插入演示文稿中。

默认为录制屏幕时会自动录制声音,如果执行录制视频操作后,单击"音频"按钮,就可只录制屏幕而不录制声音。

5.3　演示文稿的美化

5.3.1　版式设置

对幻灯片版式进行设置和应用，可以使幻灯片的结构更加合理，布局更加完美。给幻灯片添加背景颜色、图片或水印，能使幻灯片独具特色。

幻灯片版式是指幻灯片上标题、副标题、列表、图片、表格、形状、视频等元素的

排列方式，包含在幻灯片上显示的全部内容的格式设置、位置和占位符，也包含幻灯片的主题（颜色、字体、效果和背景）。在 PowerPoint 2016 中提供了 11 种内部版式，如果对内部提供的版式不满意，也可以创建自定义版式来重新设置。

1. 应用标准版式

应用标准的幻灯片版式的操作方法如下。

在普通视图下，选择要应用版式的幻灯片，单击"开始"选项卡"幻灯片"选项组中的"版式"下拉按钮，弹出"版式"下拉列表，如图 5-23 所示，选择需要的版式即可，每种版式均显示添加文本或图形等各种占位符的位置。

2. 设置自定义版式

如果用户找不到所需要的版式，则可以创建自定义版式。自定义版式可以重复使用，并且可指定

图 5-23　"版式"下拉列表

占位符的数目、大小、位置、背景、内容等。为创建自定义版式，用户还可以添加基于文本和对象的占位符，类型包括内容、文本、图片、SmartArt 图形、表格、图表、媒体、剪贴画等。

自定义版式的操作步骤如下。

1）单击"视图"选项卡"母版视图"选项组中的"幻灯片母版"按钮，进入母版视图后，会在左侧看到一组母版，其中第一个视图是基本版式，其他的是各种特殊形式的版式。修改基本版式，后面其他特殊版式也会随之改变；如果修改特殊形式的版式，只是对该特殊版式有效，其他版式无效。

2）单击"幻灯片母版"选项卡"母版版式"选项组中的"插入占位符"下拉按钮，在弹出的下拉列表中添加所需要的占位符元素。

3）建立完成后，单击"关闭"选项组中的"关闭母版视图"按钮。

回到幻灯片设计窗口，此时在"版式"下拉列表中就会显示自定义的版式，应用自定义版式的方法与应用标准版式的方法相同，这里不再赘述。

5.3.2　背景设置

PowerPoint 2016 在默认情况下，幻灯片的背景颜色是白色的，但可以设置成其他颜色，也可以使用渐变色、纹理、图案和图片作为背景，这些背景起衬托主题内容、突出主题的作用，通过淡化图片、剪贴画或颜色，使其不会对幻灯片的内容产生干扰，达到美化幻灯片的效果。

设置幻灯片背景的步骤如下。

1）单击"设计"选项卡"自定义"选项组中的"设置背景格式"按钮，弹出"设置背景格式"窗格，如图 5-24 所示。

图 5-24　设置背景格式

2）在"设置背景格式"窗格中选择需要的填充方式进行填充设置。

① 纯色填充：背景为单一颜色，根据需要可以单击"颜色"下拉按钮，弹出如图 5-25 所示的"颜色"下拉列表，选择需要的颜色，也可以通过"取色器"取色。

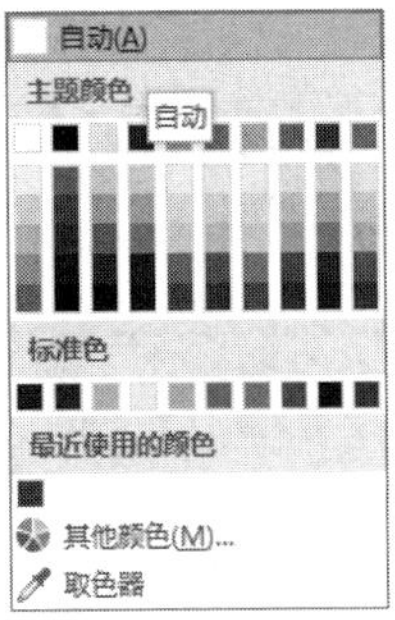

② 渐变填充：背景为不同颜色之间渐变显示，可以设置渐变的类型、方向、角度、亮度和透明度等。

③ 图片或纹理填充：背景为现有纹理、剪贴画或来自文件的图片，用户可以根据需要调整纹理填充的透明度。

④ 图案填充：背景为"横虚线""横向砖形"等各种图案，用户可以根据需要选择相应的前景色和背景色填充效果。

图 5-25　设置颜色

3）如果需要改变所有幻灯片的背景色，则单击"全部应用"按钮，如果仅仅需要修改当前幻灯片的背景色则单击"关闭"按钮。

5.3.3　幻灯片大小设置

幻灯片大小的设置直接影响幻灯片的展示效果，为使幻灯片上的内容能得到有效的展示，可以根据需要修改幻灯片的大小。PowerPoint 2016 提供了两种幻灯片大小：标准（4∶3）和宽屏（16∶9），默认的大小是宽屏，也可以自定义幻灯片的大小。

单击"设计"选项卡"自定义"选项组中的"幻灯片大小"下拉按钮，在弹出的下拉列表中选择 PowerPoint 2016 提供的两种幻灯片大小。选择"自定义幻灯片大小"选项，弹出如图 5-26 所示的"幻灯片大小"对话框，可在其中设置幻灯片的宽度、高度、编号、方向等。

例如，重新设置幻灯片大小（宽度、高度不采用默认值）后，单击"确定"按钮，弹出如图 5-27 所示的"Microsoft PowerPoint"对话框，其中"最大化"按钮使幻灯片内容充满整个页面；"确保适合"按钮会按比例缩放幻灯片，使幻灯片内容适应新幻灯片大小。

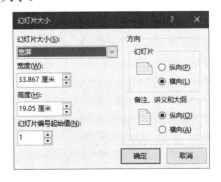

图 5-26　"幻灯片大小"对话框

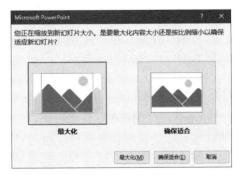

图 5-27　"Microsoft PowerPoint"对话框

5.3.4　主题的应用

在创建演示文稿时，用户可以根据自己的爱好、特点制作具有个性的演示文稿，但是这样花费时间较长，且有时还不能达到自己预期的效果。PowerPoint 2016 演示文稿提供了大量已经设计好的幻灯片外观格式的主题，幻灯片主题是指对幻灯片中的标题、文字、图表、背景等项目设定的一组配置。该配置主要包括对主题颜色、字体、效果的设置。应用主题就是将主题预设的格式应用于所选的或当前演示文稿中的所有幻灯片中。

1. 使用主题

应用主题一般在普通视图方式下进行。套用主题样式可以帮助用户快捷地指定幻灯片的样式、颜色和效果等内容。套用主题的操作步骤如下。

1）在普通视图方式下，选择"设计"选项卡，在"主题"选项组中显示了可以选用的主题选项，单击主题右侧的"其他"按钮，在弹出的下拉列表中显示所有主题，如图 5-28 所示。

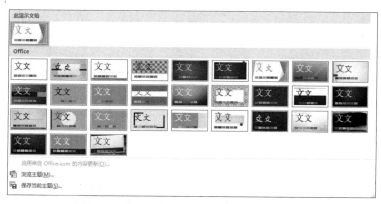

图 5-28　主题

2）选择一种需要的主题，即可将选择的主题应用于所有幻灯片，如果只是想在选中的幻灯片上应用该主题，则在需要的主题上右击，在弹出的快捷菜单中选择"应用于选定幻灯片"选项即可。

在 PowerPoint 2016 中，同一演示文稿可以应用多种主题，只要先选中幻灯片，再选择需要的主题，反复设置即可。

2. 修改主题

应用主题后，用户可以根据需要修改主题的颜色、字体和效果，也可以新建主题颜色和新建主题字体并应用。

（1）修改主题颜色

在幻灯片设计中，"主题"对幻灯片的各个对象的颜色进行了协调的配色。主题颜色包括 4 种文字背景颜色、6 种强调文字颜色及 2 种超链接颜色，但是不同用户对幻灯片色彩风格的欣赏角度不同，用户也可以通过主题颜色对幻灯片需要强调的部分进行重新配色，改变色彩风格。修改主题颜色的操作步骤如下。

1）在普通视图下，单击"设计"选项卡"变体"选项组中的"其他"按钮，在弹出的下拉列表中选择"颜色"选项后将显示其所有子选项，如图 5-29 所示。

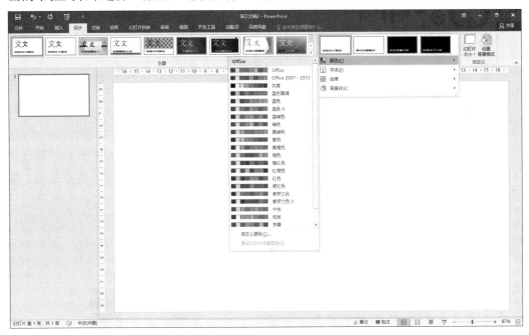

图 5-29　内置主题颜色

2）选择某一主题颜色的缩略图或在该主题颜色缩略图上右击，在弹出的快捷菜单中选择"应用于所有幻灯片"选项，则将该主题颜色应用到所有幻灯片中；如果在某一主题颜色缩略图上右击，在弹出的快捷菜单中选择"应用于所选幻灯片"选项，则所选主题颜色应用于所选择的幻灯片。

如果所列出的内置主题颜色不能满足用户需求，可以选择下拉列表中的"自定义颜色"选项，弹出"新建主题颜色"对话框，可以自定义主题颜色并保存，如图 5-30 所示。

（2）修改主题字体

在幻灯片设计中，"主题"对幻灯片的各个对象的字体进行了统一设置，主要包括对标题和文本的中西文字体的设置，每一种主题都有多种主题字体可以选择，用户可以根据个人喜好自定义字体。修改主题字体的操作步骤如下。

1）在普通视图下，单击"设计"选项卡"变体"选项组中的"其他"按钮，在弹出的下拉列表中选择"字体"选项后将显示其所有子选项，如图 5-31 所示。

2）选择某一主题字体的缩略图，即可修改所有幻灯片上的主题字体。如果内置的字体不能满足要求，可以自定义主题字体。

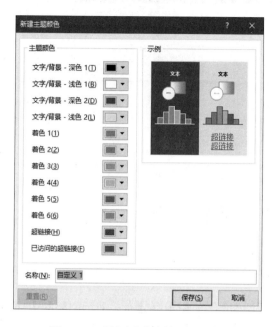

图 5-30　"新建主题颜色"对话框

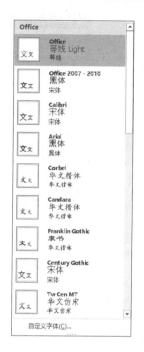

图 5-31　主题字体

（3）修改主题效果

主题效果是线条与填充效果的组合，在幻灯片设计中，"主题"对幻灯片的各个对象的线条与填充效果进行了统一设置，也可以根据需要重新选择。修改主题效果的操作步骤如下。

1）在普通视图下，单击"设计"选项卡"变体"选项组中的"其他"按钮，在弹出的下拉列表中选择"效果"选项后将显示其所有子选项，如图 5-32 所示。

2）选择某一主题效果缩略图，即可修改所有幻灯片的主题效果。

3. 保存主题

通过对主题颜色、字体、效果、背景的修改，幻灯片可具有个人风格。对于当前重新设计的主题，如果想要在

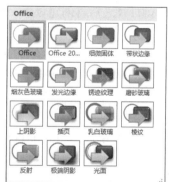

图 5-32　主题效果

以后建立的演示文稿中应用，可以保存当前自定义的主题样式，操作步骤如下。

1）在普通视图下，选择"设计"选项卡，单击"主题"选项组中的"其他"按钮，弹出下拉列表。

2）在弹出的下拉列表中选择"保存当前主题"选项，弹出"保存当前主题"对话框，如图 5-33 所示。

3）选择保存主题的路径，输入主题的名称，主题的扩展名是.thmx，然后单击"保存"按钮即可，以后在主题的预览页面中就可以看到该主题了。

图 5-33 "保存当前主题"对话框

5.3.5 母版的应用

幻灯片母版是幻灯片层次结构中的顶层幻灯片,用于存储有关演示文稿的主题和幻灯片版式的信息,包括背景、颜色、字体、效果、占位符大小和位置等。每个演示文稿至少包含一个幻灯片母版。修改和使用幻灯片母版的主要优点是可以对演示文稿中的每张幻灯片进行统一的样式更改,能有效避免重复操作,提高工作效率。

制作演示文稿时,最好在开始构建每张幻灯片之前创建幻灯片母版,而不要在构建了幻灯片之后再创建母版。此外,统一的样式和外观需要更改时,务必在幻灯片母版中进行。个别幻灯片的样式需要更改时,可以通过使用背景和文本格式设置等功能,在该幻灯片上覆盖幻灯片母版的某些自定义内容。

PowerPoint 2016 提供了 3 种母版视图,分别是幻灯片母版、讲义母版和备注母版。

1. 幻灯片母版

默认情况下,PowerPoint 2016 幻灯片母版由 1 个主母版和 11 个幻灯片版式母版构成,其中主母版的格式决定了所有版式母版的基本格式,其他的幻灯片版式母版根据用途的不同而具有不同的结构布局。

幻灯片母版默认状态下包括 5 个区域,它们分别是标题区、对象区、日期区、页脚区和数字区。如图 5-34 所示。这些区域都是占位符,具有设定好的样式,用户使用时只需要向其中输入需要的内容即可。

幻灯片母版可以控制除标题幻灯片外的大多数幻灯片,使它们具有相同的版面设置、相同的文字格式和位置、相同的项目符号和编号及相同的配色方案等。母版中,各个区域的作用介绍如下。

1)标题区:用于放置演示文稿的所有幻灯片标题文字。

2)对象区:用于放置幻灯片中所有的对象和文字。

3)日期区:给演示文稿中的每一张幻灯片自动添加日期。

4）页脚区：用于给演示文稿的幻灯片添加页脚。

5）数字区：给演示文稿的每一张幻灯片自动添加编号。

图 5-34　幻灯片母版的组成

在进行幻灯片母版设计时，主要是针对这 5 个区域进行相关的设置。在母版中可以进行下列操作。

1）更改标题和文本样式。

2）设置日期、页脚和幻灯片编号。

3）向幻灯片母版中插入新的对象。

4）设置幻灯片母版的背景、主题、页面等。

在幻灯片母版中操作完后，单击"幻灯片母版"选项卡"关闭"选项组中的"关闭母版视图"按钮返回即可。

【例 5-1】设计幻灯片，使演示文稿中的每张幻灯片的左上角都有"汉江师范学院"LOGO 图标，且在每张幻灯片右下角都有"立德 启智 修能 笃行"校训，如图 5-35 所示。

图 5-35　母版外观

操作步骤如下。

1）打开演示文稿，选择"视图"选项卡，在"母版视图"选项组中单击"幻灯片母版"按钮，打开系统默认的母版（Office 普通母版），如图 5-36 所示。

图 5-36　幻灯片母版

2）在母版视图窗格中选择第一个基础母版，单击"背景"选项组中的"背景样式"下拉按钮，在弹出的下拉列表中选择"设置背景格式"选项，弹出"设置背景格式"窗格，如图 5-37 所示。

图 5-37　设置母版背景图片

3）在"设置背景格式"窗格中，选中"图片或纹理填充"单选按钮，单击"文件"按钮，在弹出的对话框中选择背景图片，设置背景后的效果如图 5-38 所示。

4）调整标题和内容编辑区的位置和大小。

5）插入一个文本框，设置文本框的高度，插入的文本框的高度与背景图片上部分的蓝色高度一样，并用背景颜色作为文本框的填充颜色（利用"取色器"进行取色填充）。效果如图 5-39 所示。

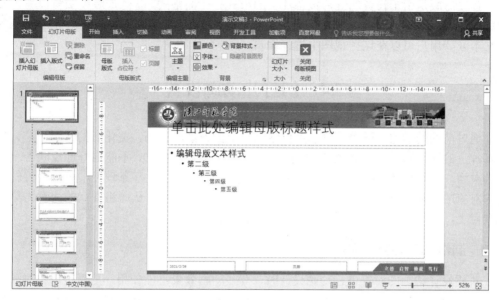

图 5-38 设置背景后的效果

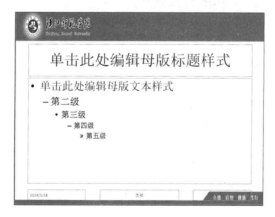

图 5-39 插入文本框遮盖

6）设置完成后，单击"幻灯片母版"选项卡"关闭"选项组中的"关闭母版视图"按钮返回。

注意：如果想将设计的母版用于其他的演示文稿，可将该文件另存为类型为"PowerPoint 母版"的母版文件，其扩展名是.potx，在新的演示文稿中调用该母版即可。

2. 讲义母版

讲义母版是用于设置幻灯片按讲义形式打印的格式，可设置一页中打印的幻灯片数量、幻灯片大小、讲义方向、页眉格式等，在其视图方式的主窗口部分包括页眉区、日期区、页脚区、数字区，中间显示讲义的页面布局。

3. 备注母版

备注母版是用于设置幻灯片按备注页面形式打印的格式。备注母版视图窗口与讲义母版视图窗口所不同的是，它的页面上方显示的是幻灯片母版的样式，下方显示的是备注文本区。用户可以在这种视图中进行编辑。

5.4 幻灯片动画设置

通过前面的学习，已经了解了美化演示文稿的方法和技巧，美化后的演示文稿，其幻灯片上的各种对象都是静止的（除插入的 Flash 动画和视频），不能很好地反映各个对象的关系。为了控制放映进度，体现对象的关系，增加观赏性和条理性，可以设置幻灯片中对象的出场顺序和动画效果，添加幻灯片间的切换效果，从而将观众的注意力集中到要点上，控制信息流，以调动观众的学习积极性。

5.4.1 制作幻灯片内部动画

对要设计动画的对象进行动画设计时，有些动画效果不能使用，主要是每种对象都有自身的特点，在设计动画时也有所不同。PowerPoint 2016 有进入动画、强调动画、退出动画和路径动画 4 种不同类型的动画效果。

设置动画的操作步骤如下。

1）选择要设置动画的对象，单击"动画"选项卡"动画"选项组中的"其他"按钮，在弹出的下拉列表中选择一种需要的动画，如图 5-40 所示。

2）单击"动画"选项卡"动画"选项组中的"效果选项"下拉按钮，在弹出的下拉列表中选择一种需要的动画效果，如图 5-41 所示。

图 5-40　设置动画

图 5-41　设置动画效果

3）如果还要进一步设置动画效果，可以单击"动画"选项卡"高级动画"选项组中的"动画窗格"按钮，在窗口右侧弹出"动画窗格"窗格，如图 5-42 所示。

在动画窗格中，根据动画对象显示的顺序列出当前幻灯片中所有的动画，编号表示动画的播放顺序，其与幻灯片上显示的不可打印的编号标记相对应。右侧的时间线代表效果持续时间，图标代表动画效果的类型，可以通过动画窗格中的对象改变动画的顺序。

4）选择动画列表中的项目后，右击或单击右侧的 ▾ 按钮，弹出下拉列表，选择"效果选项"选项，弹出相应动画的效果选项对话框，如图 5-43 所示，其中包括"效果""计时""正文文本动画"3 个选项卡。第 3 个选项卡根据不同的对象，选项卡的内容也可能不一样，常见的有"正文文本动画""图表动画""SmartArt 动画"等。

图 5-42　"动画窗格"窗格

图 5-43　设置高级动画效果

1. 设置对象的进入动画效果

进入动画是对象进入幻灯片时产生的效果，包括基本型、细微型、温和型和华丽型 4 种。

【例 5-2】绘制如图 5-44 所示的折线并输入相应的文字，在播放幻灯片时，按照从左到右的顺序播放折线的绘制过程，路径播放完后自动显示文字。

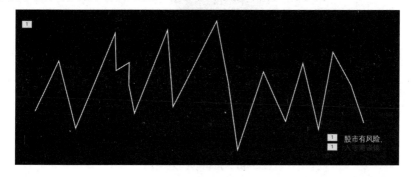

图 5-44　进入动画效果图

操作步骤如下。

1）新建一张幻灯片，设置背景为黑色，利用任意多边形绘制折线并进行相关设置。

2）插入文本框，输入相应文字，每行文字为一段，并对文字设置相应的字体、字号、颜色等。

3）选择折线，单击"动画"选项卡"动画"选项组中的"其他"按钮，在弹出的下拉列表中选择"进入"动画中的"擦除"动画。

4）选择"动画"选项卡"动画"选项组"效果选项"下拉列表中的"自左侧"选项，如图 5-45 所示。

5）在"计时"选项组中的"持续时间"文本框中，增大持续时间。

图 5-45 设置擦除效果

6）选择插入的文本框，使用同样的方法设置动画为"进入"动画中的"擦除"动画，方向为"自左侧"。

7）在动画窗格中选择插入的文本框对象，右击，在弹出的快捷菜单中选择"效果选项"选项，弹出"擦除"对话框。在"计时"选项卡中的"开始"下拉列表中选择"上一动画之后"选项，在"正文文本动画"选项卡中的"组合文本"下拉列表中选择"按第一级段落"选项。

2. 设置对象的强调动画效果

强调动画主要是用来对内容的重点、难点部分加以强调、突出某个知识点，起到画龙点睛的效果。

【例 5-3】如图 5-46 所示，单击幻灯片时，先出现心形，然后心形一直在幻灯片上跳动，在跳动的同时出现下面的文字。

图 5-46 强调动画效果图

操作步骤如下。

1）根据图示绘制图形、输入文字并进行相关的设置。

2）选择图形，单击"动画"选项卡"动画"选项组中的"其他"按钮，在弹出的下拉列表中选择"进入"动画中的"缩放"动画。

3）选择图形，单击"动画"选项卡"高级动画"选项组中的"添加动画"下拉按钮，在弹出的下拉列表中选择"强调"动画中的"脉冲"动画。

4）在动画窗格中选择编号标识为 2 的对象，单击右侧的  按钮，在弹出的下拉列表中选择"效果选项"选项，弹出"脉冲"对话框。在"计时"选项卡中的"开始"下拉列表中选择"上一动画之后"选项，在"期间"下拉列表中选择"快速（1 秒）"选项，在"重复"下拉列表中选择"直到下一次单击"选项，如图 5-47 所示，设置完成后单击"确定"按钮即可。

图 5-47　设置脉冲效果

5）选择文本框，为其设置"进入"动画中的"劈裂"动画。在"劈裂"对话框的"效果"选项卡中，将"动画文本"设置为"按字母"；在"计时"选项卡中，将"开始"设置为"与上一动画同时"，将"期间"设置为"快速（1 秒）"，设置完成后单击"确定"按钮即可。

3．设置对象的退出动画效果

退出动画是指对象退出幻灯片的动画效果，常和"进入""强调"动画一起使用，从而可以达到更好的效果。

【例 5-4】如图 5-48 所示，单击幻灯片时第一张图片出现，再次单击幻灯片，第二张图片出现，同时第一张图片退出，后面图片的动画效果依次是当前图片出现的同时前一张图片退出。

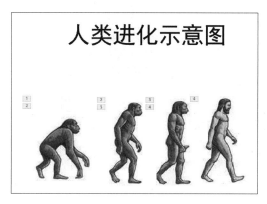

图 5-48　退出动画效果图

操作步骤如下。

1）将图片按示意图依次添加到幻灯片中。

2）选择第一张图片，单击"动画"选项卡"动画"选项组中的"其他"按钮，在弹出的下拉列表中选择"进入"动画中的"淡出"动画。

3）选择第二张图片，动画效果设置与第一张相同。

4）选择第一张图片，单击"动画"选项卡"高级动画"选项组中的"添加动画"下拉按钮，在弹出的下拉列表中选择"退出"动画中的"淡出"动画。

5）在动画窗格中，选择编号标识是 3 的对象，单击右侧的 ![按钮] 按钮，在弹出的下拉列表中选择"效果选项"选项，在弹出的对话框中选择"计时"选项卡"开始"下拉列表中的"与上一动画同时"选项。

6）对后面几张图片使用同样的方法设置其动画效果即可。

4. 设置对象的路径动画效果

路径动画是指对象按照设定的路径进行移动的动画效果。其有基本、直线、曲线、特殊和自定义路径 5 种类型，使用这些效果可以使对象上下移动、左右移动、沿着星形或圆形移动等。

【例 5-5】如图 5-49 所示，单击幻灯片时，国旗会沿着旗杆缓缓升起。

图 5-49　路径动画效果图

操作步骤如下。

1）根据示意图将图片插入幻灯片中。

2）选择国旗，单击"动画"选项卡"动画"选项组中的"其他"按钮，在弹出的下拉列表中选择"其他动作路径"选项，在弹出的"更改动作路径"对话框中选择"向上"路径。

注意：自定义路径动画有一个绿色箭头表示开始位置，红色箭头表示终止位置，可以编辑路径。

3）修改持续时间可以让国旗缓缓升起。

5.4.2　制作幻灯片切换效果

幻灯片的切换效果是指幻灯片之间的一种特殊动画效果，它决定了一张幻灯片放映完后，将以何种方式进入下一张幻灯片的放映。幻灯片的切换效果有多种形式，常见的动画效果有百叶窗、溶解、棋盘、淡出等效果。

制作幻灯片切换效果的操作步骤如下。

1）为幻灯片添加切换效果。选择需要添加切换效果的幻灯片，在"切换"选项卡的"切换到此幻灯片"选项组中单击"其他"按钮，在弹出的下拉列表中选择切换效果选项并将其应用到幻灯片中即可，如图 5-50 所示。

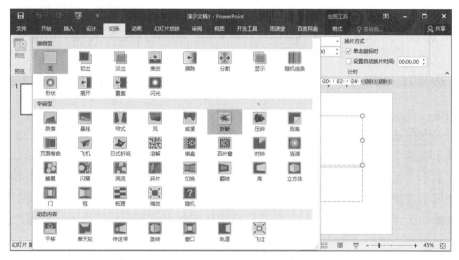

图 5-50　切换类型

2）设置幻灯片切换效果。如图 5-51 所示，选择"切换"选项卡"计时"选项组，在"声音"下拉列表中可以设置切换的声音；在"持续时间"文本框中可以输入持续时间；选中"设置自动换片时间"复选框，在其后的文本框中输入切换时间，此时，在放映幻灯片时，到达指定时间后将自动切换到下一张幻灯片。如果整个演示文稿都要使用该切换效果，则单击"全部应用"按钮，否则，只是当前幻灯片应用该切换效果。

图 5-51　切换效果

5.5 演示文稿的交互设置

在默认情况下，演示文稿在播放时会显示鼠标指针，单击时自动切换到下一张幻灯片。但在有些情况下，不希望切换到下一张幻灯片，而是希望切换到演示文稿的其他位置或另一个文件，甚至是某一个网址，这时可以使用 PowerPoint 2016 的人机交互功能，即通过交互控制演示文稿的播放。

5.5.1 使用对象交互

为了使演示文稿播放过程更加清晰，在演示文稿的设计过程中，导航和交互设计极其重要。而常见的交互设计有超链接、创建动作和动作按钮 3 种方法，但无论是创建动作还是动作按钮其本质都是超链接。

1. 使用超链接设置交互

超链接是幻灯片中最易实现的一种交互方式。超链接是一种内容跳转技术，使用超链接可以方便地实现从幻灯片的当前位置跳转到演示文稿的任意位置。这样，就可以实现对演示文稿中内容的重新组织，实现非线性传播方式。

在演示文稿中，用户可以对幻灯片中的任何对象添加超链接，使用超链接不仅可以链接到演示文稿中的某张幻灯片，还可以链接到外部文件。在幻灯片中选择要建立超链接的对象，在"插入"选项卡的"链接"选项组中单击"超链接"按钮，弹出"插入超链接"对话框，使用该对话框可以选择链接的目标对象，如图 5-52 所示。

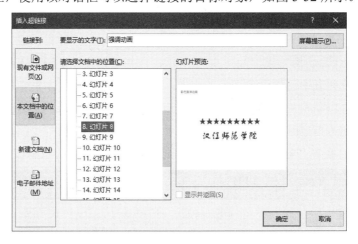

图 5-52 设置超链接

注意：在建立超链接后，文字的颜色会发生变化，文字的下方也会添加下划线，如果要改变超链接的颜色或去掉文字下方的下划线可以采用以下技巧。

1）修改超链接颜色：选中设置了超链接的文字，单击"设计"选项卡"变体"选项组中的"颜色"下拉按钮，在弹出的下拉列表中选择"自定义颜色"选项，弹出"新建主题颜色"对话框，在该对话框中修改超链接文字的颜色即可，如图 5-53 所示。

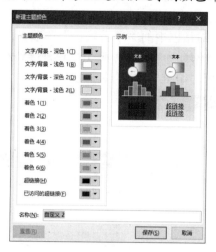

图 5-53　修改超链接文字的颜色

2）删除下划线：将建立超链接的文字内容输入一个文本框中，再复制该文本框，删除文字，将其覆盖在有文字的文本框上，然后设置该文本框为无填充、无轮廓并设置超链接，此时文字下方就不会有下划线了。

2．使用动作交互

动作交互是通过动作建立超链接的一种方法。某对象设置有动作交互，幻灯片在播放的过程中，如果鼠标指针移过或单击了该对象，则发生跳转或打开网页、文件、其他软件等操作，如图 5-54 所示。当单击选项时自动跳转到相应页面。

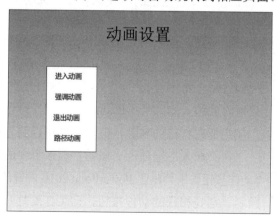

图 5-54　动作实现交互效果图

操作步骤如下。

1）插入文本框，并在文本框中输入相应的内容，在每一行文字上再添加一个文本框，设置其为无填充和无轮廓。

2）选择第一个文本框（不要选文字），单击"插入"选项卡"链接"选项组中的"动作"按钮，弹出"操作设置"对话框。

3）选择"操作设置"对话框中的"单击鼠标"选项卡，选中"超链接到"单选按钮，在其下拉列表中选择"幻灯片"选项，弹出"超链接到幻灯片"对话框，在该对话框中选择相应的幻灯片即可，如图5-55所示。

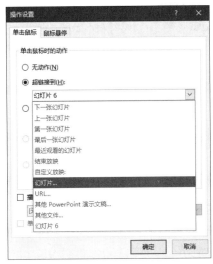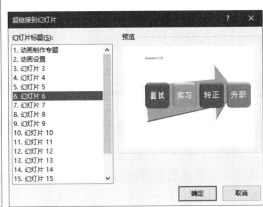

图5-55　设置动作

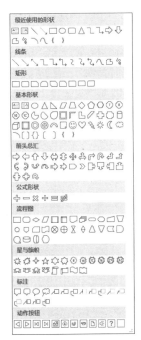

图5-56　内置动作按钮

4）使用同样的方法对其他选项设置相应的超链接。

如果需要对该对象设置在鼠标指针移过时的动作，可以在"操作设置"对话框的"鼠标悬停"选项卡中进行相关的设置。

3. 使用动作按钮交互

利用超链接或动作可以链接到演示文稿对应的页面。PowerPoint 2016还提供了一些已经指定超链接的预设动作按钮，只需将其插入幻灯片中即可，无须进行设置。尽管这些标准的动作按钮都有自己的名称，但是仍然可以将它们应用于其他功能。

在"插入"选项卡"插图"选项组中的"形状"下拉列表的"动作按钮"中列出了PowerPoint 2016内置的动作按钮，如图5-56所示。选择相应的动作按钮，即可在幻灯片中绘制该动作按钮，PowerPoint 2016将自动弹出"动作设置"对话框，在该对话框中可以对单击动作按钮时产生的动作进行设置。

由于动作按钮实际上就是一个图形对象，因此可以在"格式"选项卡中对按钮的样式进行设置。

5.5.2   使用触发器交互

在默认情况下，幻灯片的内容以顺序方式出现，单击时会出现下一个信息内容。但在有些情况下，需要根据实际要求，随机性地展示幻灯片中的信息，这时可以使用 PowerPoint 2016 的触发器功能，对文字、声音等信息进行相关设置，制作交互效果。

触发器可以是一个图片、文字、段落、文本框等，相当于一个按钮，在幻灯片中设置好触发器后，单击触发器会触发一个操作，如执行页面中已设定好的动画。

1. 制作选择题

PowerPoint 2016 制作的课件一般用来在课堂上向学生展示教学内容，但也可以制作练习型的课件，即通过 PPT 向学生提供练习内容，可以是选择题、填空题、判断题、连线题等。

【例 5-6】如图 5-57 所示，设计如下一个选择题，要求单击选项，可判断对错并在后面显示判断结果。

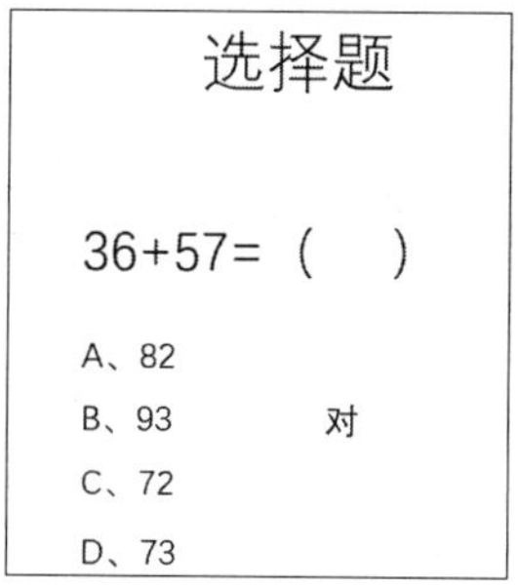

选择题

36+57= （   ）

A、82

B、93   对

C、72

D、73

图 5-57   选择题的设计

操作步骤如下。

1）新建一张幻灯片，插入多个文本框并输入相应的文字。注意把题目、选择题的多个选项和对错分别放在不同的文本框中，这样可以制成不同的文本对象，如图 5-58 所示。

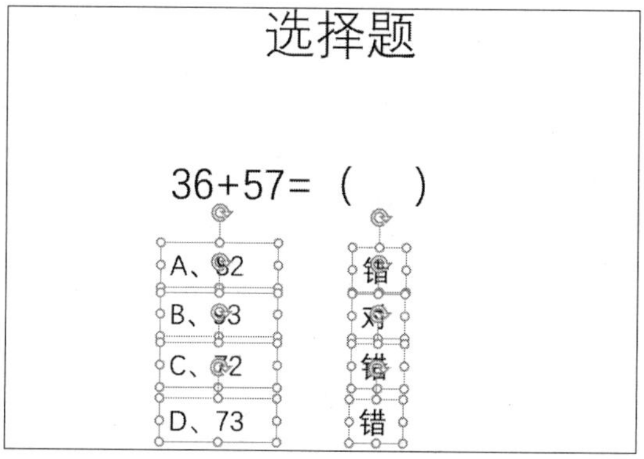

选择题

36+57= （   ）

A、82   错

B、93   对

C、72   错

D、73   错

图 5-58   设计界面

2）自定义动画效果。触发器是在自定义动画中的，所以在设置触发器之前必须设置选择题的 4 个对错判断文本的自定义动画效果。这里简单设置其动画效果均为从右侧飞入，如图 5-59 所示。可以利用动画格式刷将设置的动画应用到其他 3 个文本框。

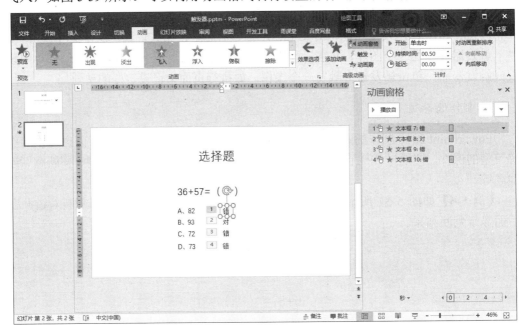

图 5-59　设置淡出的进入效果

3）设置触发器。在动画窗格列表中选择"文本框 7：错"，在其下拉列表中选择"效果选项"选项，弹出"飞入"对话框。选择"计时"选项卡，单击"触发器"按钮，然后选中"单击下列对象时启动效果"单选按钮，并在其右侧的下拉列表中选择"文本框 3：A、82"选项，即选择第一个答案的选项，如图 5-60 所示。

图 5-60　设置触发器

4）使用同样的方法分别对其他对、错文本框设置触发器。设置完成后，动画窗格中的显示如图 5-61 所示。

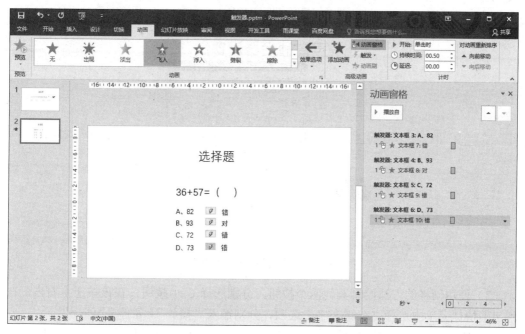

图 5-61　设置对错触发器

2．使用触发器控制声音

在 PowerPoint 2016 中可以使用触发器控制声音，如在课件中加上一段音乐，用于学生朗读课文时播放，既能在适当的时候停止，又能在适当的时候重新播放。

【例 5-7】如图 5-62 所示，幻灯片上有 3 个动作按钮，当单击"播放"按钮时开始播放音乐，单击"暂停"按钮时暂停播放音乐，单击"停止"按钮时停止播放音乐。

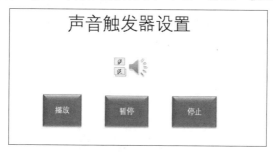

图 5-62　设计界面

操作步骤如下。

1）在幻灯片中单击"插入"选项卡"媒体"选项组中的"音频"下拉按钮，在弹出的下拉列表中选择"PC 上的音频"选项，弹出"插入音频"对话框，选择要插入的音频文件，然后单击"插入"按钮。

2）单击"插入"选项卡"插图"选项组中的"形状"下拉按钮，在弹出的下拉列表中选择"动作按钮"中的"动作按钮：自定义"选项。在幻灯片中绘制按钮后弹出"操作设置"对话框，选中"无动作"单选按钮，如图 5-63 所示，单击"确定"按钮。

图 5-63 绘制并设置动作按钮

3）使用同样的方法绘制其他两个按钮，分别选择 3 个按钮，在该按钮上右击，在弹出的快捷菜单中选择"编辑文字"选项，分别输入"播放""暂停""停止"。

4）将声音文件播放控制设定为用"播放"按钮控制。选择幻灯片中的小喇叭图标，单击"动画"选项卡"高级动画"选项组中的"动画窗格"按钮，在幻灯片右侧弹出的"动画窗格"窗格中可以看到插入的音乐。双击动画窗格中的音乐文件所在的一格，弹出"播放音频"对话框，选择"计时"选项卡，单击"触发器"按钮，选中"单击下列对象时启动效果"单选按钮，在其下拉列表中选择触发对象，如图 5-64 所示，然后单击"确定"按钮。

图 5-64 为"播放"按钮设置触发器

5）将声音文件暂停控制设定为用"暂停"按钮控制。在动画窗格中选择音频文件，单击"动画"选项卡"高级动画"选项组中的"添加动画"下拉按钮，在弹出的下拉列表中选择"媒体"中的"暂停"选项，如图 5-65 所示。选择动画窗格中添加的动画，单击右侧的下拉按钮，在弹出的下拉列表中选择"效果选项"选项，弹出"暂停音频"对话框，选择"计时"选项卡，单击"触发器"按钮，选中"单击下列对象时启动效果"单选按钮，在其下拉列表中选择"动作按钮：自定义 7：暂停"选项，然后单击"确定"按钮。

图 5-65　添加动画

6）使用同样的方法对"停止"按钮设置触发器。设置完成后的动画窗格效果如图 5-66 所示。

图 5-66　动画窗格效果图

5.6　放映演示文稿

5.6.1　设置放映范围

PowerPoint 2016 为用户提供了"从头开始""从当前幻灯片开始""广播幻灯片""自定义幻灯片放映"4 种放映方式。经常用的放映方式有"从头开始""从当前幻灯片开始""自定义幻灯片放映"，下面具体介绍如何来设置不同的放映范围，最终实现幻灯片的放映。

1. 从头开始

选择"幻灯片放映"选项卡，在"开始放映幻灯片"选项组中单击"从头开始"按钮即可实现从演示文稿的第一张幻灯片开始播放，或者按键盘的 F5 键也可以实现。

2. 从当前幻灯片开始

选择要播放的第一张幻灯片，单击"幻灯片放映"选项卡"开始放映幻灯片"选项组中的"从当前幻灯片开始"按钮即可实现从选择的幻灯片开始播放，或者利用 Shift+F5 组合键也可以实现。

3. 自定义幻灯片放映

用户也可以根据具体环境，设置需要放映的幻灯片。选择"幻灯片放映"选项卡，在"开始放映幻灯片"选项组中单击"自定义幻灯片放映"下拉按钮，在弹出的下拉列表中选择"自定义放映"选项，弹出"自定义放映"对话框。单击"新建"按钮，弹出"定义自定义放映"对话框，添加需要放映的幻灯片，如图 5-67 所示，添加完成后可以对"幻灯片放映名称"重新命名，然后单击"确定"按钮即可。

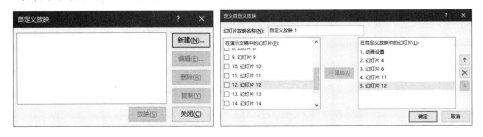

图 5-67　设置自定义幻灯片放映

5.6.2　设置放映方式

在 PowerPoint 2016 中，单击"幻灯片放映"选项卡"设置"选项组中的"设置幻灯片放映"按钮，弹出"设置放映方式"对话框，如图 5-68 所示。

图 5-68　"设置放映方式"对话框

在该对话框中可以设置放映类型、放映选项、放映幻灯片的范围、换片方式及多监视器，用户可以根据具体环境设置相应的选项。

5.6.3　排练与录制

在使用 PowerPoint 2016 播放演示文稿进行演讲时，用户可以通过 PowerPoint 2016 的排练和录制功能对演讲活动进行预先演练，制定演示文稿的播放进度。除此之外，用户还可以录制演示文稿的播放流程，自动控制演示文稿并添加旁白。

1. 排练计时

排练计时功能的作用就是通过对演示文稿的全程播放，辅助用户演练，根据每张幻灯片上的计时，制定合理的演讲内容及演讲时间。通过单击"幻灯片放映"选项卡"设置"选项组中的"排练计时"按钮，系统即可自动播放演示文稿，并显示录制工具栏，记录播放每张幻灯片所用的时间，如图 5-69 所示。可以通过录制工具栏中的"上一项""暂停录制""重复"按钮来控制排练计时，通过"幻灯片放映时间"和"整个演示文稿放映时间"来掌控演讲的速度。

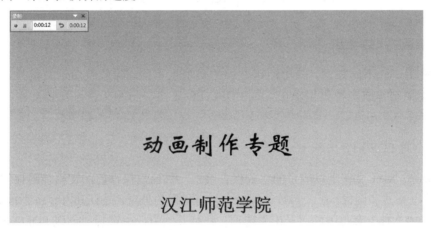

图 5-69　排练计时的效果图

对幻灯片放映的排练时间进行保存后，单击"视图"选项卡"演示文稿视图"选项组中的"幻灯片浏览"按钮，切换到幻灯片浏览视图，在其下方将显示排练的时间，可以根据播放每一张幻灯片的时间及总时间对幻灯片的内容及演讲速度进行调整，以达到最佳效果。

2. 录制幻灯片演示

用户除通过排练计时进行预先演练外，还可以通过录制幻灯片演示，包括录制旁白录音，以及使用激光笔等工具对演示文稿中的内容进行标注。

选择"幻灯片放映"选项卡，在"设置"选项组中单击"录制幻灯片演示"下拉按钮，在弹出的下拉列表中选择"从头开始录制"选项，在弹出的"录制幻灯片演示"对话框中选中所有复选框，如图 5-70 所示，然后单击"开始录制"按钮。

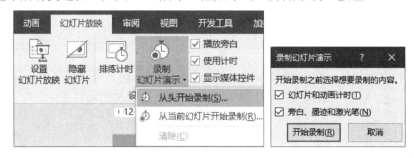

图 5-70　录制幻灯片演示

注意：录制完成后，单击"幻灯片放映"选项卡"设置"选项组中的"录制幻灯片演示"下拉按钮，在弹出的下拉列表中选择"清除"选项，然后在其级联菜单中选择相应的选项，即可清除录制内容。

5.7　演示文稿的输出与打印

5.7.1　演示文稿的输出

根据用户的不同需求，输出演示文稿的类型也不同。除放映演示文稿外，还可以将演示文稿制作成多种类型输出，如 PDF/XPS 文档、图片文件、视频文件、打印输出等。

1. 创建 PDF/XPS 文档

PDF 或 XPS 文档是以固定的格式保存演示文稿的，保存后的文档能够保留幻灯片中的字体、格式和图像，在大多数计算机上具有相同的外观，并且其内容将不再被修改。

选择"文件"菜单中的"导出"选项，在打开的窗口中选择"创建 PDF/XPS 文档"选项，然后单击右侧的"创建 PDF/XPS"按钮，在弹出的"发布为 PDF 或 XPS"对话框中选择文档的保存类型为"PDF"或"XPS 文档"，输入文件名创建 PDF 或 XPS 文档。或者选择"文件"菜单中的"另存为"选项，在打开的窗口中单击"浏览"按钮，在弹出的"另存为"对话框中选择保存类型为"PDF"或"XPS 文档"。

2. 演示文稿保存为图片

演示文稿制作完成后，可直接将幻灯片以图片文件的格式保存，可保存的图片格式有 JPG、PNG 等。

选择"文件"菜单中的"另存为"选项，在打开的窗口中单击"浏览"按钮，弹出"另存为"对话框，设置保存类型、保存路径和文件名，单击"保存"按钮，弹出如图 5-71 所示的提示对话框，单击"所有幻灯片"或"仅当前幻灯片"按钮实现演示文稿保存成图片。若单击"所有幻灯片"按钮，则将每一张幻灯片保存为一个单独的图片保存在设置的保存路径中。

图 5-71　提示对话框

3. 演示文稿制作成视频文件

可以将演示文稿保存为 WMV 格式的 Windows Media 视频文件或 AVI、MOV 等其他格式的视频文件，以保证演示文稿中的动画、旁白和多媒体内容顺畅播放，观看者无须在其计算机上安装 PowerPoint 即可观看。制作视频文件的操作步骤如下。

1）选择"文件"菜单中的"导出"选项，在打开的窗口中选择"创建视频"选项，打开如图 5-72 所示的"创建视频"界面。

图 5-72　"创建视频"界面

2）单击"演示文稿质量"下拉按钮，在弹出的下拉列表中可选择视频质量和大小的选项。

3）单击"不要使用录制的计时和旁白"下拉按钮，在弹出的下拉列表中可选择是否使用录制的计时和旁白；在"放映每张幻灯片的秒数"文本框中可更改每张幻灯片的放映时间。

4）单击"创建视频"按钮，在弹出的"另存为"对话框中的"文件名"文本框中输入视频文件的名称，并指定存放位置，然后单击"保存"按钮即可。

5.7.2 演示文稿的打印

当需要将演示文稿中的内容制作成讲义或留作备份时，可以通过 PowerPoint 2016 的打印功能来完成。

1. 页面设置

在打印演示文稿之前，有必要对纸张的格式进行相关设置。单击"设计"选项卡"自定义"选项组中的"幻灯片大小"按钮，弹出"幻灯片大小"对话框，如图 5-73 所示，在该对话框中可以对演示文稿的打印进行相关设置。

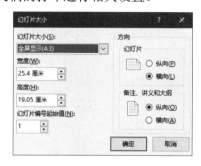

图 5-73 设置幻灯片大小

2. 打印设置

选择"文件"菜单中的"打印"选项，在右侧窗格中显示"打印"界面和打印预览窗格，如图 5-74 所示。在该界面中可以设置打印份数、打印机、打印范围、每页打印幻灯片的张数等，设置完成后单击"打印"按钮即可。

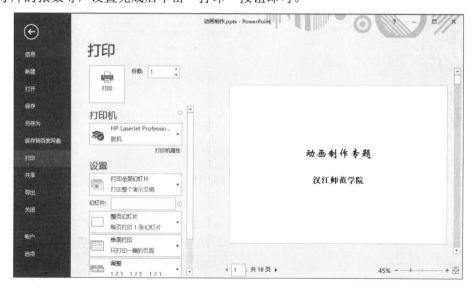

图 5-74 打印设置

习　题

一、选择题

1．在 PowerPoint 2016 中，幻灯片浏览视图主要用于（　　）。

A．对所有幻灯片进行整理编排或次序调整

B．对幻灯片的内容进行编辑修改及格式调整

C．对幻灯片的内容进行动画设计

D．观看幻灯片的播放效果

2．在 PowerPoint 2016 演示文稿普通视图的幻灯片缩略图窗格中，需要在第 3 张幻灯片后面再复制一张，最快捷的操作方法是（　　）。

A．按住 Ctrl 键的同时用鼠标拖动第 3 张幻灯片到第 3、第 4 张幻灯片之间

B．右击第 3 张幻灯片，在弹出的快捷菜单中选择"复制幻灯片"选项

C．用鼠标拖动第 3 张幻灯片到第 3、第 4 张幻灯片之间时按下 Ctrl 键并释放鼠标左键

D．选择第 3 张幻灯片并通过复制、粘贴功能实现复制

3．小马正在制作有关员工培训的新演示文稿，他想借鉴自己以前制作的某个培训文稿中的部分幻灯片，最优的操作方法是（　　）。

A．将原演示文稿中有用的幻灯片一一复制到新文稿

B．单击"插入"选项卡中的"对象"按钮，插入原文稿中的幻灯片

C．放弃正在编辑的新文稿，直接在原演示文稿中进行增删修改，并另行保存

D．通过"重用幻灯片"功能将原文稿中有用的幻灯片引用到新文稿中

4．李老师在用 PowerPoint 2016 制作课件，她希望将学校的徽标图片放在除标题页之外的所有幻灯片右下角，并为其指定一个动画效果。最优的操作方法是（　　）。

A．先在一张幻灯片上插入徽标图片，并设置动画，然后将该徽标图片复制到其他幻灯片上

B．分别在每一张幻灯片上插入徽标图片，并分别设置动画

C．先制作一张幻灯片并插入徽标图片，为其设置动画，然后多次复制该张幻灯片

D．在幻灯片母版中插入徽标图片，并为其设置动画

5．若需在 PowerPoint 2016 演示文稿的每张幻灯片中添加包含单位名称的水印效果，最优的操作方法是（　　）。

A．制作一个带单位名称的水印背景图片，然后将其设置为幻灯片背景

B．添加包含单位名称的文本框，并置于每张幻灯片的底层

C．在幻灯片母版的特定位置放置包含单位名称的文本框

D．利用 PowerPoint 2016 中的插入"水印"功能实现

6．小郑通过 PowerPoint 2016 制作公司宣传片时，在幻灯片母版中添加了公司徽标

图片。现在他希望放映时暂不显示该徽标图片，最优的操作方法是（　　　）。

  A．选中全部幻灯片，设置隐藏背景图形功能后再放映

  B．在幻灯片母版中，插入一个以白色填充的图形框遮盖该图片

  C．在幻灯片母版中，调整该图片的颜色、亮度、对比度等参数直到其变为白色

  D．在幻灯片母版中通过"格式"选项卡中的"删除背景"功能删除该徽标图片，
   放映过后再加上

  7．在 PowerPoint 2016 演示文稿中通过分节组织幻灯片，如果要选中某一节内的所有幻灯片，最优的操作方法是（　　　）。

  A．按 Ctrl+A 组合键

  B．选中该节的一张幻灯片，然后按住 Ctrl 键，逐个选中该节的其他幻灯片

  C．选中该节的第一张幻灯片，然后按住 Shift 键，单击该节的最后一张幻灯片

  D．单击节标题

  8．在 PowerPoint 2016 中，旋转图片的最快捷方法是（　　　）。

  A．拖动图片 4 个角的任一控制点

  B．设置图片格式

  C．拖动图片上方绿色控制点

  D．设置图片效果

  9．针对 PowerPoint 2016 幻灯片中图片对象的操作，描述错误的是（　　　）。

  A．可以在 PowerPoint 2016 中直接删除图片对象的背景

  B．可以在 PowerPoint 2016 中直接将彩色图片转换为黑白图片

  C．可以在 PowerPoint 2016 中直接将图片转换为铅笔素描效果

  D．可以在 PowerPoint 2016 中将图片另存为 PSD 文件格式

  10．小吕在利用 PowerPoint 2016 制作旅游风景简介演示文稿时插入了大量的图片，为了减小文档体积以便通过邮件方式发送给客户浏览，需要压缩文稿中图片的大小，最优的操作方法是（　　　）。

  A．在 PowerPoint 2016 中通过调整缩放比例、裁剪图片等操作来减小每张图片的
   大小

  B．直接利用压缩软件来压缩演示文稿的大小

  C．先在图形图像处理软件中调整每张图片的大小，再重新替换到演示文稿中

  D．直接通过 PowerPoint 2016 提供的"压缩图片"功能压缩演示文稿中图片的
   大小

  11．小王在一次校园活动中拍摄了很多数码照片，现需将这些照片整理到一个 PowerPoint 2016 演示文稿中，快速制作的最优操作方法是（　　　）。

  A．创建一个 PowerPoint 2016 相册文件

  B．创建一个 PowerPoint 2016 演示文稿，然后批量插入图片

  C．创建一个 PowerPoint 2016 演示文稿，然后在每张幻灯片中插入图片

  D．在文件夹中选中所有照片，然后右击直接发送到 PowerPoint 2016 演示文稿中

  12．小姚在 PowerPoint 2016 中制作了一个包含 4 层的结构层次类 SmartArt 图形，

现在需要将其中一个三级图形改为二级，最优的操作方法是（　　）。

  A．选中这个图形，在"SmartArt 工具-设计"选项卡"创建图形"选项组中单击"上移"按钮

  B．选中这个图形，在"SmartArt 工具-格式"选项卡"排列"选项组中单击"上移一层"按钮

  C．将光标定位在"文本窗格"中的对应文本上，然后按 Tab 键

  D．选中这个图形，在"SmartArt 工具-设计"选项卡"创建图形"选项组中单击"升级"按钮

13．在 PowerPoint 2016 演示文稿中，不可以使用的对象是（　　）。

  A．图片   B．超链接   C．视频   D．书签

14．如需将 PowerPoint 2016 演示文稿中的 SmartArt 图形列表内容通过动画效果一次性展现出来，最优的操作方法是（　　）。

  A．将 SmartArt 动画效果设置为"整批发送"

  B．将 SmartArt 动画效果设置为"一次按级别"

  C．将 SmartArt 动画效果设置为"逐个按分支"

  D．将 SmartArt 动画效果设置为"逐个按级别"

15．在 PowerPoint 2016 演示文稿中通过分节组织幻灯片，如果要求一节内的所有幻灯片切换方式一致，最优的操作方法是（　　）。

  A．分别选中该节的每张幻灯片，逐个设置其切换方式

  B．选中该节的第一张幻灯片，然后按住 Ctrl 键，逐个选中该节的其他幻灯片，再设置切换方式

  C．选中该节的第一张幻灯片，然后按住 Shift 键，单击该节的最后一张幻灯片，再设置切换方式

  D．单击节标题，再设置切换方式

16．李老师制作完成了一个带有动画效果的 PowerPoint 2016 教案，她希望在课堂上可以按照自己讲课的节奏自动播放，最优的操作方法是（　　）。

  A．为每张幻灯片设置特定的切换持续时间，并将演示文稿设置为自动播放

  B．在练习过程中，利用"排练计时"功能记录适合的幻灯片切换时间，然后播放即可

  C．根据讲课节奏，设置幻灯片中每一个对象的动画时间，以及每张幻灯片的自动换片时间

  D．将 PowerPoint 2016 教案另存为视频文件

17．小李利用 PowerPoint 2016 制作产品宣传方案，并希望在演示时能够满足不同对象的需要，处理该演示文稿的最优操作方法是（　　）。

  A．制作一份包含适合所有人群的全部内容的演示文稿，每次放映时按需要进行删减

  B．制作一份包含适合所有人群的全部内容的演示文稿，放映前隐藏不需要的幻灯片

C．制作一份包含适合所有人群的全部内容的演示文稿，然后利用自定义幻灯片放映功能创建不同的演示方案

D．针对不同的人群，分别制作不同的演示文稿

18．将一个 PowerPoint 2016 演示文稿保存为放映文件，最优的操作方法是（　　）。

A．选择"文件"菜单中的"保存并发送"选项，将演示文稿打包成可自动放映的 CD

B．将演示文稿另存为.ppsx 文件格式

C．将演示文稿另存为.potx 文件格式

D．将演示文稿另存为.pptx 文件格式

19．可在 PowerPoint 2016 同一窗口显示多张幻灯片，并在幻灯片下方显示编号的视图是（　　）。

A．普通视图 　　　　　　　　　B．幻灯片浏览视图

C．备注页视图 　　　　　　　　D．阅读视图

20．PowerPoint 2016 演示文稿包含了 20 张幻灯片，现需要放映奇数幻灯片，最优的操作方法是（　　）。

A．将演示文稿的偶数张幻灯片删除后再放映

B．将演示文稿的偶数张幻灯片设置为隐藏后再放映

C．将演示文稿的所有奇数张幻灯片添加到自定义放映方案中，然后放映

D．设置演示文稿的偶数张幻灯片的换片持续时间为 0.01 秒，自动换片时间为 0 秒，然后放映

二、简答题

1．简述幻灯片母版的特点。

2．如何通过超链接功能组织幻灯片的浏览顺序？

3．如何设置演示文稿的播放效果？

4．简述制作演示文稿的基本步骤。

5．简述幻灯片中实现交互的方法。

参 考 答 案

一、选择题

1．A　　2．C　　3．D　　4．D　　5．C

6．A　　7．D　　8．C　　9．D　　10．D

11．A　　12．D　　13．D　　14．A　　15．D

16．B　　17．C　　18．B　　19．B　　20．C

二、简答题

略

第6章 计算机网络基础

6.1 计算机网络的概念

"网络"顾名思义就是一张"网",纵横交错,各节点间相互连接。"网络"这个名称现在应用非常广泛,除计算机领域外,还应用于其他许多方面,如通常所说的关系网、公路网、人才网、通信网和电话网等。计算机网络有它的特殊性,其特点主要体现在网络的连接和通信方式方面。它是由两台或两台以上的计算机通过传输介质、网络设备及软件相互连接在一起,利用一定的通信协议并进行通信的计算机集合体。计算机网络中各计算机之间的交接点称为"节点",每个计算机就是通过这样的节点来彼此通信的。因此,所谓计算机网络,就是以相互共享资源(软件、硬件和数据等)方式而连接起来的、各自具备独立功能的计算机系统的集合。在计算机网络中若干台计算机通过通信系统连接起来,以互相沟通信息。

计算机或计算机网络设备是整个计算机网络的最小单元,通常也称为"节点"。这里的计算机类型不重要,可以是 PC,也可以是大型机和微型机,最重要的是所有的这些是互联设备,有一种共同的语言,那就是网络通信协议。通信协议是一系列规则和约定,它控制网络中的设备之间的信息交换方式。

最初的计算机网络只是少数几台独立的计算机的相互连接,此时的计算机网络是独立的计算机单元的集合。随着计算机网络应用的不断深入,计算机网络的规模越来越大,有的网络还包含了许多小的计算机子网,如局域网(local area network,LAN)、广域网(wide area network,WAN)或城域网(metropolitan area network,MAN)。例如,应用最广泛的因特网,它将全球许多独立的计算机和计算机网络连接在一起,形成了目前最大的计算机互联网络。

计算机网络就是利用通信线路和通信设备,使用一定的连接方法,将分布在不同地点的具有独立功能的多台计算机系统或网络相互连接起来,在网络软件的支持下进行数据通信,实现资源共享的系统。

6.1.1 计算机网络的形成与发展

计算机网络目前主要分为有线和无线两类,所以在此也要针对这两种计算机网络类型进行介绍。

1. 有线计算机网络的发展历史

任何一种新技术的出现都必须具备两个条件:一是强烈的社会需求,二是前期技术的成熟。计算机网络技术的形成与发展也遵循了这一技术发展轨迹。1946 年,世界上第

一台通用计算机（ENIAC）在美国的宾夕法尼亚大学问世。当时计算机的主要应用就是进行科学计算，随着计算机应用规模及用户需求的不断增大。单机处理已经很难胜任，于是出现了计算机网络的应用，它是计算机技术、通信技术与自动控制技术相结合的产物，其发展经历了从简单应用到复杂应用的 4 个阶段。

第一阶段：面向终端的计算机网络。

20 世纪 60 年代中期之前的第一代计算机网络是以单个计算机为中心的远程联机系统。典型应用实例是由一台计算机和全美范围内 2000 多个终端组成的飞机订票系统。终端主要由显示器和键盘构成。当时人们把计算机网络定义为"以传输信息为目的而连接起来实现远程信息处理或进一步达到资源共享的系统"，这样的通信系统已具备了网络的雏形。

第二阶段：网络互联阶段。

面向终端的计算机网络只能在终端和主机之间进行通信，而计算机之间却无法通信。到 20 世纪 60 年代中期，美国出现了若干台计算机互联的系统。用户不仅可以通过终端使用本主机上的软硬件资源，还可以共享网络上其他主机上的资源。这些计算机之间不仅可以实现彼此之间的通信，还可以实现计算机间的资源共享，这种实现计算机之间通信，并以资源共享为目的的计算机通信网络称为第二代计算机网络。其典型代表是美国国防部高级研究计划局协助开发的 ARPAnet，将多台主机互联起来，通过分组交换技术实现主机之间的彼此通信。

第三阶段：网络体系结构标准化阶段。

20 世纪 70 年代末至 90 年代的第三代计算机网络是具有统一的网络体系结构并遵循国际标准的开放式和标准化的网络。ARPAnet 兴起后，计算机网络发展迅猛，各大计算机公司相继推出自己的网络体系结构及实现这些结构的软硬件产品。由于没有统一的标准，不同厂商的产品之间互联很困难，人们迫切需要一种开放性的标准化实用网络环境，这样应运而生了两种国际通用的最重要的体系结构，即 OSI（open system interconnection，开放系统互连）体系结构和 TCP/IP 体系结构。

第四阶段：网络技术高速发展阶段。

20 世纪 90 年代末至今的第四代计算机网络，由于局域网技术发展成熟，Internet 全面开放。全球各大商业机构纷纷进入 Internet，使 Internet 原来以科研教育为主的运营性质发生了突变，开始了商业化的新进程，迅速形成了一个覆盖全球的网络。Internet 的飞速发展和广泛应用，在全球范围内掀起了一场信息技术革命，标志着计算机网络进入高速发展的崭新阶段，即网络技术高速发展阶段，也标志着人类社会进入信息化时代。

2. 无线计算机网络的发展历史

无线局域网（wireless local area network，WLAN）起步于 1997 年，同年 6 月，第一个无线局域网标准 IEEE 802.11 正式颁布实施，为无线局域网技术提供了统一的标准，但当时的传输速率只有 1～2Mb/s。随后，IEEE（Institute of Electrical and Electronics Engineers，电气电子工程师学会）委员会又开始了新的 WLAN 标准的制定，分别取名 IEEE 802.11a 和 IEEE 802.11b。这两个标准分别工作在不同的频率上，IEEE 802.11a 工作在商用的 5GHz 频段，IEEE 802.11b 工作在免费的 2.4GHz 频段。IEEE 802.11b 标准于 1999 年 9 月正式颁布，其速率为 11Mb/s（b/s 是 bits per second 的简称，指每秒传输的位数）；2001 年年底正式颁布的 IEEE 802.11a 标准，它的传输率可达到 54Mb/s。尽管如此，WLAN 的应用并未真正开始，因为整个 WLAN 应用环境并不成熟。在当时，人们普遍认为 WLAN 主要是应用于商务人士的移动办公，还没有想到会在现在的家庭和企业中得到广泛应用。

WLAN 的真正应用是从 2003 年 3 月 Intel 第一次推出带有 WLAN 无线网卡芯片模块的迅驰处理器开始的，在其新型节能的迅驰笔记本计算机处理器中集成这样一个支持 IEEE 802.11b 标准的无线网卡芯片。尽管当时的无线网络环境还非常不成熟，但是由于 Intel 的捆绑销售，加上迅驰芯片具有高性能、低功耗等非常明显的优点，许多无线网络服务商看到了商机。同时，11Mb/s 的接入速率在一般的小型局域网也可以进行一些日常应用，于是各国的无线网络服务商开始在公共场所（如机场、宾馆、咖啡厅等）提供访问热点。实际上就是布置一些无线访问点（access point，AP），方便移动商务人士无线上网。

2003 年，经过两年多的开发和多次改进，在兼容原来的 IEEE 802.11b 标准的同时，可提供 5Mb/s 接入速率的新标准 IEEE 802.11g，在 IEEE 委员会的努力下正式发布了，因为该标准工作于免费的 2.4GHz 频段，所以很快被许多无线网络设备厂商采用。

同时一些技术实力雄厚的无线网络设备厂商对 IEEE 802.11a 和 IEEE 802.11b 标准进行了改进，纷纷推出了其增强版，它们的接入速率可以达到 108Mb/s。

6.1.2　计算机网络的组成与功能

1. 计算机网络的组成

计算机网络在逻辑上可以分为进行数据处理的资源子网和完成数据通信的通信子网两部分，如图 6-1 所示。

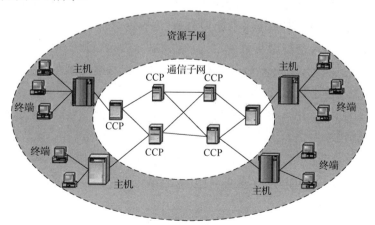

图 6-1　计算机网络系统的组成

（1）通信子网

通信子网处于网络的内层，提供网络通信功能，能完成网络主机之间的数据传输、交换、通信控制和信号变换等通信处理工作。通信控制处理机（communication control processor，CCP）、通信线路和其他通信设备组成数据通信系统。

（2）资源子网

资源子网为用户提供了访问网络的能力，它由主机系统、终端控制器、请求服务的用户终端、通信子网的接口设备、提供共享的软件资源和数据资源构成。它负责网络的数据处理业务，向网络用户提供各种网络资源和网络服务。

2．计算机网络的功能

计算机网络的功能主要有数据通信、资源共享和分布式处理等。

（1）数据通信

数据通信是计算机网络最基本的功能。这一功能实现了计算机之间的数据信息的传输。当计算机连接到互联网后，可以快速传送各种数据，包括文本信息、图片信息、音乐、视频等信息。其具有费用低、速度快、信息量大、方便交流、效率高等特点。

（2）资源共享

资源共享包括硬件资源共享、软件资源共享和数据资源共享。

1）硬件资源共享：由于企业预算有限，硬件资源共享可以节约大量的资金，特别是一些昂贵的设备，如巨型计算机、大容量存储器、绘图仪、高分辨率的激光打印机等。例如，激光打印机接入局域网（IP 地址为 192.168.1.100），整个公司的计算机连接到打印机后就都可以使用该打印机了，而不必为每个楼层都配备一台激光打印机。

2）软件资源共享：一些企业或单位开发的软件可以出售给其他公司使用，这些公司不需要花费大量的人力、物力去开发功能类似的软件。

3）数据资源共享：如航空公司的机票、12306 的火车票订票系统可以供全网使用，这项功能对变化较快的数据来说作用尤为突出。

（3）分布式处理（负荷均衡）

一台计算机的能力有限，将多台计算机通过计算机网络连接在一起，组成的集群计算机的计算能力不容小觑。当一台计算机的负荷过重时，可以将计算任务分配给网络上的其他节点，实现负荷均衡。这样企业便不需要再购置高性能的大型计算机了，节省成本。

（4）集中管理

企事业单位通过使用管理信息系统（management information system，MIS）和办公自动化系统（office automation system，OAS）可以实现日常工作的集中管理，提高工作效率，增加经济效益。

由此可见，计算机网络可以大大扩展计算机系统的功能，扩大其应用范围，提高其可靠性，为用户提供方便，同时也减少了费用，提高了性价比。

6.1.3　计算机网络的分类

计算机网络分类依据不同，分类方法便不同。常用的分类方法有按网络覆盖的地理范围分类、按网络的拓扑结构分类、按网络使用目的分类、按传输介质分类、按使用的网络操作系统分类和按通信方式分类等，常用的分类方法如表 6-1 所示。

表 6-1　计算机网络常用的分类方法

分类标准	分类的种类
按网络覆盖范围分类	局域网、城域网、广域网、因特网
按传输介质分类	有线网、无线网
按信号频带占用分类	基带网、宽带网
按拓扑结构分类	环形网、总线型网、星形网、树形网、网状形网
按通信方式分类	点对点传输网络、广播式传输网络
按网络使用的目的分类	共享资源网、数据处理网、数据传输网
按使用的操作系统分类	UNIX 网络、Novell 网络、Windows NT 网络
按服务方式分类	客户机/服务器模式、浏览器/服务器模式、对等网
按企业和公司管理分类	内部网、内联网、外联网

虽然网络类型的划分标准各异，但是从地理范围划分是一种大家都认可的通用网络划分标准。按这种标准可以把各种网络类型划分为局域网、城域网、广域网和因特网 4 种。局域网一般来说只是一个特定的较小区域的网络，城域网、广域网乃至因特网都是不同地区的网络互联。不过在此要说明的一点是，这里的不同地区没有严格意义上的地理范围的区分，只是一个定性概念。下面简要介绍这几种计算机网络。

1. 局域网

局域网是最常见、应用最广泛的一种网络。现在局域网随着整个计算机网络技术的发展和提高得到了充分应用和普及。大多数的单位有自己的局域网，甚至在有些家庭中也有自己的小型局域网。

所谓局域网，就是在局部地区范围内的网络，它所覆盖的地区范围较小，如一个公司、一个家庭等。局域网在计算机数量配置上没有太多的限制，少的可以只有两台，多的可达几百台甚至上千台。局域网所涉及的地理范围一般来说可以是几米至十千米以内，不存在寻径问题，不包括网络层的应用。正因如此，单纯的局域网是没有路由器和防火墙设备的。因为这两个常见设备主要应用在不同网络之间。这种没有路由器和防火墙的情况在中小企业网络中比较普遍。

局域网是所有网络的基础，以下所介绍的城域网、广域网及因特网都是由许多局域网和单机相互连接组成的。

局域网的连接范围窄、用户数少、配置容易，连接速率高。目前最快速率的局域网就是万兆位以太网。它的传输速率达 10Gb/s，而且这种以太网可以是全双工工作的，相对于以前的以太网标准在性能上有了非常大的提高。

IEEE 802 标准委员会定义了多种主要的局域网：以太网（Ethernet）、令牌环网（Token-Ring）、光纤分布式数据接口（fiber distributed data interface，FDDI）网络、异步传输方式（asynchronous transfer mode，ATM）网络及最新的 WLAN。

2. 城域网

城域网的地理覆盖范围一般在一个城市，它主要应用于政府机构和商业网络。这种网络的连接距离可以是 10～100km。城域网采用的是 IEEE 802.6 标准。城域网比局域网扩展的距离更长，连接的计算机数量更多，在地理范围上是局域网的延伸。在一个大型城市或都市地区，一个城域网通常连接着多个局域网，如连接政府机构的局域网、医院的局域网、电信的局域网、公司企业的局域网等。光纤连接的引入让城域网中高速的局域网互联成为可能。

城域网多采用 ATM 技术做骨干网。ATM 是一个用于数据、语音、视频及多媒体应用程序的高速网络传输方法。ATM 包括一个接口和一个协议，该协议能够在一个常规的传输信道上，在比特率不变及变化的通信量之间进行切换。ATM 也包括硬件、软件及与 ATM 协议标准一致的介质。ATM 提供一个可伸缩的主干基础设施，以便能够适应不同规模、速度及寻址技术的网络。ATM 的最大缺点就是成本太高，所以一般用在政府城域网中，如邮政、银行及医院等。

3. 广域网

广域网的覆盖范围比城域网更广，它一般用于不同城市之间的局域网或城域网的互联，地理范围可从几百千米到几千千米。下面所要介绍的因特网也属于广域网，只不过它所覆盖的范围最大，是全球。因为所连接的距离较远，信息衰减比较严重，所以广域网一般要租用专线通过 IMP（interface message processor，接口消息处理器）协议和线路连接起来，构成网络结构，解决寻径问题。

广域网与局域网的主要区别是需要向外界的广域网服务商申请广域网服务，使用通信设备的数据链路连入广域网，如 ISDN（integrated service digital network，综合业务数字网）、DDN（digital data network，数字数据网）和帧中继（frame relay，FR）等。广域网技术主要体现在 OSI 参考模型的下 3 层：物理层、数据链路层和网络层。

因为广域网所连接的用户多，总出口带宽有限，所以用户的终端连接速率一般较低，如 ChinaNET、ChinaPAC 和 ChinaDDN。不过现在这些网络的出口带宽都得到了相应的调整，比原来有了较大幅度的提高。

4. 因特网

一般所说的互联网就是因特网，在因特网应用高速发展的今天，它已是人们每天都要与之打交道的一种网络，它的应用已非常普遍，几乎涉及人们工作、生活、休闲、娱乐的各个方面。

无论从地理范围还是从网络规模来讲，因特网都是目前最大的一种网络。从地理范围来说，它可以是全球计算机的互联，这种网络的最大特点就是不定性。整个网络所连接的计算机和网络每时每刻都在不停地变化。

　　一台计算机连接在互联网上的时候，可以算是互联网的一部分，但一旦断开与互联网的连接，这台计算机就不属于互联网了。互联网的优点也非常明显，就是信息量大、传播广，无论身在何处，只要连上互联网就可以对任何可以联网的用户发出信函和广告。

　　互联网的接入也要专门申请接入服务，如用户平时上网就要先向 ISP（互联网服务提供商）申请接入账号，还需安装特定的接入设备，如现在的主流互联网接入方式中的 MODEM、ASDL 等。当然这只是用户端设备，在 ISP 端还需要许多专用设备，俗称"局端设备"。

6.1.4　计算机网络的拓扑结构

　　网络拓扑结构是指地理位置上分散的各个网络节点互联的几何逻辑布局。网络的拓扑结构决定了网络的工作原理及信息的传输方式，拓扑结构一旦选定，必定要选择一种适合于这种拓扑结构的工作方式与信息传输方式。网络的拓扑结构不同，网络的工作原理及信息的传输方式也不同。如图 6-2 所示，在计算机网络中常见的网络拓扑结构有总线型、星形、环形、树形和网状形。

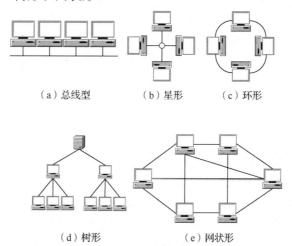

（a）总线型　　　　（b）星形　　　　（c）环形

（d）树形　　　　　　（e）网状形

图 6-2　计算机网络拓扑结构

1. 总线型拓扑结构

　　此拓扑结构共用一条总线作为传输介质，网络中的计算机都要通过接口串接在总线上。在任意时刻，只允许一台计算机向总线发送消息。例如，A 计算机向 B 计算机发送消息，消息以广播的形式发送到各个节点，当计算机地址与目的地址匹配时，才能接收到信息。因此，只有 B 计算机能够接收到信息。

　　总线型拓扑结构的设计简单、布线简单，可扩展性强，如果需要新增加计算机，直接在总线上的任意位置增加即可。该网络中所有的计算机共用总线的带宽和信道，总线中连接的计算机越多，网络的效率下降越快。因此，此结构主要适用于家庭、宿舍等网络规模较小的场所。

2. 星形拓扑结构

在星形拓扑结构中，计算机通过点对点的线路与中心节点相连。两个计算机之间不能直接进行通信。当要进行数据传输时，需要先将信息传送到中间节点，然后由中间节点进行传输。

星形拓扑结构的传输介质采用双绞线，容易实现。在网络中增加节点也非常容易，直接在中心的集线设备的空余端口拉出一条网线即可。拓扑结构中的外围节点与中心节点中间的线路故障不影响其他节点。因此，在进行故障检测时更容易定位故障节点。但该网络中的所有信息都要通过中心节点，增加了中心节点的负担，容易形成性能瓶颈。中心节点一旦出现问题，整个网络就会崩溃。

3. 环形拓扑结构

环形拓扑结构中的所有数据都通过环形网络进行传输。每次只允许一个节点发送信息，信息沿着顺时针或逆时针方向依次经过各个节点，直至到达目的节点。

此结构需要的电缆长度小，节约了成本；结构简单，布线容易。但由于每个节点都是传输线路中的一环，一旦某个节点出现故障，整个网络就会瘫痪。因此，当网络出现故障时，维护网络比较困难。由于每个节点都有可能是故障点，因此定位故障点比较困难。当网络需要扩充时，扩展比较困难。

4. 树形拓扑结构

树形拓扑结构是层次结构，最下层的叶子节点不能转发信息，顶层的根节点和中间层的分支节点可以转发信息。树形拓扑结构中，上下层节点间可以传递数据，同一层之间的节点不能直接传递数据。此结构适用于分级管理和控制的系统，主要用于广域网。

树形拓扑结构中的一个分支的节点出现故障时，不会影响同层次的其他分支，因此故障定位比较容易。此结构容易大规模地扩展，和星形结构类似，在分支节点空余端口拉出一根网线，添加新的设备即可。但在该网络中，一个节点发送的信息，需要通过根节点最后广播发送到各个节点，根节点相当于整个网络的核心。因此，一旦根节点出现故障，整个网络就会瘫痪。一个节点的信息需要经过多条链路，延时较大。

5. 网状形拓扑结构

网状形拓扑结构中的每个节点传送信息时，可以通过多条线路。节点之间的连接是任意的，没有什么规律。

每个节点与其他节点之间的线路不止一条，当某个节点忙或出现故障时，可以经过其他节点，可靠性高。其不存在性能瓶颈，主要用于广域网。但此结构比较复杂，成本较高，它所使用的网络协议也比较复杂。

6.1.5　计算机网络的体系结构

计算机网络是一个复杂的系统。为了降低系统设计和实现的难度,把计算机网络要实现的功能进行结构化和模块化设计,将整个功能分成几个相对独立的子功能层次,各个功能层次间进行有机的连接,下层为其上一层提供必要的功能服务。这种层次结构的设计称为网络层次结构模型。

网络层次结构模型的优点是,各层之间相互独立,各层实现技术的改变不影响其他层,易于实现和维护,有利于促进标准化,为计算机网络协议的设计和实现提供了极大的方便。

1. 网络协议

网络协议是信息在网络中进行传输和数据交换的过程中必须遵守的规则、标准或约定。由于互联网中的每个用户使用的计算机的生产厂商可能不同,计算机的体系结构、网络的带宽也不相同,它们之间发送信息的格式并不能兼容,因此通信困难。网络协议能够很好地解决这个问题。例如,IP 将通信双方的数据链路层中不同格式的帧都统一转化为数据报,提供给传输层使用。

2. 网络体系结构

网络体系结构是网络的层次结构模型和各个层次的协议的结合。由于计算机应用越来越多,计算机网络的规模也越来越大,网络越来越复杂。将计算机网络分成多个层次后,每个层次只关心本层次的功能,不必关心其他层次的实现细节,简化了网络的设计。网络体系结构主要有 OSI/RM(OSI/reference model,开放系统互连参考模型)和 TCP/IP 模型,如图 6-3 所示。

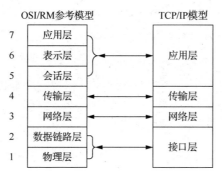

图 6-3　OSI/RM 和 TCP/IP 模型

3. OSI/RM

OSI/RM 是由国际标准化组织提出的,它定义了网络的 7 层框架,从下至上依次是物理层、数据链路层、网络层、传输层、会话层、表示层和应用层。

（1）物理层

物理层是 OSI/RM 模型的第一层，是整个开放系统的基础。物理层完成相邻节点之间比特流的传送，它的基本传输单元是比特。计算机只能识别 0 和 1 这样的二进制数据。物理层协议关心用什么样的物理信号表示数据"1"和"0"（如用高电平表示"1"，低电平表示"0"）；一个位的传输持续时间有多长等。物理层对上层数据链路层屏蔽了具体的传输介质（如双绞线、同轴电缆、光纤等）。不管底层的传输介质是什么，数据链路层的数据都不变。

（2）数据链路层

数据在传输的过程中由于受到各种干扰，可能会出现错误。数据链路层在协议的控制下，确保数据在不可靠的链路上可靠地传输。由于各个主机的网络环境的差异，如果发送方的速率大于接收方的速率，接收方可能来不及接收信息而导致信息的丢失，因此需要控制发送方的速度。这就是数据链路层的流量控制方式。

数据链路层的基本传输单元是帧。数据链路层位于 OSI/RM 模型的第二层，即物理层和网络层之间。它将高层的数据加上帧头和帧尾送到物理层转化为比特流进行传输；或者将物理层的帧头和帧尾去掉后，提取出数据部分传送给上层数据。

（3）网络层

网络层的基本传输单元是分组，网络层负责将分组从源主机通过合适的路由器发送给目标主机。例如，本机（IP 地址为 192.168.123.100）与 IP 地址为 61.135.169.125 的主机进行通信需要经过哪些路由器是网络层考虑的问题，如图 6-4 所示是通信所经过的跃点。

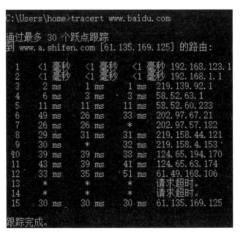

图 6-4　网络跃点跟踪

网络层负责路由选择、拥塞控制和网络互联等基本功能。网络层是 OSI/RM 模型的第三层，它使用了数据链路层的服务，并为传输层端到端的服务提供连接。

（4）传输层

一台计算机中的信息传送到指定计算机后，因为最终是两个应用进程之间的通信，所以还需要通过端口号传送给指定的进程，这就是端到端的通信。OSI/RM 模型的一层至三层的协议是点到点的协议，四层至七层的协议是端到端的协议。如图 6-5 所示，应用进程"腾讯 QQ"所使用的端口号为 4301，使用的协议为 TCP。

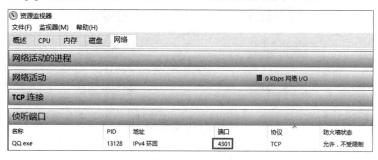

图 6-5　QQ 使用的端口号

传输层提供端到端的数据传输服务，使高层不必关心通信子网的存在。传输层负责差错控制和流量控制问题。

（5）会话层

传输层提供端到端的数据传输服务，会话层不参与数据的交换，它只是对会话进行管理，类似一个主持人的工作。其主要作用是允许两个设备之间建立、维持和终止会话并提供流量控制。

（6）表示层

由于通信双方计算机结构的差异，所使用的编码格式和数据结构可能不同，表示层就是充当"翻译官"的角色，将不同的格式转换为同一种格式。例如，将.pect 格式的图像文件转换为.jpg 格式的，将.wav 格式的音频文件转换为.mp3 格式的。数据在传输过程中可能会被黑客截获，存在安全隐患，表示层还充当了"安全员"的角色，对传输的数据进行加密和解密。当数据量很大时，在网络中传输的时间很长，为了使数据在网络中被快速地传输，表示层会对数据进行压缩和解压缩，使数据量变小，更快地传输到目的地。

（7）应用层

应用层位于 OSI/RM 的最顶层，直接为用户提供服务，包含大量常用的协议。它是各种应用程序和网络之间的接口。应用层上的应用程序可以实现用户请求的各种服务。

4．TCP/IP

通信协议是计算机之间交换信息所使用的一种公共语言规范和约定。TCP/IP 是一种网际互联通信协议，其作用在于通过它实现网际间各种异构网络和异种计算机的互联通信。TCP/IP 同样适用于在一个局域网内实现异种机的互联通信。在任何一台计算机或其他类型终端上，无论运行的是何种操作系统，只要安装了 TCP/IP，就能够相互连接和通信并接入互联网。

TCP/IP 也采用层次结构，但与国际标准化组织公布的 OSI/RM 7 层参考模型不同，它是 4 层结构，如图 6-6 所示，由应用层、传输层、网络层和接口层组成。

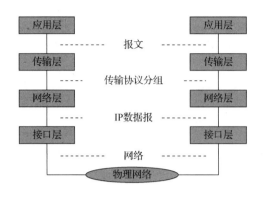

图 6-6　TCP/IP 模型

TCP/IP 实际上是一个协议包，它含有 100 多个相互关联的协议。下面列出 TCP/IP 各层中主要的协议。

1）应用层：DNS（domain name service，域名服务）、DSP、SMTP（simple mail transfer protocol，简单邮件传送协议）、FTP（file transfer protocol，文件传输协议）、Telnet、Gopher、HTTP（hypertext transfer protocol，超文本传输协议）、WAIS（wide arca information server，广域信息服务）等。

2）传输层：TCP、UDP（user datagram protocol，用户数据报协议）、DVP 等。

3）网络层：IP、ICMP（internet control message protocol，因特网控制消息协议）、ARP（address resolution protocol，地址解析协议）、RARP（reverse ARP，逆地址解析协议）等。

4）接口层：Ethernet、ARPAnet、PDN（public data network，公用数据网）等。

由于 TCP 和 IP 是其中两个最核心的关键协议，故把因特网协议族称为 TCP/IP。下面主要介绍 IP 和 TCP。

IP 详细定义了计算机通信应该遵循的规则和具体细节，其中包括分组数据报的组成，以及路由器如何将一个分组递交到目的地等。IP 采用数据报方式通过互联网传输数据，各个数据报之间是相互独立的，到达目的地的顺序也可能并不连续，甚至丢失。但 IP 并不保证这些数据的可靠性和准确性，数据的可靠无差错传输是由传输层协议来完成的。

TCP 是传输控制协议，它提供的是面向连接的传输，在进行实际数据传输前，源主机和目的主机之间首先要建立一条连接，即"握手"操作，确认成功以后再进行数据传输，传输完成拆除此连接，整个过程类似于电话通信。TCP 保证数据传输的可靠性，接收方在接收到数据分组以后，通过差错校验技术判断数据是否正确，正确则回送发送方一个信号，通知其发送下一个数据包；否则回送一个错误信号，通知其重新发送此数据包。

IP 负责将数据传到指定目的地，而 TCP 保证数据传输的可靠性。

6.1.6 数据通信基础

1. 通信介质

网络中数据传输是通过传输介质完成的。目前常用的物理传输介质有双绞线、同轴电缆和光纤等；无线传输介质有无线电、红外线、微波、激光和卫星通信等。下面介绍几种常见的传输介质及其特性。

（1）双绞线

双绞线（twisted pair，TP）是一种综合布线工程中最常用的传输介质，是由两根具有绝缘保护层的铜导线组成的，如图 6-7 所示。把两根绝缘的铜导线按一定密度互相绞在一起，每一根导线在传输中辐射出来的电波会被另一根线上发出的电波抵消，有效地降低了信号干扰的程度。

双绞线一般由两根 22 号～26 号绝缘铜导线相互缠绕而成，双绞线的名称也是由此而来的。在实际使用时，双绞线是由多对双绞线一起包在一个绝缘电缆套管中的。双绞线需要用 RJ-45 连接头（如图 6-8 所示，俗称"水晶头"）或 RJ-11 连接头插接。

图 6-7 双绞线　　　　　　　图 6-8 RJ-45 连接头

与其他传输介质相比，双绞线在传输距离、信道宽度和数据传输速度等方面均受到一定的限制，但价格较为低廉。

（2）同轴电缆

同轴电缆最重要的部分是最中心的导体铜芯线，外面有一层外导体屏蔽层，两者之间是绝缘层，如图 6-9 所示。由于它们都有同一个轴心，故名"同轴电缆"。它的抗干扰性通常高于双绞线，传输速率和双绞线类似，传输距离比双绞线远。同轴电缆的价格比光纤低，比双绞线高。同轴电缆主要应用于有线电视网或视频中。

（3）光纤

光纤由 3 层组成，最里面是光纤核心，中间层是包层，最外面是外部保护层，如图 6-10 所示。光纤使用数字信号（激光 ON 就是"1"，激光 OFF 就是"0"，采用"0""1"信号闪烁的方式进行通信）传输信息，不受干扰，不会在传输中丢失任何信息。

图 6-9 同轴电缆　　　　　　　图 6-10 光纤

光纤的抗干扰性高，传输的距离远，传输速度快，但是价格昂贵。由于单根光纤中的光线只能朝一个方向传输，要实现全双工通信需要成对使用光纤。

（4）无线传输介质

无线传输介质主要有无线电波、微波、红外线和激光，它们的频率如图 6-11 所示。

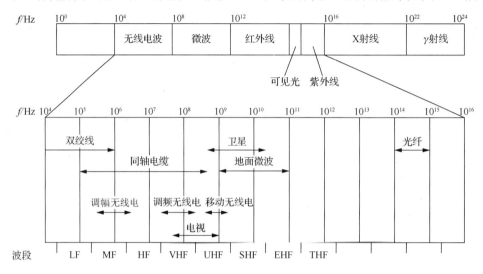

图 6-11　网络传输介质的频率

无线电波是指在空气或真空等空间传播的射频频道的电磁波。无线电波包含很多种类型，有短波、高频无线电波、调频无线电波及超高频无线电波等。调频广播采用无线电波作为传输介质，传播声音。无线电波适合陆上、海上、空中与移动的网络使用。通过调制，将信息加载在无线电波上，通过解调将信息从电流变化中提取出来，这就是无线传输信息的过程。

波长为 0.1mm～1m 的电磁波称为微波。微波的频率范围为 300MHz～300GHz，一般比无线电波的频率高。通过微波携带信息在自由空间内进行传输的方式称为微波通信。

红外线是人眼看不见的光，隐蔽性好。电视遥控器就是通过红外线操纵电视机的，红外线具有方向性，必须对着指定的地方进行通信。红外线不易受到人为更改，但会受到天气影响。

激光可采用不可见光，不容易被截获，保密性能好。但云、雨、雾、雪等会使激光受到严重衰减，激光受天气影响较大，因此多用于短距离的通信。

2. 通信技术

（1）调制解调技术

计算机只能处理数字信号（离散的、可编码），与其他计算机进行通信时，信息要通过模拟信道（连续的、模拟信号）才能进行传输。因此，需要调制解调技术。调制是将数字信号转换为模拟信号，解调的过程与之相反——将模拟信号转换为计算机所能识别的数字信号。调制解调过程可以通过调制解调器来完成。调制主要包括调幅、调频和调相。

（2）多路复用技术

如果一条很宽的道路只有一条车道通车，道路的利用率就不高。同理，为了提高信道的利用率，可以采用多路复用技术，将多路信息在一条信道上进行传输。多路复用技术就是将传输信道根据频率域或时间域进行划分，将一条信道划分为多条子信道，信号分别在子信道进行传输。正如，将道路按照车辆速度进行划分，高速车辆在左车道行驶。多路复用技术有频分多路复用、时分多路复用、波分多路复用和码分多路复用等。

（3）数据交换技术

网络上的节点与其他节点之间不可能都有线路直接相连，只能通过其他节点进行转接，最终传递到目的节点。例如，节点 A 与节点 C 之间没有通路，若可以通过 B 中间节点进行转接，则信息可以通过路径"A—B—C"进行传输。通过其他节点转接的过程称为数据交换。数据交换技术主要有电路交换、报文交换和分组交换 3 种。

6.2　局　域　网

6.2.1　局域网概述

广域网使距离较远的计算机能够共享资源和交流信息。为了满足小范围用户组网的需求，局域网应运而生。局域网是覆盖范围较小（一般为 10m～10km，如一幢办公楼、一个企业内等）的网络，通常建立在计算机较集中的政府部门、学校、研究院、大中小型企业、服务型单位内。局域网也是建立互联网的基础网络。

1. 局域网的定义

局域网的定义可以从功能性和技术性这两个方面来描述，从功能性方面将局域网定义为一组计算机和其他设备，在物理位置上彼此相隔不远，以允许用户相互通信和共享诸如打印机和存储设备之类的计算机资源的互联在一起的系统；从技术上可以定义为由特定类型的传输媒体和网络适配器互联在一起的计算机，并受网络操作系统监控的网络系统。

2. 局域网的主要特点

1）局域网覆盖范围小，使用的网络协议较简单，容易维护和管理，建设费用低。其主要适用于单位、学校、工厂等小范围的地方。

2）由于局域网采用短距离基带传输，不需要经过大量网络设备的转发，因此局域网具有较高的数据传输速率（通常为 1～20Mb/s，高速局域网可达 100Mb/s～10Gb/s）。

3）由于局域网采用高质量的传输媒体，因此局域网具有较低的误码率。

4）可使用多种传输介质。局域网可以使用双绞线、同轴电缆和光纤等作为传输介质。

6.2.2 局域网的分类

局域网的分类方法有多种，常见的分类方法有按照拓扑结构进行划分和按照传输介质进行划分。

1. 按照拓扑结构划分

在 6.1.4 节提到的计算机网络的拓扑结构有总线型、星形、环形、树形和网状形。其中，局域网中常见的拓扑结构有总线型、星形和环形。这里不再赘述。

2. 按照传输介质划分

传输介质是网络中收发双方之间的物理通道，它对网络上数据传输的速率和质量有很大的影响。介质上传的数据可以是模拟信号，也可以是数字信号，通常用带宽或传输速率来描述传输介质的质量。传输速率用每秒传输的二进制位数（b/s）来衡量，在高速传输的情况下，也可以用 Mb/s 作为度量单位。传输介质的容量越大，带宽就越大，通信能力就越强，数据传输率也就越高；反之，传输介质的容量越小，带宽就越小，通信能力就越弱，数据传输率也就越低。

传输介质可分为两类：有线介质和无线介质。网络中使用的有线介质主要有双绞线、同轴电缆、光纤等；网络中使用的无线介质主要有微波和红外线等。

6.2.3 局域网的主要设备

网络互联时，必须解决如下问题：在物理上如何把两种网络连接起来，一种网络如何与另一种网络实现互访与通信，如何解决它们之间协议方面的差别，如何处理速率与带宽的差别。解决这些问题的、具有协调与转换机制的部件就是网卡、中继器、集线器、交换机、路由器和网关等网络互联设备。

1. 网卡

网卡也称为网络适配器，是连接计算机与网络的硬件设备。网卡插在计算机或服务器的扩展槽中，通过网络传输介质与网络交换数据、共享资源。目前，绝大多数的计算机主板上有集成网卡，当集成网卡出现故障或性能不足时也可以插入一块新的网卡。

2. 中继器

中继器是物理层互联设备。由于信号在网络传输介质中有衰减和噪声，使有用的数据信号变得越来越弱，因此为了保证有用数据的完整性，并在一定范围内传送，要用中继器把所接收的弱信号分离，并再生放大以保持与原数据相同。

3. 集线器

集线器也是物理层互联设备，可以说是一种特殊的中继器，作为网络传输介质间的中央节点，它克服了介质单一通道的缺陷。一个集线器有 8 个、16 个或更多的端口，通过网线可以把多个网络设备连接成一个局域网。

集线器技术发展迅速，已出现了交换技术（在集线器上增加了线路交换功能）和网络分段方式，提高了传输带宽。目前，集线器和交换机几乎没有区别。

4．交换机

交换机是一种应用于数据链路层的存储、转发设备，它连接两个物理网络段并且实现数据的接收、存储与转发，从而实现把物理网络段连接成一个逻辑网络的功能。常见的交换机有以太网交换机、光纤交换机（图 6-12）等。

图 6-12　光纤交换机

5．路由器

路由器是属于网络应用层的一种互联设备，主要用于连接多个逻辑上分开的网络。路由器只接收源站或其他路由器的信息，它不关心各子网使用的硬件设备，但要求运行与网络层协议相一致的软件。

6．网关

网关是将不同网络体系结构的计算机网络连接在一起的设备。网关的功能体现在 OSI/RM 参考模型的最高层，它将协议进行转换，将数据重新分组，以便在两个不同类型的网络系统之间进行通信。目前，网关已成为网络上每个用户都能访问大型主机的通用工具。

6.3　Internet 技术

Internet 是一个开放的、互联的、遍及全世界的计算机网络系统，它遵守 TCP/IP 协议，它把全世界各个地方已有的各种网络，如计算机网络、数据通信网及公用电话交换网等互联起来，组成一个跨越国界范围的庞大的互联网，使不同类型的计算机能交换各类数据。

6.3.1　Internet 的发展简介

20 世纪 60 年代末期，美国出于军事需要计划建立一个计算机网络，要求当网络中的一部分因某种原因被破坏时，其余部分会很快地自动建立起新的联系通路。当时美国国防部 ARPA（Advanced Research Project Agency，高级研究计划局）在美国西部 4 所大学进行了网络互联实验，采用 TCP/IP 作为基础协议。

20 世纪 70 年代末，ARPA 的研究考察了怎样将一个大的企业或组织内的所有计算机都互联起来，其中一个关键思想是用一种新的方法将 LAN 和 WAN 连接起来，很快 ARPAnet 变得越来越普遍，开始将各自的网络互联起来，即成为网际网。

1983 年初，ARPA 扩充了 Internet，将所有与 ARPAnet 相连的军事基地都包括到 Internet 中，表明 Internet 开始从一个实验性网络向一个实用型网络转变。

20 世纪 80 年代中期，美国国家科学基金会建立了一个新的 Internet。美国国家科学基金会选择来自 3 个组织（计算机制造商 IBM、长途电话公司 MCI 和密歇根州的一个建立了网络互联学校的组织 MERIT）的一个联合方案。这 3 个组织建立的新广域网在 1988 年夏季成为 Internet 主干网（NSFnet）。

到 1991 年年底，由于 Internet 发展太快，NSFnet 将在不久达到极限。为了解决这个问题，IBM、MERIT、MCI 组建了高级网络和服务公司（advanced networks and services，ANS）。1992 年，ANS 建立了一个新的广域网，即目前的 Internet 主干网 ANSnet。

目前，Internet 连接了世界上大部分的国家和地区。Internet 上的服务也由最初的文件传输、电子邮件发送等发展成包括信息浏览、文件查找、图形化信息服务等，所涉及的领域包括政治、军事、经济、新闻、广告、艺术等各个领域，已经发展成为一种传输信息的新载体。

6.3.2 中国的 Internet

1. 中国 Internet 的发展历史

在我国最早着手建设专用计算机网络的是铁道部。1989 年 11 月，我国第一个公用分组交换网 CNPAC 建成运行。其中更以 1987 年 9 月 20 日钱天白教授发出的我国第一封电子邮件"越过长城，通向世界"揭开了中国人使用 Internet 的序幕。1994 年 4 月 20 日，我国通过 64Kb/s 专线正式接入 Internet，被国际上正式承认为接入 Internet 的国家。从此，我国的 Internet 建设不断发展壮大，在经济、文化、军事等各个领域发挥着重要的作用。

ISP 是向广大用户提供互联网接入业务、信息业务和增值业务服务的运营商。目前，中国主要的三大互联网供应商是中国电信、中国移动和中国联通。

2. 中国下一代互联网的研究进展

1998 年，清华大学依托中国教育科研计算机网（CERnet）建设了中国第一个 IPv6 试验床，标志着中国开始了下一代互联网的研究。中国政府对下一代互联网研究给予了大力支持，启动了一系列科研乃至产业发展计划。

2003 年 8 月，中华人民共和国国家发展和改革委员会批复了中国下一代互联网示范工程 CNGI 示范网络核心网建设项目可行性研究报告，该项目正式启动。

CNGI 的启动是我国政府高度重视下一代互联网研究的标志性事件，对全面推动我国下一代互联网研究及建设有重要意义。

2004 年 12 月 25 日，CNGI 核心网 CERnet2 正式开通。这是当时世界上规模最大的纯 IPv6 互联网，引起了世界各国的高度关注。

CERnet2 主干网基于 CERNET 高速传输网，使用 2.5~10Gb/s 的传输速率连接分布在北京、上海和广州等 20 个城市的 25 个核心节点。

为了进一步加快 CNGI 项目向深度和广度发展，保证中国在下一代互联网产业发展及科研上的领先优势，继续抢占国际下一代互联网竞争的战略制高点。中华人民共和国工业和信息化部、中华人民共和国科学技术部、中华人民共和国教育部、中国科学院、中国工程院、国家自然科学基金会等各部门对 CNGI 下一阶段工作做了进一步部署，力争实现新突破，取得新发展，为推动中国经济发展和建设和谐社会作出新的贡献。

下一代互联网关键技术和评测国家地方联合工程研究中心（简称"下一代互联网国家工程中心"）经中华人民共和国国家发展和改革委员会批复，成为全国首家下一代互联网国家工程中心，该中心将以 DNS 根服务器、IPv6 下一代互联网、SDN 软件定义网络、产业互联网等领域的互联网基础关键技术和应用为研究重心，搭建"互联网基础技术公共服务平台"，旨在推动我国下一代互联网的发展，加速技术标准创新，实现"一物一址，万物互联"的下一代互联网蓝图。

6.3.3 Internet 服务

Internet 是全球最大的互联网络，提供的服务非常多，并且不断出现新的应用，最主要的服务包括以下几个。

1. WWW

WWW（world wide web，也称 Web 网或万维网）是分布式超媒体系统，是融合信息检索技术与超文本技术而形成的使用简单、功能强大的全球信息系统，也是基于 Internet 的信息服务系统。WWW 不仅能够展现文字，还能够展现图像、声音、动画等超媒体文件。

使用 WWW 进行浏览时，需要知道操作工具及 Web 页的地址，即统一资源定位器（uniform resource location，URL）。URL 是用于完整地描述 Internet 上网页和其他资源地址的一种标识方法。URL 可以出现在浏览器的地址栏中，也可以出现在网页中。它由 5 部分组成，分别是协议、WWW 服务器的域名、端口号、路径、网页文件名。

WWW 在 Internet 上的使用非常广泛，国际上许多大公司、机构都建立了自己的 Web 站点，设置自己风格的主页，以利于检索者记住和使用它们。

2. 远程登录

远程登录是指允许一个地点的用户与另一个地点的计算机上运行的应用程序进行交互对话。远程登录使用支持 Telnet 协议的 Telnet 软件。

Telnet 协议是 TCP/IP 协议族中的一员，是 Internet 远程登录服务的标准协议和主要方式。它为用户提供了在本地计算机上完成远程主机工作的能力。在终端使用者的计算机上使用 Telnet 程序，用它连接到服务器。终端使用者可以在 Telnet 程序中输入命令，这些命令会在服务器上运行，就像直接在服务器的控制台上输入一样，可以在本地就能控制服务器。要开始一个 Telnet 会话，必须输入用户名和密码来登录服务器。Telnet 是常用的远程控制 Web 服务器的方法。

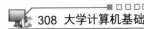

3. 文件传输服务

文件传输服务又称为 FTP 服务，它是 Internet 中较早提供的服务功能之一，目前仍然在广泛地使用。

文件传输服务由 FTP 应用程序提供，FTP 应用程序遵循 TCP/IP 协议族中的 FTP 协议，它允许用户将文件从一台计算机传输到另一台计算机，并且能保证传输的可靠性。如图 6-13 所示，用户可以将文件上传到 FTP 服务器，多个用户可以从 FTP 服务器中下载文件到本机中。

图 6-13　FTP 服务

在 Internet 中，许多公司、学校的主机上含有数量众多的各种程序与文件。例如，学校将常用的软件放到 FTP 服务器。通过使用 FTP 服务，学生就可以方便地访问这些信息资源。

4. 电子邮件服务

电子邮件（E-mail）是一种用电子手段提供信息交换的通信方式，是 Internet 应用最广的服务。其类似于普通生活中邮件的传递方式，电子邮件采用存储转发的方式进行传递，发件人使用用户代理撰写电子邮件，然后发送到自己邮箱所在的邮件服务器上。邮件服务器存储下来再根据电子邮件地址把邮件发送到接收方邮箱所在的邮件服务器上，邮件服务器将邮件放入用户邮箱中，等待用户方便的时候读取邮件。

电子邮件地址的通用格式为"用户名@主机域名"。用户名代表收件人在邮件服务器上的邮箱；主机域名是指提供电子邮件服务的主机的域名，代表邮件服务器。

6.3.4　IP 地址和域名

在 Internet 上连接的所有计算机，从大型机到微型计算机都是以独立的身份出现的。为了实现各主机之间的通信，每台主机必须有一个能够唯一标识网络的地址，就好像每一个住宅都有唯一的地址一样，只有这样才不至于在传输数据时出现混乱。

1. IP 地址

在 TCP/IP 网络中，每个主机都有唯一的地址，它通过 IP 来实现，IP 要求在每次与 TCP/IP 网络建立连接时，每台主机都必须为这个连接分配一个唯一的 32 位地址。因为在这个 32 位地址中，不仅可以识别某一台主机，还隐含着网际间的路径信息。这里的主机是指网络上的一个节点，不能简单地理解为一台计算机，实际上 IP 地址是分配给计算机网卡的，一台计算机有多少个网卡，就可以有多少个 IP 地址，一个网络适配器就是一个节点。IP 地址由网络标识和主机标识两部分组成。IP 地址共有 32 位地址，一般以 4 字节表示，每字节的数又用十进制表示，即每字节的数的范围是 0～255，且每个数之间用 "." 隔开。例如，166.111.68.10 就是一个 IP 地址，其中 166.111 表示清华大学，68 表示计算机系，10 表示主机。目前使用的 IP 地址分为 IPv4 和 IPv6 两个版本。

（1）IPv4

该协议是 IP 的第四版，也是第一个被广泛使用、构成现今互联网技术的基石的协议。IPv4 使用 32 位二进制地址，因此最多可容纳 4294967296 个地址，Internet 号码分配局将 IP 地址分为 A、B、C 这 3 类，它们的特征如表 6-2 所示。

表 6-2　IP 地址的分类

类别	标识			
	第一个字节	第二个字节	第三个字节	第四个字节
A	0　　网络 ID	主机 ID		
B	1　0　　网络 ID		主机 ID	
C	1　1　0　　网络 ID			主机 ID

1）A 类地址（用于大型网络）：第一个字节标识网络地址，后 3 个字节表示主机地址。A 类地址中第一个字节首位总为 0，其余 7 位表示网络标识，A 类地址的第一个数为 0～127。主机标识占 24 位，每个网络可安排 16777214 台主机。

2）B 类地址（用于中型网络）：前两个字节标识网络地址，后两个字节表示主机地址。B 类地址中第一个字节前两位为 10，余下 6 位和第二个字节的 8 位共 14 位表示网络标识，因此，B 类地址的第一个数为 128～191。主机标识占 16 位，每个网络可安排 65534 台主机。

3）C 类地址（用于小型网络）：前 3 个字节标识网络地址，最后一个字节表示主机地址。C 类地址中第一个字节前 3 位为 110，余下 5 位和第二、三个字节的共 21 位表示网络标识，因此，C 类地址的第一个数为 192～223。主机标识占 8 位，每个网络可安排 254 台主机。

按 Windows+R 组合键，在弹出的 "运行" 对话框的 "打开" 文本框中输入 "cmd" 或 "cmd.exe"，然后按 Enter 键，打开命令提示符窗口。输入 "ipconfig" 命令，将显示 Windows IP 配置，如图 6-14 所示，其中 IPv4 地址后面的地址 "192.168.0.113" 为主机的 IP 地址。

（2）IPv6

随着计算机、网络设备和网络应用的增加，IPv4 所提供的 IP 地址数量不足以满足需求，IPv6 地址采用 128 位二进制，通常写作 8 组，每组 4 个十六进制数的形式，可容纳 2^{128}（约 3.4×10^{38}）个 IP 地址。例如，2009:00a8:05b3:0cd3:1206:8a2e:0370:5776。

图 6-14 主机的 IP 地址

2. 域名

主机 IP 地址是一个全球唯一的二进制地址，要想记住 Internet 上每个主机的 IP 地址是很困难的。为了解决这个问题，从 1985 年起，在 IP 地址的基础上开始向用户提供域名系统（domain name system，DNS）服务，即用一种字符型的主机命名机制来识别网上的计算机。给每一台主机一个由字符串组成的名称，这种主机名相对于 IP 地址来说是一种更为高级的地址形式，称为域名或主机名，如 www.baidu.com，这种命名方式叫作域名系统。Ping 是测试网络连接状况及信息包发送和接收状况非常有用的工具，能判断两个主机之间是否能够连通，是否能够进行数据交换，它是网络测试最常用的命令。如图 6-15 所示，输入"ping www.baidu.com"后按 Enter 键，显示界面中的 61.135.169.125 即为百度的 IP 地址。

图 6-15 百度的 IP 地址

当用户访问网上某台计算机时，既可以使用它的 IP 地址，也可以使用域名。一个主机的域名地址一般由 4 部分组成：主机名、主机所属单位名、机构名、最高层域名，如 scse.hebut.edu.cn 就是一个主机域名。

1）最高层域名：代表主机所在的国家，由两个字符构成，如表 6-3 所示。

表 6-3　部分国家的顶级域名

国家域名代码	国家名称	国家域名代码	国家名称
au	澳大利亚	in	印度
br	巴西	it	意大利
ca	加拿大	jp	日本
cn	中国	kr	韩国
de	德国	sg	新加坡
fr	法国	uk	英国

2）机构域名：第二级域名，反映组织机构的性质。机构域名如表 6-4 所示。

表6-4 机构域名

域名	含义	域名	含义	域名	含义
com	营利性商业实体	net	网络资源或组织	arc	消遣性娱乐机构
edu	教育机构或组织	org	非营利性组织机构	arts	文化娱乐机构
gov	非军事性政府或组织	firm	商业机构或公司	info	信息服务机构
mil	军事机构或组织	store	商场	nom	个人
int	国际性机构	web	与 WWW 有关的机构	aero	航空业

3）主机所属单位域名：如 Tsinghua 为清华大学，pku 为北京大学，hebu 为河北工业大学。

4）主机域名：根据需要由网络管理员自行定义。

域名各部分之间用圆点作为分隔符，如汉江师范学院的域名为 hjnu.edu.cn，单位为汉江师范学院（hjnu），属于教育机构（edu），是中国（cn）的一所高校。

6.3.5 接入方式

要访问 Internet 上的资源，首先需要将计算机和 Internet 相连，Internet 的接入方式主要有两类：有线接入和无线接入。

有线接入包括基于传统公用电话交换网（public switched telephone network，PSTN）的拨号接入、局域网接入、非对称数字用户线（asymmetric digital subscriber line，ADSL）接入及基于有线电视网的 Cable Modem 接入等。

无线接入包括：IEEE 802.11b、WiFi、Blue Tooth 等众多的无线接入技术。

有线接入通过利用已有的传输网络，可以提供经济实用的接入方法；而无线接入，用户终端无须通过网线与网络相连，从而使上网变得更加自由和方便。

1. PSTN 电话拨号接入

PSTN 电话拨号入网可分为两种：一是个人计算机经过调制解调器（modem，俗称"猫"）和普通模拟电话线，与公用电话网连接；二是个人计算机经过专用终端设备和数字电话线，与 ISDN 连接。

2. ADSL 接入

ADSL 是一种新兴的高速通信技术，上行（指从用户计算机端向网络传送信息）速率最高可达 1Mb/s，下行（指浏览 WWW 网页、下载文件）速率最高可达 8Mb/s。上网的同时可以打电话，互不影响，而且上网时不需要另外交费，安装 ADSL 也极其方便。

3. DDN 接入

DDN 即平时所说的专线上网方式。它是将数万、数十万条以光缆为主体的数字电路，通过数字电路管理设备，构成一个传输速率高、质量好、网络延时小、全透明、高流量的数据传输基础网络。

DDN 网不仅适用于气象、公安、铁路、医院等行业，也涉及证券业、银行、金卡工程等实时性较强的数据交换。通过 DDN 网将银行的自动提款机（ATM）连接到银行系统大型计算机主机。银行一般租用 64Kb/s DDN 线路把各个营业点的 ATM 机进行全市乃至全国联网。在用户提款时，对用户的身份验证、提取款额、余额查询等工作都是由银行主机来完成的。这样就形成一个可靠的、高效的信息传输网络。

4. HFC 接入

HFC（hybrid fiber coaxial，混合光纤同轴电缆）是一种经济实用的综合数字服务宽带网接入技术。HFC 通常由光纤干线、同轴电缆支线和用户配线网络 3 部分组成，从有线电视台出来的节目信号先变成光信号在干线上传输；到用户区域后把光信号转换成电信号，经分配器分配后通过同轴电缆送到用户。它与早期 CATV 同轴电缆网络的不同之处主要在于，在干线上用光纤传输光信号，在前端需要完成电—光转换，进入用户区后需要完成光—电转换。

5. FTTx 光纤接入

光纤接入指的是终端用户通过光纤连接到局端设备。根据光纤深入用户程度的不同，光纤接入可以分为 FTTB（fiber to the building，光纤到大楼）、FTTP（fiber to the premises，光缆到驻地）、FTTH（fiber to the home，光纤到户）、FTTO（fiber to office，光纤到办公室）、FTTC（fiber to the curb，光纤到路边）等。光纤是宽带网络中多种传输媒介中最理想的一种，它的特点是传输容量大、传输质量好、损耗小、中继距离长等。

6. WiFi 无线接入

WiFi 是一种短程无线传输技术。个人计算机、游戏机、MP3 播放器、智能手机、平板计算机、打印机、笔记本计算机及其他可以无线上网的周边设备都可以通过 WiFi 连接到互联网。厂商可以在机场、火车站、咖啡厅等人流量较多的地方设置热点，不需要花费大量资金进行布线接入，节约成本。

6.4 信息检索

从广义上讲，信息检索包括信息存储和信息检索两个过程，即将信息按一定的方式进行加工、整理、组织并存储起来，再根据信息用户特定的需要将相关信息准确地查找出来的过程，又称信息存储与检索。从狭义上讲，信息检索仅指信息查询，即用户根据需要采用一定的方法，借助检索工具，从信息集合中查找出所需要信息的过程。信息检索中利用的检索工具就是搜索引擎。

6.4.1 搜索引擎的使用

搜索引擎是根据一定的策略，运用特定的计算机程序搜集互联网上的信息，在对信息进行组织和处理后，为用户提供检索服务的系统。搜索引擎是 Internet 上的一个 WWW 服务器，它的主要任务是在 Internet 中主动搜索其他 WWW 服务器中的信息并对其自动索引，将索引内容存储在可供查询的大型数据库中；用户可以利用搜索引擎所提供的分类目录和查询功能查找所需要的信息。WWW 信息服务是使用客户机/服务器方式进行的，客户机指用户的浏览器，最常用的是 IE 浏览器，服务器指所有存储万维网文档的主机，称为 WWW 服务器或 Web 服务器。用户要想访问 Web 服务器中的文档，必须使用浏览器输入网址或使用搜索引擎搜索相关内容通过链接访问。

搜索引擎是万维网中用来搜索信息的工具，依据一定的算法和策略，根据用户提供的关键词搜索相关内容，为用户提供检索服务，从而起到信息导航的目的，也称为"网络门户"。常用的全球最大的搜索引擎是 Google，中国著名的全文搜索引擎是百度，下面以百度为例介绍搜索引擎的使用。

（1）启用 IE 浏览器，定位搜索引擎

在浏览器窗口的地址栏中输入网址"www.baidu.com"，按 Enter 键打开主页，如图 6-16 所示。

图 6-16 百度主页

（2）搜索"一带一路网"

在搜索文本框中，输入"一带一路网"，单击"百度一下"按钮或按 Enter 键搜索相关信息，如图 6-17 所示。浏览网页时，当鼠标指针移动到某个链接时，鼠标指针变成手形，表示此处存在超链接，单击即可打开网页内容。选择自己感兴趣的链接单击即可查看详细信息。

图 6-17 搜索结果

（3）布尔逻辑的运用

1）逻辑"与"。使用"AND"或"*"表示，用来组配不同的检索概念，是具有概念交叉和限定关系的一种逻辑组配，其含义是检出的记录必须同时含有所有用"与"连接的检索词。

2）逻辑"或"。使用"OR"或"+"表示，用来组配同义词、近义词、相关词等，是具有概念并列关系的一种逻辑组配，表示被检索中的记录只需满足检索词中的任何一个或多个词即可。如图 6-18 所示，输入"卧虎藏龙+电视剧+电影"时，检索出包含"卧虎藏龙"的电视剧或电影。

图 6-18　搜索引擎中"或"的使用

3）逻辑"非"。使用"NOT"或"-"表示，是具有概念排除关系的一种组配，可从原来检索范围中剔除一部分不需要的内容，即检索出的记录中只能含有运算符前的检索词，且不包含运算符后的检索词。例如，在搜索栏中输入"卧虎藏龙-音乐"，检索结果不包含"卧虎藏龙"中的音乐，如图 6-19 所示。

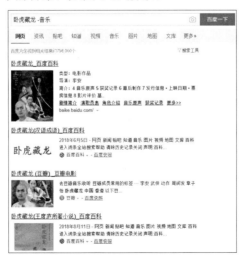

图 6-19　搜索引擎中"非"的使用

词组检索也称为精确检索，是把检索词当作一个精确的词组进行检索和匹配，一般在检索词两边使用" "或《》进行标注。

例如，"北京大学"专指查找北京大学的信息，不包括"位于北京的大学""北京的清华大学"等相关信息；"美的"空调专指查找"美的"品牌空调的信息；《手机》指查找《手机》的电影，但不包括手机的销售、生产等信息。

6.4.2　馆藏目录检索系统

1. 根据图书分类查找

《中国图书馆分类法》是一部具有代表性的大型综合性分类法，简称《中图法》。《中图法》的编制始于 1971 年，先后出版了 5 版。《中图法》与国内其他分类法相比，编制年代较晚，但发展很快，它不仅系统地总结了我国分类法的编制经验，还吸取了国外分类法的编制理论和技术。它按照一定的思想观点，以学科分类为基础，结合图书资料的内容和特点，分门别类地组成分类表。目前，《中图法》已普遍应用于全国各类型的图书馆，国内主要大型书目、检索刊物、机读数据库，以及《中国标准书号》（GB/T 5795—2006）等都著录《中图法》分类号。《中图法》采用汉语拼音字母与阿拉伯数字相结合的混合号码，用一个字母代表一个大类，以字母顺序反映大类的次序，大类下细分的学科门类用阿拉伯数字组成。为适应工业技术发展及该类文献的分类，对工业技术二级类目，采用双字母。一级类目图书采用单字母表示，如图 6-20 所示，如字母"T"是代表工业技术的图书，图书馆目前可供借出的此类书共有 25261 本。

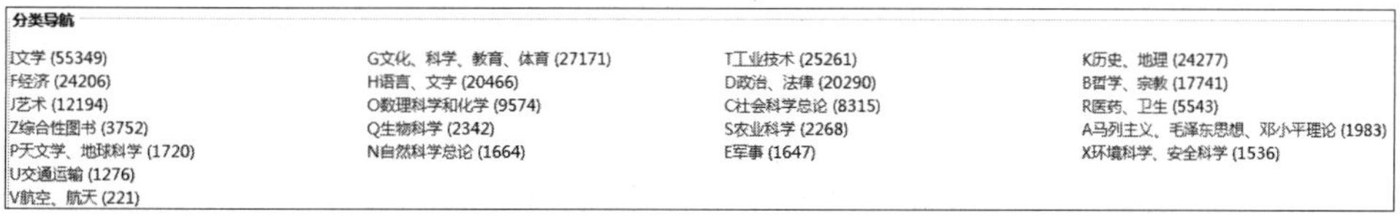

分类导航			
I文学 (55349)	G文化、科学、教育、体育 (27171)	T工业技术 (25261)	K历史、地理 (24277)
F经济 (24206)	H语言、文字 (20466)	D政治、法律 (20290)	B哲学、宗教 (17741)
J艺术 (12194)	O数理科学和化学 (9574)	C社会科学总论 (8315)	R医药、卫生 (5543)
Z综合性图书 (3752)	Q生物科学 (2342)	S农业科学 (2268)	A马列主义、毛泽东思想、邓小平理论 (1983)
P天文学、地球科学 (1720)	N自然科学总论 (1664)	E军事 (1647)	X环境科学、安全科学 (1536)
U交通运输 (1276)			
V航空、航天 (221)			

图 6-20　图书分类——一级类目

二级类目书籍用两个字母表示，图 6-21 所示的是一级类目"T 工业技术"目录下二级类目的书籍。例如，"计算机技术"由双字母"TP"表示。

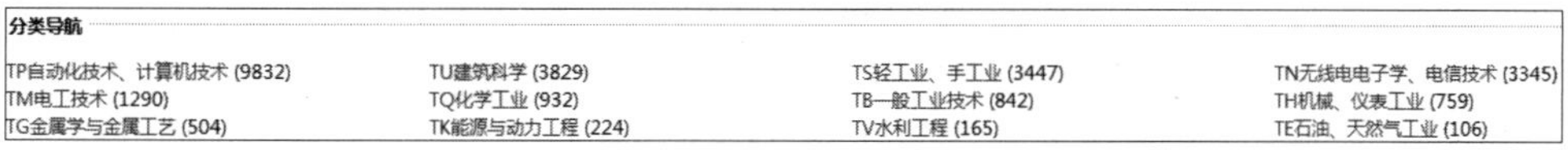

分类导航			
TP自动化技术、计算机技术 (9832)	TU建筑科学 (3829)	TS轻工业、手工业 (3447)	TN无线电电子学、电信技术 (3345)
TM电工技术 (1290)	TQ化学工业 (932)	TB一般工业技术 (842)	TH机械、仪表工业 (759)
TG金属学与金属工艺 (504)	TK能源与动力工程 (224)	TV水利工程 (165)	TE石油、天然气工业 (106)

图 6-21　图书分类——二级类目

2. 根据题名查找

当已知要借的书目名称时，可以直接根据题名进行查找，如输入"三国演义"，就会出现相应的书籍。所在馆藏地点"二线书库（六楼）"，显示在图书馆六楼的二线书库。根据索书号"I242.4/LGZ"可以去相应的书柜按顺序查找到此书，如图 6-22 所示。

图 6-22　图书馆书目查找

6.4.3　电子文献检索

文献是人类发展到一定阶段的产物，它以文字、图形、符号或其他技术手段记录着人类的活动信息和知识信息。

1. 百度学术搜索

百度学术搜索是百度旗下提供海量中英文文献检索的学术资源搜索平台。百度学术搜索可检索到收费和免费的学术论文，并通过时间筛选、标题、关键字、摘要、作者、出版物、文献类型、被引用次数等细化指标提高检索的精准性。

国内中文站点中国知网、维普、万方，以及外文学术站点 PubMed、Springer、IEEE 等百度学术搜索平台均有收录，学科领域覆盖了自然科学、医学、农业、工业技术、信息工程、人文科学、哲学等。百度学术搜索平台同时还与各大高校图书馆合作，对各高校机构用户身份进行识别，对高校已经购买拥有权限的数据库给予展现标识，尽可能地帮助用户快速找到全文，如图 6-23 所示。

图 6-23　"百度学术"窗口

在进行电子文献检索时，通常建议选用主题检索字段。在搜索引擎中输入检索词后，会出现相应的检索结果。由于一些原因，检索结果有时差强人意。这时，我们可以对检索词进行适当的调整。

（1）检索结果过多时的调整

1）增加检索词，在检索结果的基础上进行二次检索。

2）选择更专指的检索词，排除无关概念。

3）限定检索范围，对检索字段、时间、文献类型、语言进行更严格的限定；如使用"词组检索"或使用"AND"运算符替代位置运算符。

（2）检索结果过少时的调整

1）减少检索词、选择更宽泛的检索词、增加同义词。

2）减少对检索字段、时间、文献类型、语言等检索范围的限定，如可将检索字段修改为（All fields）。

3）使用"AND"运算符替代位置运算符或词组。

4）使用通配符（*）。

例如，在百度学术中检索计算机类的中文期刊，登录网址"http://xueshu.baidu.com/"，进入期刊频道，选择计算机类别就可以检索出计算机类的期刊。

可以根据类别查找相关文献或输入检索词检索电子文献，如"中国知网"有农业、医药卫生、哲学与人文科学、信息科技等类别的文献，选择一个类别进行查找即可。

（3）常用的检索途径

1）分类途径：使用分类表，从文献内容所属的学科类别出发。

2）主题途径：使用主题词表，从反映文献内容的有关主题词出发。

3）关键词途径：以题名的关键词为检索途径进行查找。

4）著者途径：从文献的著者姓名出发来检索其文献，广义的"著者"包括作者、汇编者、编者、主办者、译者等，此外，还有代表机构、单位的团体作者，包括作者所在单位。

5）名称途径：从各种事物的名称（书名、刊名、篇名 等）出发来检索。

6）号码途径：按号码（如报告号、专利号、标准号、入藏号）查找文献。

还可以根据作者、作者单位、发表时间等检索电子文献。

2. 超星发现系统

超星发现系统是一个基于海量知识挖掘与数据分析的发现系统，相对于目前国内外使用的发现系统，其具有以下特点。

1）全面地发现中文资源，每周更新两次元数据。

2）精准地发现中文资源，由多个强大的专业级词表库支持。

3）完善的中文引证分析，能够区分自引和他引。

4）灵活的分面分析功能，可以从"馆藏分面""类型分面""关键词分面""核心期刊分面"等多个分面进行分析。

5）可视化的知识关联图谱。

6）学术趋势分析。

7）智能的辅助搜索。

8）无缝对接地获取各类全文。

"超星发现"可以检索期刊、图书、学术论文、会议、报纸和外文文献等。如图6-24所示，输入"小学教育"检索词，会出现词条和研究进展（最新研究、最早研究和经典文献），还有慕课、视频、课件、试题库等。

图 6-24 "超星发现"窗口

6.4.4 导出参考文献

科技论文、毕业论文写作时最后需要列出参考文献，说明写论文时参考的资料。中国知网可以导出参考文献。

如图 6-25 所示，输入"小学教育"的主题，单击"检索"按钮，参考了"小学教育专业人才培养模式的研究与探索"文献，选中此文献，单击"导出/参考文献"按钮，导出参考文献"[1]王智秋.小学教育专业人才培养模式的研究与探索[J].教育研究"。

图 6-25 导出参考文献

习　题

一、选择题

1. 计算机网络最突出的优点是（　　）。
   A. 提高可靠性　　　　　　　　B. 提高计算机的存储容量
   C. 运算速度快　　　　　　　　D. 实现资源共享和快速通信

2. 以下不属于计算机网络主要功能的是（　　）。
   A. 专家系统　　　　　　　　　B. 数据通信
   C. 分布式信息处理　　　　　　D. 资源共享

3. 计算机网络中传输介质传输速率的单位是 b/s，其含义是（　　）。
   A. 字节/秒　　　B. 字/秒　　　C. 字段/秒　　　D. 二进制位/秒

4. "千兆以太网"通常是一种高速局域网，其网络数据传输速率大约为（　　）。
   A. 1000 位/秒　　　　　　　　B. 1000000000 位/秒
   C. 1000 字节/秒　　　　　　　D. 1000000000 字节/秒

5. 在计算机网络中，所有的计算机均连接到一条通信传输线路上，在线路两端连有防止信号反射的装置，这种连接结构被称为（　　）。
   A. 总线型结构　B. 星形结构　　C. 环形结构　　　D. 网状形结构

6. 以太网的拓扑结构是（　　）。
   A. 星形　　　　B. 总线型　　　C. 环形　　　　D. 树形

7. 若要将计算机与局域网连接，至少需要具有的硬件是（　　）。
   A. 集线器　　　B. 网关　　　　C. 网卡　　　　D. 路由器

8. 在 Internet 中完成从域名到 IP 地址或从 IP 地址到域名转换服务的是（　　）。
   A. DNS　　　　B. FTP　　　　C. WWW　　　　D. ADSL

9. 有一域名为 bit.edu.cn，根据域名代码的规定，此域名表示（　　）。
   A. 教育机构　　B. 商业组织　　C. 军事部门　　D. 政府机关

10. 正确的 IP 地址是（　　）。
    A. 202.112.111.1　　　　　　B. 202.2.2.2.2
    C. 202.202.1　　　　　　　　D. 202.257.14.13

11. 使用综合业务数字网（又称"一线通"）接入 Internet 的优点是上网通话两不误，它的英文缩写是（　　）。
    A. ADSL　　　B. ISDN　　　　C. ISP　　　　D. TCP

12. 一般而言，Internet 环境中的防火墙建立在（　　）。
    A. 每个子网的内部　　　　　　B. 内部子网之间
    C. 内部网络与外部网络的交叉点　D. 以上 3 个都不对

13. Internet 为人们提供许多服务项目，最常用的是在各 Internet 站点之间漫游，浏览文本、图形和声音各种信息，这项服务称为（　　）。
    A. 电子邮件　　B. 网络新闻组　C. 文件传输　　　D. WWW

14. 能保存网页地址的文件夹是（　　）。

    A. 收件箱　　　B. 公文包　　　　　C. 我的文档　　　D. 收藏夹

15. 某企业为了组建内部办公网络，需要具备的设备是（　　）。

    A. 大容量硬盘　B. 路由器　　　　　C. DVD 光盘　　　D. 投影仪

16. 某企业为了建设一个可供客户在互联网上浏览的网站，需要申请一个（　　）。

    A. 密码　　　　B. 邮编　　　　　　C. 门牌号　　　　D. 域名

17. Internet 的 4 层结构分别是（　　）。

    A. 应用层、传输层、通信子网层和物理层

    B. 应用层、表示层、传输层和网络层

    C. 物理层、数据链路层、网络层和传输层

    D. 接口层、网络层、传输层和应用层

18. 某企业需要在一个办公室构建适用于 20 多人的小型办公网络环境，这样的网络环境属于（　　）。

    A. 城域网　　　B. 局域网　　　　　C. 广域网　　　　D. 互联网

19. 某家庭采用 ADSL 宽带接入方式连接 Internet，ADSL 调制解调器连接一个 4 口的路由器，路由器再连接 4 台计算机实现上网的共享，这种家庭网络的拓扑结构为（　　）。

    A. 环形拓扑　　B. 总线型拓扑　　C. 网状形拓扑　　D. 星形拓扑

20. 在 Internet 中实现信息浏览查询服务的是（　　）。

    A. DNS　　　　B. FTP　　　　　　C. WWW　　　　　D. ADSL

二、简答题

1. 简述计算机网络的概念及功能。

2. 网络协议的概念是什么？什么是 OSI/RM 参考模型？

3. 从计算机网络分布范围看，计算机网络如何分类？

4. 网络信息的获取途径有哪些？

5. 信息检索的技巧有哪些？

参 考 答 案

一、选择题

1. D　　2. A　　3. D　　4. B　　5. A

6. B　　7. C　　8. A　　9. A　　10. A

11. B　　12. C　　13. D　　14. D　　15. B

16. D　　17. D　　18. B　　19. D　　20. C

二、简答题

略

第7章　程序设计基础

7.1　算　　法

7.1.1　算法概述

算法的英文名是 algorithm，9 世纪的波斯数学家花拉子米首先提出了算法这个概念。算法原为 algorism，即 Al-Khwarizmi 的音译，意思是"花拉子米"的运算规则，在 18 世纪演变为"algorithm"。

算法，从字面上看，就是计算的方法。然而，现代计算机除可以计算外，还能帮助人类完成很多复杂的工作，如查找、排序、绘图、机械控制等。因此，算法的概念广义地讲应为计算机解决问题的方法，实际就是解决问题的步骤。算法的基本特征如下。

1）输入：一个算法必须有零个或零个以上的输入量。

2）输出：一个算法应有一个或一个以上的输出量，输出量是算法计算的结果。

3）明确性：算法的描述必须无歧义，以保证算法的实际执行结果精确地符合要求或期望，通常要求实际运行结果是确定的。

4）有限性：依据图灵的定义，一个算法是能够被任何图灵系统完全模拟的一串运算，而图灵机只有有限个状态、有限个输入符号和有限个转移函数（指令）。一些定义更规定算法必须在有限个步骤内完成任务。

5）有效性：又称为可行性。算法中描述的操作都是可以通过已经实现的基本运算执行有限次来实现的。

一般认为，算法应当具备上述 5 个特征，算法的核心是创建问题抽象的模型和明确求解目标，之后可以根据具体的问题选择不同的模式和方法完成算法的设计。

算法不等于程序，因为程序不具备上述第 4 个特征，陷入"死循环"的程序也是程序，但不是算法，因为"死循环"不能在有限步骤内结束。

算法可以用自然语言、程序流程图、伪码等形式表示出来。伪码是一种介于自然语言和计算机语言之间的一种语言，没有严格的语法要求，便于描述解决问题的步骤，同时便于向计算机语言过渡。例如，求 3 个数中最大值算法，可以用伪码表示如下。

> 将 a 存入 max
> 如果 b>max，则将 b 存入 max
> 如果 c>max，则将 c 存入 max
> 输出 max 的值

一旦算法确定，就可以用任何一种计算机语言（如 C 语言、Java 语言、Python 语言等）编写出对应的程序，再由计算机执行完成功能。算法与相应的程序是对应的，按照一个算法可以写出相应的程序，而一个程序的思路也可用算法描述出来。但人们在讨论解决问题的方法时，更倾向于用"算法"讨论，而不是介于某种计算机语言所编写的程序。因为这样可以更关注描述解决问题的步骤，而不必在此过程中受某种语言语法规则的束缚。

一般算法由两部分组成，一是对数据对象的运算和操作，包括算术运算、逻辑运算、关系运算及数据传输等；二是算法的控制结构，即算法中各操作之间的执行顺序，一般由顺序结构、选择结构、循环结构 3 种基本结构组合而成。

7.1.2 算法复杂度

如何衡量算法的优劣呢？自然，越不复杂的算法越优，因而人们引入算法复杂度的概念。算法复杂度包括时间复杂度和空间复杂度，即从时间、空间两个角度衡量。

为了能够比较客观地反映一个算法的效率，在度量算法的工作量时，不仅应与所用的计算机、程序设计语言及编程人员无关，还应与算法实现中的细节无关。为此，算法时间复杂度是指执行算法所需要的计算工作量，或算法执行过程中所需要的基本运算次数；与对应的程序长短、语句多少没有关系，更不是算法程序具体运行了几分几秒。

时间复杂度与问题的规模有关，如 100 个数据相加就比 10 个数据相加的基本运算次数多。也与数据或输入有关，如在顺序查找中，如果输入的被查数据恰好是第 1 个元素，则只需要比较一次就可以找到；如果要查找的数据恰好是最后 1 个元素，则所有数据全部都要比较一遍，n 个数据就要比较 n 次。

算法的时间复杂度一般用"$O(n$ 的函数$)$"的形式表示，n 为问题的规模。例如，$O(n)$、$O(n^2)$、$O(\log_2 n)$等，它表示的是当问题的规模 n 充分大时，该算法要进行基本运算次数的一个数量级。

空间复杂度是指执行这个算法需要的存储空间，包括算法程序所占的空间、输入的初始数据所占的空间及算法执行过程中所需的额外空间（与输出无关）。若额外空间量相对于问题规模是常数（额外空间量固定），则称该算法是原地工作。空间复杂度一般也用"$O(n$ 的函数$)$"的形式表示。在许多实际问题中，常采用压缩存储技术，以减少算法所占的存储空间。

7.2 常见的数据结构

在实际问题中，要处理的数据往往会很多。这些数据都要被存放到计算机中。众多的数据在计算机中如何存储，才能把它们有效地组织起来，便于以后的增、删、改、查等操作，并占用较少的存储空间。这就是数据结构要解决的问题。数据结构大体上说就是数据在计算机中如何表示、存储、管理，各数据元素之间具有怎样的关系、怎样相互运算等。研究数据结构，一般要研究数据结构的逻辑结构和存储结构两个方面。数据的逻辑结构是各数据元素之间固有的前后关系（与存储位置无关）。数据的存储结构也称物理结构，是指数据在计算机中存储的方式，或称为数据的逻辑结构在计算机中的表示、逻辑结构在计算机中的存储方式，是面向计算机的。

数据结构，顾名思义就是"数据+结构"。因此，一个数据结构应包含两个方面：一是"数据"，就是数据元素的集合，说明本问题中有哪些数据元素，用 D 表示；二是"结构"，就是这些数据元素之间的前后关系，用 R 表示。R 是一个集合，其中包含每种前后关系。两个元素的前后关系常用二元组表示，如"(a,b)"表示 a 是 b 的直接前驱，b 是 a 的直接后继。例如，一年四季的数据元素集合是 $D=\{$春,夏,秋,冬$\}$，数据元素之间的前后关系的集合是 $R=\{($春,夏$),($夏,秋$),($秋,冬$)\}$。

常见的数据结构包括线性结构（数组、链表、堆栈、队列）和非线性结构（树、二叉树、图）。其中，线性表中除开始和末尾元素外，每个数据元素只有一个直接前驱，一个直接后继。非线性表树和二叉树中除开始和末尾元素外，每个数据元素只有一个直接前驱，但有多个直接后继；图是除开始和末尾元素外，每个数据元素可有多个直接前驱，也可有多个直接后继。

7.2.1　线性结构

1. 数组

如图 7-1 所示的数组 a，它的空间类似于邮政编码的小方格，用连续的存储空间依次存放每个数据元素。每个数据元素占用连续空间中的一个空间，各空间的大小（所占字节数）相同。数据与数

	$a[0]$	$a[1]$	$a[2]$	$a[3]$	$a[4]$
a	11	32	33	22	18

图 7-1　数组 a

据之间是一个挨着一个的。中间不能有空白间隔。显然，数组各数据元素之间的相对位置是线性的，只有一个开始元素和一个末尾元素，除这两个元素外，其他数据元素都有一个直接前驱和一个直接后继，因而数组是线性结构。其中，a 是数组的名称，各数组元素通过卜标区分：$a[0]$、$a[1]$、$a[2]$、$\cdots$。下标从 0 开始，用米决定其逻辑结构。在逻辑关系上，$a[0]$ 是 $a[1]$ 的直接前驱，$a[1]$ 是 $a[0]$ 的直接后继。而 $a[0]$、$a[1]$、$a[2]$、$\cdots$ 这些数据结点所处的位置是数组的物理结构。显然，数组中，逻辑关系相邻的数据结点，存储的物理位置也是相邻的。数组的特点是：①数组中所有元素所占的存储空间是连续的；②数组中各元素在存储空间中是按逻辑顺序依次存放的，即数组的逻辑顺序与物理存储顺序是一样的。

数组元素连续存储的特点，会给元素的插入和删除带来较大的麻烦。例如，要在数组的第 i 个位置处插入一个新元素，需要把第 i 个元素及其之后的所有元素顺次向后移动一个位置，腾出第 i 个位置的空间，再将新元素放在第 i 个位置上；最坏情况下要在第 0 个位置插入新元素，如果数组原来有 n 个元素，则全部元素都要向后移动一个位置，需要移动 n 次。同理，要删除第 i 个位置上的元素，也需要把第 i 个元素以后的所有元素（不包括第 i 个元素）都依次向前移动一个位置（原来第 i 个位置的元素被覆盖掉了）；最坏情况下需要移动 $n-1$ 次。

2. 链表

数据域	指针域

图 7-2　链表中的结点

在链表中，一个数据元素的结点由两部分组成：①用于存放数据值的部分，称为数据域；②用于存放指针（地址）的部分，称为指针域，如图 7-2 所示。指针指向前一个或后一个结点。

如图 7-3 所示的链表，该链表中共有 5 个结点（head 用于找到第一个结点，称为头结点，它不保存数据，不属于链表中的结点，无论链表是否为空，头结点都会存在，以方便程序的处理）。各结点左下角的数字表示该结点的地址。在第一个结点的指针域内存入第二个结点的地址，在第二个结点的指针域中存入第三个结点的地址……如此串联下去，直到最后一个结点无后续结点，其指针域为 0。

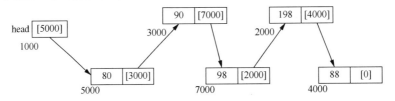

图 7-3　链表

由于链表中的每一个结点都记录下一个结点的地址，从一个结点就可以找到下一个结点，而下一个结点又记录再下一个结点的地址，因而又能找到再下一个结点……这样一个一个地找下去，就能得到链表中的所有数据了。然而，查找时必须从第一个结点出发，才能找到全部结点，如果从中间某个结点出发查找下去，那么它之前的结点就访问不到了。

链表中保存下一个结点地址的结点就是下一个结点的直接前驱结点，被保存地址的结点就是该结点的直接后继，这种结点之间的关系是链表的逻辑结构。由于每个结点都只保存一个结点的地址，所以每个结点都只有一个"下一个结点"，反过来说，每个结点的地址都只被一个结点保存着，即每个结点的"上一个结点"也只有一个，所以链表也是线性结构。

链表各结点的空间可以是动态分配的，即需要空间时，哪里有空间，数据就将位于哪里。这类似于学生听讲座时的"随便就座"，哪里有座位就坐到哪里，与学号无关（学号的顺序为逻辑结构，所坐到的具体位置是存储结构）。链表的结点也不一定连续存储，前驱结点的空间也可能在后续结点的后面。例如，结点 80 链接到结点 90，80 在 90 之前，这是逻辑结构。然而，结点 80 的地址是 5000，而结点 90 的地址是 3000，结点 80 的地址反而在结点 90 之后，这是物理（存储）结构，与逻辑上的前后关系不同。因此，链表的特点是：链表中，数据元素之间的逻辑关系是由指针域决定的。结点之间逻辑上的前后关系，不决定所位于位置的前后关系；各元素的存储空间可以不连续，各元素的存储顺序与元素之间的逻辑关系可以不一致。链表的逻辑顺序不等于物理存储顺序。

以上介绍的链表是单向链表，在实际应用中，为了能从任意一个结点出发都能遍历到整个链表，访问所有结点，可采用循环链表，如图 7-4 所示。为了能够很方便地从一

个结点访问该结点的前驱结点，可以采用双向链表，如图 7-5 所示。双向链表中的每个
结点有两个指针域：左指针域指向它的前一个结点，右指针域指向它的后一个结点，如
图 7-6 所示。

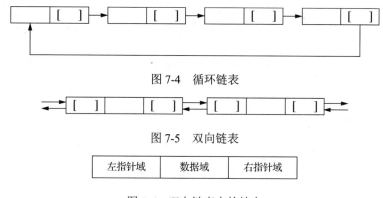

图 7-4　循环链表

图 7-5　双向链表

左指针域	数据域	右指针域

图 7-6　双向链表中的结点

3. 栈

栈也称为堆栈，它是一种特殊的线性表。栈有两端，即顶端和底端，顶端称为栈顶
（top），底端称为栈底（bottom）。在这种特殊的线性表中，其插入与删除运算都只能在
线性表的一端进行，即在这种线性表的结构中，一端是封闭的，不允许插入与删除元素；
另一端是开口的，允许插入与删除数据元素。在顺序存储结构下，对这种类型线性表的
插入与删除运算不需要移动表中的其他数据元素。表中没有元素时称为空栈。

在栈中，允许插入与删除的一端称为栈顶，而不允许插入与删除的一端称为栈底。
栈顶元素总是最后被插入的元素，从而也是最先被删除的元素；
栈底元素总是最先被插入的元素，从而也是最后才能被删除的
元素。栈是按照"先进后出"（first in last out，FILO）或"后进
先出"（last in first out，LIFO）的原则组织数据的，因此，栈也
被称为"先进后出"表或"后进先出"表。

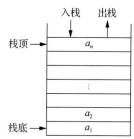

往栈中插入一个元素称为入栈运算，从栈中删除一个元素
（即删除栈顶元素）称为出栈运算或退栈运算。栈顶指针 top 动
态反映了栈中元素的变化情况。栈的示意图如图 7-7 所示。

图 7-7　栈的示意图

栈这种数据结构在日常生活中也是常见的。栈的直观形象
可以比喻为一摞放在桶中的盘子，要从中取出一个或放入一个
盘子只有在顶部操作才是最方便的。

与一般的线性表一样，在程序设计语言中，用一维数组 $S(1{:}m)$作为栈的顺序存储空
间，其中 m 为栈的最大容量。通常，栈底指针指向栈空间的低地址一端（即数组的起始
地址这一端）。如图 7-8（a）所示是容量为 10 的栈顺序存储空间，栈中已有 8 个元素，
图 7-8（b）与图 7-8（c）分别为入栈与出栈后的状态。

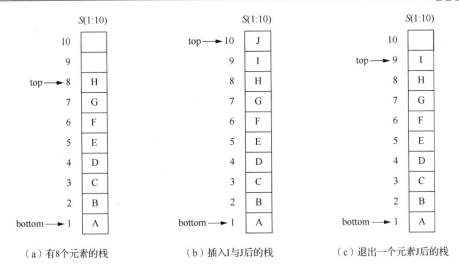

（a）有8个元素的栈　　　　　（b）插入I与J后的栈　　　　　（c）退出一个元素J后的栈

图 7-8　入栈与出栈运算

在栈的顺序存储空间 $S(1:m)$ 中，$S(1:bottom)$ 通常为栈底元素（在栈非空的情况下），$S(1:top)$ 为栈顶元素。top=0 表示栈空，top=m 表示栈满。

栈的基本运算有 3 种：入栈、退栈和取栈顶元素。下面分别介绍在顺序存储结构下栈的这 3 种运算。

1）入栈。入栈运算是指在栈顶位置插入一个新元素。首先将栈顶指针进一（即 top 加 1），然后将新元素插入栈顶指针指向的位置。当栈顶指针已经指向存储空间的最后一个位置时，说明栈空间已满，不可能再进行入栈操作。这种情况称为栈"上溢"。

2）出栈。出栈运算是指去除栈顶元素并赋给一个指定的变量。首先将栈顶元素（栈顶指针指向的元素）赋给一个指定的变量，然后将栈顶指针退一（即 top 减 1）。当栈顶指针为 0 时，说明栈空，不可能进行出栈操作。这种情况称为栈"下溢"。

3）取栈顶元素。取栈顶元素是指将栈顶元素赋给一个指定的变量。必须注意，这个运算并不是删除栈顶元素，只是将它的值赋给一个变量，因此，在这个运算中，栈顶指针不会改变，当栈顶指针为 0 时，说明栈空，取不到栈顶元素。

例如，对于一个栈，若输入序列为 a、b、c，其输出序列有如下几种情况。

1）a 进、a 出、b 进、b 出、c 进、c 出，产生输出序列 abc。

2）a 进、a 出、b 进、c 进、c 出、b 出，产生输出序列 acb。

3）a 进、b 进、b 出、a 出、c 进、c 出，产生输出序列 bac。

4）a 进、b 进、b 出、c 进、c 出、a 出，产生输出序列 bca。

5）a 进、b 进、c 进、c 出、b 出、a 出，产生输出序列 cba。

4．队列

堆栈的特点是先进后出或后进先出，但在实际生活中，"按序排队""先来后到"才是行为的规范。在计算机中，有没有"先来后到"的数据结构呢？有的，这就是队列。数据结构中的队列就是先进先出（first in first out，FIFO）或后进后出（last in last out，

LILO）的线性表。

数据结构中的队列也有两端：队头和队尾。按照先来后到的规则，显然新数据应该在队尾插入（数据结构中的"插入"是添加新数据的意思），也称为入队；删除数据在队头进行，也称为出队。只能访问和删除队头元素，中间元素和队尾元素都不能被随意访问。只有队头元素被删除后，后面的数据成为新的队头，才能被访问。显然，队列是只允许在一端插入，而在另一端删除的线性表。允许插入的一端是队尾，允许删除的一端是队头。在队列中，队尾指针 rear 与队头指针 front 共同反映了队列中元素动态变化的情况，如图 7-9 所示是具有 6 个元素的队列。

图 7-9　具有 6 个元素的队列

队列的逻辑结构也是线性表结构，队列可以采用数组存储（称为顺序存储），也可以采用链表存储（称为链式存储）。使用链表存储时，又称为带链的队列。下面介绍顺序存储：使用一个数组 $S(1:M-1)$ 存储队列的各数据元素；队列能容纳的最多元素个数为 M，一般设置为足够大。再设置两个整数变量 rear 和 front，rear 表示目前队尾元素的数组元素下标，front 表示目前队头元素的前一个元素的数组下标（不是队头元素）。初始状态时，队列中没有元素，rear 和 front 都为-1，如图 7-10 所示，当有新数据入队（插入）或队列中有数据出队（删除）时，rear 和 front 分别跟随变化。

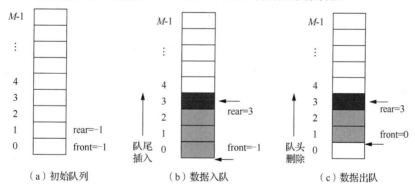

图 7-10　使用数组存储队列及其操作变化

然而，这种方式有一个问题：不断有新数据在队尾加进来，同时又有数据从队头出队离开。队头元素离开后，已用的数组空间不能被再次利用就浪费了；而队尾又在不断延伸，不断需要新空间，过不了多久 M 个空间就会全部用完。那么能否回收队头已用过的空间呢？人们常采用循环队列（环状队列）的方式，当新数据在队尾用完下标为 $M-1$ 的空间后，还允许返回来使用下标为 0 的空间（如果原来下标为 0 的空间数据已经离队）。

7.2.2 非线性结构

1. 树的基本概念

数据结构中的树类似于把生活中的树倒置（树根朝上，叶子在最下面），如图 7-11 所示。在磁盘根目录下建立文件夹，在一个文件夹下再建立多个子文件夹，一个子文件夹下还可以再建立子文件夹，这就是一种"树"的结构。树是非线性结构，其所有元素之间具有明显的层次特性。像对生活中的树的称呼一样，对数据结构中树的结点也可以分别称为根结点、分支结点（非终端结点）、叶子结点（终端结点），需要注意的是根在上、叶子在下。

除根结点和叶子结点外，每个结点的前驱只有一个，而后继有多个，这类似于一个文件夹的上一级文件夹只有一个，而在它下面可以建立多个子文件夹。树的根结点是唯

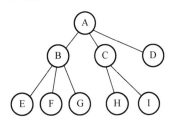

图 7-11　树和树中的结点

一没有前驱的结点，叶子结点都是没有后继的结点。也可以把树想象成一个家族的"家谱"，上面是祖先，下面为子孙，下一层就是下一代子孙，这样，每个结点的唯一前驱结点也称为这个结点的父结点，多个后继结点也称为这个结点的子结点（孩子结点），父结点相同的各结点互称兄弟结点。如图 7-11 所示，A 是树的根结点，D、E、F、G、H、I 是叶子结点，B 是 E、F、G 的父结点，E、F、G 是 B 的子结点，E、F、G 互为兄弟结点。

一个结点拥有的子结点个数称为该结点的度（分支度），也就是它的孩子数。所有结点中最大的度称为树的度。树的最大层称为树的深度。图 7-11 中，结点 C 的度是 2，结点 A 的度是 3，结点 D 的度是 0，结点 E 的度是 0，树的度为 3，树的深度为 3。

对于任意的树，除根结点外，每个结点都被挂在一个分支上，因此，树中的结点数=所有结点的度数+1。

例如，已知一棵树的度为 3，其中度为 2、1、0 的结点数分别是 3、1、6，则该树中度为 3 的结点数为多少？

从树的度为 3 可知，该树的最大分支为 3，即只有度为 0、1、2、3 这 4 种情况的结点。设度为 3 的结点有 x 个，则所有结点的度数表示为 $2×3+1×1+0×6+3x$。根据"树中的结点数=所有结点的度数+1"列方程得 $2×3+1×1+0×6+3x=3+1+6+x$，解的方程 $x=1$。

根结点和叶子结点的概念也可以被延伸到线性结构。通常称没有前驱结点的结点为根结点，没有后继结点的结点为叶子结点。如果中间有的关系有间断（出现多个根结点），或构成回路（无根结点），就不是线性结构了。因此也可以说线性结构是只有一个根结点，且元素为一对一关系的结构。

树为非线性结构，具有一个根结点，而无论具有几个叶子结点，都不能改变树是非线性结构的事实。例如，具有一个根、一个叶子的树，也是非线性结构，只要它是树，它就是非线性结构。

2．二叉树及其基本性质

二叉树是树的一种特殊情况，每个结点至多有两个分支（也可以有一个分支或没有分支），在二叉树中只有 3 类结点：其分支度分别是 0、1、2（其中分支度为 1 的结点包括向左分支的结点和向右分支的结点，都算作分支度为 1 的一类中），如图 7-12 所示。根结点的左边部分称为左子树，右边部分称为右子树，左右子树不能互换。

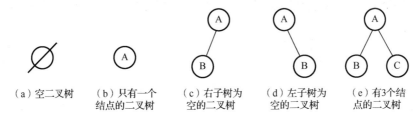

| （a）空二叉树 | （b）只有一个结点的二叉树 | （c）右子树为空的二叉树 | （d）左子树为空的二叉树 | （e）有3个结点的二叉树 |

图 7-12　二叉树的 5 种基本形态

二叉树的基本性质如下。

1）在二叉树的第 k 层上，最多有 2^{k-1}（$k \geqslant 1$）个结点。

2）深度为 k 的二叉树最多有 2^k-1 个结点。其中，深度为 k 的二叉树是指二叉树共有 k 层。

3）在任意一棵二叉树中，度为 0 的结点个数（即叶子结点数 n_0）总是比度为 2 的结点个数（n_2）多一个，即 $n_0=n_2+1$。

4）具有 n 个结点的二叉树，其深度至少为 $[\log_2 n]+1$，其中 $[\log_2 n]$ 表示取 $\log_2 n$ 的整数部分。

每一层上的所有结点数都达到最大的二叉树称为满二叉树；除最后一层外，每一层上的结点都达到最大，只允许最后一层上缺少右边的若干结点的二叉树称为完全二叉树，如图 7-13 所示，即完全二叉树的叶子结点只可能出现在最后一层或倒数第 2 层。显然，满二叉树也是完全二叉树，但完全二叉树不一定是满二叉树。在满二叉树中不存在度为 1 的结点；在完全二叉树中，度为 1 的结点有 0 个或有 1 个。

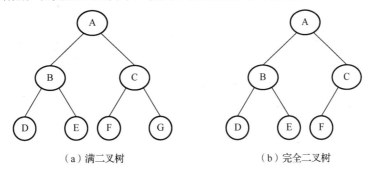

| （a）满二叉树 | （b）完全二叉树 |

图 7-13　满二叉树与完全二叉树

3. 二叉树的存储方式

（1）顺序存储方式

对于完全二叉树，可按层次顺序对各结点进行编号，然后顺序地存储在一个一维数组中，由于完全二叉树的特殊性，这种存储方式不仅存储了各个结点中的信息，通过结点的物理位置还隐含地存储了结点之间的逻辑关系。如图 7-14（a）所示的完全二叉树，其顺序存储结构如图 7-14（b）所示。

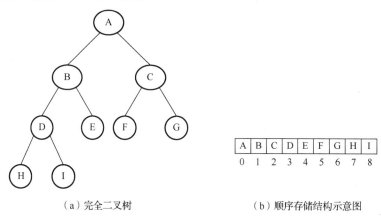

（a）完全二叉树　　　　　　　　　　　　　　（b）顺序存储结构示意图

图 7-14　完全二叉树的顺序存储

对于一般的二叉树，在进行顺序存储之前，先把它改造成一棵虚拟的完全二叉树，即在保持二叉树的深度和已有结点的结构不变的前提下，通过添加尽可能少的虚拟结点，将它改造成一棵虚拟的完全二叉树，然后按上述顺序存储方式存储，如图 7-15所示。

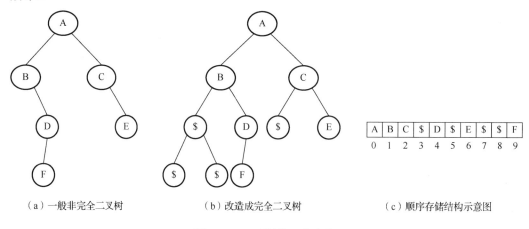

（a）一般非完全二叉树　　　　　（b）改造成完全二叉树　　　　　（c）顺序存储结构示意图

图 7-15　二叉树的顺序存储

对于完全二叉树和满二叉树，按层次进行顺序存储，既节省了存储空间，又能方便地确定每一个结点的父结点与左、右子结点的位置。但对于一般的二叉树，则可能会浪费较多的存储空间，所以二叉树的顺序存储方式对于一般的二叉树不适用。

（2）二叉树的链式存储方式

在计算机中，二叉树通常采用链式存储结构。存储二叉树的存储结点时采用两个指
针域：一个用于指向该结点的左子结点的存储地址，称
为左指针域；另一个用于指向该结点的右子结点的存储
地址，称为右指针域，如图 7-16 所示。

	Lchild	Value	Rchild
i	L(i)	V(i)	R(i)

图 7-16　二叉树存储结点的示意图

其中，L(i) 为结点 i 的左指针域，即结点 i 的左子结
点的存储地址；R(i) 为结点 i 的右指针域，即结点 i 的右
子结点的存储地址；V(i) 为数据域。由于二叉树的存储结构中每一个存储结点有两个指
针域，因此，二叉树的链式存储结构也称为二叉链表。

4. 二叉树的遍历

二叉树的遍历，就是对二叉树中的各个结点不重不漏地依次访问一遍，使每个结点
仅仅被访问一次。如图 7-17 所示的二叉树，可以按层次从上到下依次访问 ABCDEFGHI，
这就是一种遍历；当然，也可以从下到上依次访问 IHGFEDCBA，这又是一种遍历。显
然，遍历方式不同，遍历序列就不同。按层遍历是最简单的遍历方式。此外，二叉树还
有许多其他的遍历方式，比较重要的有以下 3 种。

1）前序遍历：首先访问根结点，然后遍历左子树，最后遍历右子树。

2）中序遍历：首先遍历左子树，然后访问根结点，最后遍历右子树。

3）后序遍历：首先遍历左子树，然后遍历右子树，最后访问根结点。

上述遍历名称中的"前""中""后"实际代表的是遍历时"根结点"在前、中、后。
前序是先访问根结点，中序是中间访问根结点，后序是最后访问根结点。而左、右均是
"从左到右"。如图 7-18 所示的二叉树，其前序遍历序列是 ABC（根、左、右），中序遍
历序列是 BAC（左、根、右），后序遍历的序列是 BCA（左、右、根）。

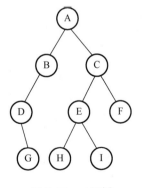

图 7-17　二叉树

图 7-18　3 个结点的二叉树

那么，对于图 7-17 所示的二叉树，左、右子树不是一个结点，该如何遍历呢？在
遍历到其左、右子树时，需要将左、右子树单独提出，将提出后的部分单独考虑则又是
一棵二叉树，即左子树、右子树。单独考虑子树这棵二叉树，将子树这棵二叉树按同样
的方式遍历。如果子树的左、右还不是一个结点，再将子树的左、右子树单独提出遍历，

直到左、右都仅剩一个结点为止。例如，对于图 7-17 所示的二叉树，其前序遍历序列为 ABDGCEHIF，中序遍历序列为 DGBAHEICF，后序遍历序列为 GDBHIEFCA。在中序（后序）遍历时，提出子树和代回子树结果到上一层的方式与求前序遍历序列的都相同，只不过任何一个层次的子树都要按照中序（后序）的方式遍历，即左、根、右（左、右、根）的顺序。总之，二叉树遍历的关键是按照"子树"思想，将问题逐一缩小，而每一个小问题又都是同样的"遍历"问题。

例如，已知一棵二叉树的前序遍历序列为 ABDGCFK，中序遍历序列为 DGBAFCK，求它的后序遍历序列。

由于前序遍历序列由 A 开头，所以二叉树的根结点必为 A。谁是 A 的左，谁是 A 的右呢？此时需要从中序遍历中找到 A，在中序遍历中位于 A 左边的结点都是左子树的结点，位于 A 右边的结点都是右子树的结点。由 DGBAFCK，得 D、G、B 为组成左子树的结点，F、C、K 为组成右子树的结点。

下面确定左子树，方法类似，只不过问题被缩小一层。左子树结点有 D、G、B，无论是前序序列，还是中序序列，都只能看 D、G、B 的那部分。先找左子树的根，在前序序列中找到 D、G、B 的部分是…BDG…，B 在 BDG 的开头，因此 B 是 D、G、B 的根，B 应该与 A 直接相连。再确定 B 的左、右：在中序中找到 D、G、B 的部分是 DGB…，D、G 均在 B 的左边，因此 D、G 都是 B 的左子树中的结点，B 没有右结点。

再确定下一层次，问题进一步缩小为 D、G。DG 在已知的前序序列中由 D 开头，故 D 是 D、G 的根，D 应该与 B 直接相连；在已知的中序序列中，G 在 D 后，G 是 D 的右结点。至此，原树左部分已画出，再确定右部分。它由 F、C、K 组成，在已知条件中，无论是前序序列，还是中序序列，都只看 F、C、K 的那一部分。前序序列为…CFK，C 是 F、C、K 的根，C 应该与 A 直接相连，在中序序列中 F、K 分别在 C 的一左一右，因此，F、K 分别是 C 的左、右结点。由此画出的二叉树如图 7-19 所示。

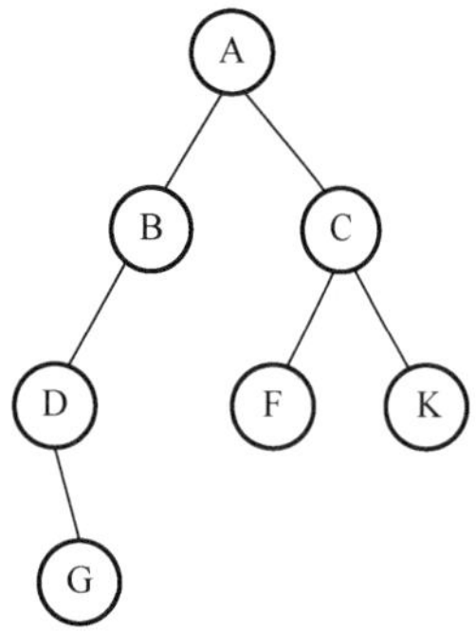

如果已知后序序列和中序序列，求前序序列，方法类似。只不过在后序序列中找根时要找后序序列的最后一个结点，而不是第一个结点。如果已知前序序列和后序序列，求中序序列，是无法画出二叉树的，此种问题无解。因此，这类问题必须已知中序序列，分析方法可归纳为，前序或后序找根，中序找左右；一层一层地画出二叉树。

若一棵二叉树的前序遍历序列和中序遍历序列相同，均为 ABCDE，按照同样的分析方法，从前序序列可知 A 为根，再从中序序列 ABCDE 中得到 BCDE 均为 A 的右分支，A 无左分支；B 又是 BCDE 的根，CDE 都为 B 的有分支，B 无左分支……其他各层分析与此类似，各层均无左分支，可画出二叉树，如图 7-20 所示。

若后序遍历序列和中序遍历序列相同，均为 ABCDE，则可分析得：E 为根，ABCD 均为 E 的左分支，E 无右分支；D 为 ABCD 的根，ABC 均为 D 的左分支，D 无右分支……各层均无右分支，可画出二叉树，如图 7-21 所示。

图 7-19 分析出的二叉树

图 7-20　前序遍历与中序遍历相同的二叉树　　　图 7-21　后序遍历与中序遍历相同的二叉树

因此，当二叉树遍历的前序序列与中序序列相同时，说明各结点（除最后一层的叶子结点）只有右分支没有左分支；若后序序列与中序序列相同，则说明各结点（除最后一层的叶子结点）只有左分支没有右分支，即两种情况均属于各结点（除最后一层的叶子结点）都为单分支结点的情况，那么二叉树有几个结点，就有几层。

对于非空二叉树，若在其所有结点中，其左分支上的所有结点均小于该结点值，而右分支上的所有结点值均大于等于该结点值，则称该二叉树为排序二叉树。例如，根结点为 3，一个左结点为 1，一个右结点为 5，就是一棵简单的排序二叉树。显然，排序二叉树的中序遍历序列为有序序列：1、3、5。

7.3 编 程 风 格

编写程序时，要遵守良好的程序设计风格，这是掌握编程语言语法规则的另一方面的问题。这方面问题讨论的是，如何编写程序，能够增强程序的可读性、稳定性；如何使程序便于维护和修改；如何减少编程工作量，提高工作效率。

程序设计绝不是一上来就上机编写代码，然后就完事大吉了。在编写代码之前和之后还有许多工作要做。完整的程序设计应包括下面的步骤：①确定数据结构；②确定算法；③编写代码；④上机调试，消除错误，使运行结果正确；⑤整理并撰写文档资料。在编写程序时，"清晰第一，效率第二"是当今主导的程序设计风格，即首先应保证程序的清晰易读，其次再考虑提高程序的执行速度、节约系统资源等。更明确一点地说就是为了保证程序的清晰易读，即使牺牲其执行速度和浪费系统资源，也在所不惜。

良好的编程习惯和风格有很多，如符号命名应见其名而知其意；应写必要的注释；一行只写一条语句；利用空格、空行、缩进等使程序层次结构清晰、可读性更强；变量定义时变量名按字母顺序排序；尽可能使用库函数；避免大量使用临时变量；避免使用复杂的条件嵌套语句；尽量减少使用"否定"条件的条件语句；尽量避免使用无条件跳转语句（goto 语句）；尽量做到模块功能单一化；输入数据越少越好，操作越简单越好；输入数据时，要给出明确的提示信息，并检验输入的数据是否合法；应适当输出程序运行的状态信息；应设计输出报表格式。

7.4 编 程 思 想

1. 结构化程序设计

对于一个实际问题，如何设计程序呢？就程序设计方法的发展而言，主要经历了两个阶段：结构化程序设计和面向对象程序设计（object oriented programming，OOP）。

结构化程序设计要求首先考虑全局总体目标，然后考虑细节。把总目标分解为小目标，再进一步分解为更小、更具体的目标，这里把每个小目标称为一个模块。例如，生产一辆汽车，就要首先了解汽车是由哪些零件组成的，然后将这些零件分别包给不同的厂商加工，最后再将这些零件组装成一辆汽车。这称为"自顶向下、逐步求精、模块化"的原则。

另外，结构化程序设计还有一个原则，就是应限制使用 goto 语句，不得在程序中滥用 goto 语句（但并非完全避免 goto 语句）。程序结构应由顺序结构、选择结构（分支结构）、循环结构 3 种基本结构组成，复杂的程序也仅能由这 3 种基本结构衔接、嵌套实现。

2. 面向对象程序设计

结构化编程的一个特点是把程序看成一系列的函数集合，指令直接下达给计算机去执行；而面向对象编程的思想是把程序看成一系列对象的集合，每一个对象都可以看成相对独立的小机器，它可以接收、处理数据并可以将数据（消息）传递给其他对象。软件工程的实践表明，面向对象程序设计使程序具有更好的灵活性和可维护性，并且在大型软件项目中得到了广泛的使用。

面向对象程序设计是一种抽象的程序开发方法，与结构化编程中函数的基本单元不同的是，在面向对象程序设计中对象是整个程序的基本单元。并且，在计算机当中将对象进行了抽象，将创建一类具有相同特征的对象的模板称为类，它将方法（执行代码）与数据（属性）封装在一起，同时模拟人类认识事物的特点，将继承、多态、封装思想引入进来，使其更加贴近人类认识事情的普遍规律，进一步提供了软件重用性、灵活性与可扩展性。

支持面向对象编程语言通常利用继承其他类以达到代码重用和功能扩展的目的。这里有以下两个主要的概念。

1）类：只是一个抽象的概念，它并不代表某一个具体的实务，在定义类时一般包括数据及对数据的操作。例如，"人类"是一个抽象的概念，它不指任何一个具体的人；而张三、李四、王五才是具体的人。"手机"也是一个抽象的概念，它既不能打电话，也不能接电话，只有具体落实到某一部看得见、摸得着、实实在在的手机，才能使用。尽管"类"不代表具体事物，但"类"代表了同种事物的共性信息，只要提及"手机"这个概念，人们头脑中都会想象出一部手机的样子。也可以将"类"看作一张设计图纸，它可用于制造具体的事物。例如，"汽车"类是一张设计图纸，它是不能跑起来的，但按照"汽车"这个类的图纸能制造出一辆辆具体的汽车。

2）对象：是类的实例。例如，"汽车"这个类会包含汽车的一切基础特征，它一般会有发动机、轮胎、颜色等，这些被称为属性（数据）；汽车一般也可以被开动、停车、加速等，这些被称为方法（动作）。下面这个例子说明了类与对象的定义特点。

类：汽车。

公共方法：启动()、停车()。

私有成员：颜色、发动机类型、轮胎数。

显然，上面定义的这个类并没有穷尽所有汽车的特性，但它也可以反映某一群人（应用系统）对汽车的看法。在程序世界中，可以使用上面的汽车类生成一个类的实例，那就是对象。

7.5　Python 程序设计

设计的算法要真正在计算机上运行，必须借助某种程序开发语言。在前面的章节中，大家已经知道，现代意义上的算法或软件开发，不太可能回到使用烦琐的机器语言或汇编语言编写，并且随着人工智能、区块链等信息新技术与传统行业逐步结合得越来越紧密，一些可以更好适应新特性的语言被发明出来。Python 便是一种目前比较容易学习，同时未来可能在各个行业取得极好应用的程序设计语言。

7.5.1　Python 简介

Python 由吉多范罗·苏姆于 1989 年年底发明，被广泛应用于处理系统管理任务和科学计算，是受欢迎的程序设计语言之一。自 2004 年以后，Python 的使用率呈线性增长，TIOBE 公布的 2020 年 11 月编程语言指数排行榜中，Python 超越 Java，排名处于第三位。根据 IEEE Spectrum 发布的研究报告显示，Python 已经成为世界上最受欢迎的语言。

Python 支持命令式编程、函数式编程，完全支持面向对象程序设计，语法简洁清晰，并且拥有大量的几乎支持所有领域应用开发的成熟扩展库。

Python 为用户提供了非常完善的基础代码库，覆盖了网络、文件、GUI、数据库、文本等大量内容，使用 Python 进行开发，许多功能不必从零编写，直接使用现成的即可。除内置的库外，Python 还有大量的第三方库，也就是别人开发的、大家可以直接使用的库。当然，也可以自己开发代码通过很好地封装，作为第三方库给别人使用。Python 就像胶水一样，可以把用多种不同语言编写的程序融合到一起实现无缝拼接，更好地发挥不同语言和工具的优势，满足不同应用领域的需求。所以，Python 程序看上去简单易懂，初学者学习 Python，不但入门容易，而且将来深入下去，也可以编写那些非常复杂的程序。

Python 同时支持伪编译，将 Python 源程序转换为字节码来优化程序和提高运行速度，可以在没有安装 Python 解释器和相关依赖包的平台上运行。

Python 语言的应用领域主要如下。

1）Web 开发：Python 语言支持网站开发，比较流行的开发框架有 Web2py、Django 等。许多大型网站就是使用 Python 进行开发的，如 YouTube、Instagram 等。很多大公司，如 Google、Yahoo 等都大量使用 Python。

2）网络编程：Python 语言提供了 Socket 模块，对 Socket 接口进行了两次封装，支持 Socket 接口的访问，还提供了 urllib、httplib、scrapy 等大量模块，用于对网页内容进行读取和处理，并可以结合多线程编程及其他有关模块快速开发网页爬虫之类的应用程序。

3）科学计算与数据可视化：Python 中用于科学计算与数据可视化的模块很多，如 NumPy、SciPy、Matplotlib、Traits、TVTK、Mayavi、VPython、OpenCV 等，涉及的应用领域包括数值计算、符号计算、二维图表、三维数据可视化、三维动画演示、图像处理及界面设计等。

4）数据库应用：Python 的数据库模块有很多，如可以通过内置的 sqlite3 模块访问 SQLite 数据库；使用 pywin32 模块访问 Access 数据库；使用 pymysql 模块访问 MySQL 数据库，使用 pywin32 和 pymssql 模块访问 SQL Server 数据库。

5）多媒体开发：PyMedia 模块可以对 WAV、MP3、AVI 等多媒体格式文件进行编码、解码和播放；PyOpenGL 模块封装了 OpenGL 应用程序编程接口，通过该模块可以在 Python 程序中继承二维或三维图形；PIL（Python imaging library，Python 图形库）为 Python 提供了强大的图像处理功能，并提供广泛的图像文件格式支持。

6）电子游戏应用：Pygame 就是用来开发电子游戏软件的 Python 模块，使用 Pygame 模块可以在 Python 程序中创建功能丰富的游戏和多媒体程序。

Python 有大量的第三方库，可以说需要什么应用就能找到什么 Python 库。

7.5.2 Python 环境的搭建

要编写运行 Python 程序，先要下载 Python 的编译工具。Python 3 最新源码、二进制文档、新闻资讯等，都可以在 Python 的官网（https://www.python.org/）上查看，并且 Python、HTML、PDF 和 PostScript 等格式的文档，可以在链接 https://www.python.org/doc 中下载。

Python 3 可应用于多平台，包括 Windows、Linux 和 Mac OS X。Windows 平台，在 https://www.python.org/downloads/windows/中下载相应版本的安装文件，其中，×86 代表 32 位机器，×96-64 代表 64 位机器。

具体的安装步骤及过程可以参考上面的链接及图文。一旦安装完成后，可以使用命令"Python3-V"进行检测，如果安装成功，则会弹出相应的版本信息。

PyCharm 是一种 Python IDE，带有一整套可以帮助用户在使用 Python 语言开发时提高开发效率的工具，如调试、语法高亮、Project 管理、代码跳转、智能提示、自动完成、单元测试、版本控制。此外，该 IDE 提供了一些高级功能，以支持 Django 框架下的专业 Web 开发。Windows 版本 PyCharm 的下载地址为 https://www.jetbrains.com/pycharm/download/#section=windows，进入该网站会看到如图 7-22 所示的界面。其中，Professional 表示专业版，Community 表示社区版，推荐安装社区版。

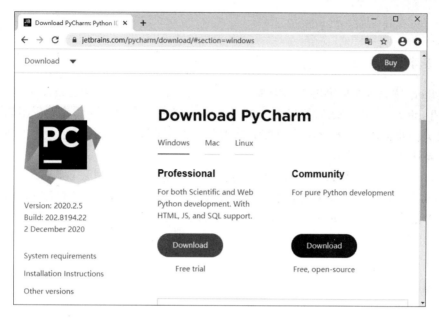

图 7-22 PyCharm 下载界面

下载完毕后，即可进行安装。在安装的过程中应选择安装路径，其余安装步骤均保持默认选项即可。

7.5.3 数据运算

1. 变量与常量

变量重在"变"字，量即计量、衡量，表示一种状态。在 Python 中，若要存储数据，需要用到变量。变量可以理解为去超市时使用的购物车，它的类型和值在赋值的那一刻被初始化。例如：

```
a=100       #a 就是一个变量,就好比一辆购物车,存储的数据是 100
b=18        #b 也是一个变量,存储的数据是 18
c=a+b       #把 a 和 b 两辆"购物车"数据进行累加,放在变量 c 中
```

注意：上述代码中，"#"右边的文字是说明性文字，不参与程序的执行，仅仅起到注释代码的作用。

变量的命名规则：数字、字母、下划线任意组合，数字不能放在开头，Python 的关键字不能作为变量名，变量名尽量有意义。变量表示某种意义，给变量命名时应尽量做到见名知意，如用户名，可以定义为 userName。

常量就是值永远不允许被改变的量。Python 中没有专门定义常量的方式，通常用大写变量名表示，仅仅是一种提示效果。其定义方式一般有驼峰方式和下划线方式两种，实例如下：

```
studentName='Python'
```

```
student_name='Python'
```

2. 基本数据类型

Python 中有 6 个标准的数据类型：数字（Number）、字符串（String）、列表（List）、元组（Tuple）、集合（Set）和字典（Dictionary）。其中，数字、字符串、元组为不可变数据类型；列表、集合和字典为可变数据类型。在这里只简单介绍数字数据类型，其他数据类型比较复杂，在此不做介绍。

Python 支持 int（整数类型）、float（浮点型）、bool（布尔类型）、complex（复数型）。在 Python 3 中，只有一种整数类型，表示为长整型，没有 Python 2 中的 long。整型数据的表示方法有 4 种，分别是十进制、二进制（以 "0B" 或 "0b" 开头）、八进制（以数字 "0" 开头）和十六进制（以 "0x" 或 "0X" 开头）。下面介绍整型类型的示例代码，具体如下：

```
a=0b1101
print(a)
print(type(a))
```

在上述代码中，第一行代码变量 a 的值是一个二进制的整数，第二行代码以十进制形式输出，第三行代码输出变量 a 的类型，最终运行结果如图 7-23 所示。

```
13
<class 'int'>

Process finished with exit code 0
```

图 7-23　运行结果 1

浮点数用于表示实数，如 3.1415926、9.98 等。浮点型字面值除可以使用十进制表示外，还可以用科学计数法表示，示例如下：

```
1.3e5      #浮点数为1.3*10^5
2.85E6     #浮点数为2.85*10^6
```

注意：每个浮点数占 8 字节，能表示的数的范围是 $-1.8^{308} \sim 1.8^{308}$。

布尔类型可以看作一种特殊的整型，布尔型数据只有两个取值：True 和 False，分别对应整型数据 1 和 0。

复数类型用于表示数学中的复数，如 1+2j、-5+4j 等。Python 中的复数类型是一般计算机语言中没有的数据类型，它有以下两个特点。

1）复数由实数部分和虚数部分构成，表示为 real+imagj 或 real+imagJ。

2）复数的实数部分 real 和虚数部分 imag 都是浮点数。

复数的示例代码如下：

```
a=5+6j
print(a)
```

```
print(a.real)
print(a.imag)
print(type(a))
print(type(a.real))
print(type(a.imag))
```

在上述代码中，第一行定义了一个变量 *a*，它的值是一个复数类型，第二行输出 *a* 的值，第三行输出 *a* 的实数部分的值，第四行输出 *a* 的虚数部分的值，第五行输出 *a* 的值的类型，第六行输出 *a* 的实数部分值的类型，第七行输出 *a* 的虚数部分值的类型。最终运行结果如图 7-24 所示。

```
(5+6j)
5.0
6.0
<class 'complex'>
<class 'float'>
<class 'float'>

Process finished with exit code 0
```

图 7-24　运行结果 2

3. 运算符

运算符是用于表示不同运算类型的符号，包括算术运算符、赋值运算符、关系运算符、逻辑运算符等，被运算的数据称为操作数。操作数与运算符一起组成表达式，如 8/*x*、*a*>=*b*、*a* or *b* 等。

（1）算术运算符

算术运算符用于简单的算术运算，是常用的运算符，如表 7-1 所示。

表 7-1　算术运算符

运算符	对应的运算	运算符	对应的运算
+	加法	/	除法
−	减法	//	取整除
*	乘法	%	取模，返回余数
**	幂运算		

【例 7-1】算术运算符的使用。

源程序代码：

```
a=int(input("请输入 a 的值"))        #从键盘输入一个整数赋值给 a
b=int(input("请输入 b 的值"))        #从键盘输入一个整数赋值给 b
print("a=",a)                       #输出 a 的值
print("b=",b)                       #输出 b 的值
print("a+b=",a+b)                   #加法运算
print("a-b=",a-b)                   #减法运算
```

```
print("a*b=",a*b)        #乘法运算
print("a/b=",a/b)        #除法运算
print("a%b=",a%b)        #取余运算
print("a**b=",a**b)      #幂运算
print("a//b=",a//b)      #取整运算
```

程序运行结果如图 7-25 所示。

```
请输入a的值10
请输入b的值5
a= 10
b= 5
a+b= 15
a-b= 5
a*b= 50
a/b= 2.0
a%b= 0
a**b= 100000
a//b= 2

Process finished with exit code 0
```

图 7-25　运行结果 3

（2）赋值运算符

Python 中提供了增强型赋值的方式，即可以直接将算术运算符和"="赋值运算符结合在一起使用，如表 7-2 所示。

表 7-2　赋值运算符

运算符	对应的运算	运算符	对应的运算
=	赋值	**=	幂运算赋值
+=	加法赋值、字符串连接	/=	除法赋值
-=	减法赋值	//=	取整除赋值
*=	乘法赋值	%=	取模赋值

【例 7-2】赋值运算符的使用。

源程序代码：

```
b=3        #将 3 赋值给 b 变量
c=10       #将 10 赋值给 c 变量
c+=b       #等价于 c=c+b
print("1--c 的值为：",c)
c-=b       #等价于 c=c-b
print("2--c 的值为：",c)
c*=b       #等价于 c=c*b
print("3--c 的值为：",c)
c/=b       #等价于 c=c/b
```

```
print("4--c 的值为: ",c)
c%=b     #等价于 c=c%b
print("5--c 的值为: ",c)
c**=b    #等价于 c=c**b
print("6--c 的值为: ",c)
c//=b    #等价于 c=c//b
print("7--c 的值为: ",c)
```

程序运行结果如图 7-26 所示。

```
1--c的值为: 13
2--c的值为: 10
3--c的值为: 30
4--c的值为: 10.0
5--c的值为: 1.0
6--c的值为: 1.0
7--c的值为: 0.0

Process finished with exit code 0
```

图 7-26　运行结果 4

（3）关系运算符

关系运算符又称比较运算符，用于比较两个表达式的值并返回布尔类型（True 或 False）的比较结果，如表 7-3 所示。

表 7-3　关系运算符

运算符	对应的运算	运算符	对应的运算
==	等于	>	大于
!=	不等于	<=	小于等于
<	小于	>=	大于等于

注意：关系运算 $a==b$ 与赋值运算 $a=b$ 有着本质的区别。$a==b$ 是比较 a 与 b 两个对象的值是否相同，返回的是布尔值 True 或 False，而 $a=b$ 是将 b 的值赋值给 a。

（4）逻辑运算符

逻辑运算符有 and（与）、or（或）、not（非），如表 7-4 所示。

表 7-4　逻辑运算符

运算符	对应的运算
and	逻辑与
or	逻辑或
not	逻辑非

1）and 运算符对应的两个布尔表达式执行逻辑与的操作。如果两个表达式的值都是

True，则 and 运算的结果为 True；如果一个表达式的值为 False，则 and 的运算结果为 False。例如：

```
x=120>110 and 50>40        #x=True
x=120>110 and 50<40        #x=False
```

2）or 运算符对两个布尔表达式执行逻辑或的操作。如果两个表达式中有一个表达式的值为 True，则 or 运算的结果为 True；如果两个表达式的值都为 False，则 or 运算的结果为 False。例如：

```
x=38<20 or 58<48           #x=False
x=38>20 or 58<48           #x=True
```

3）not 运算符对一个表达式执行逻辑取反的操作。也就是说，得到与表达式的值相反的结果。如果表达式的值为 True，则 not 运算的结果为 False；如果表达式的值为 False，则 not 运算的结果为 True。例如：

```
x=not 108>100              #x=False
x=not 108<100              #x=True
```

注意：Python 中逻辑运算符应为小写字母，且运算级别低于表达式，即先运算表达式再进行逻辑运算。

（5）成员操作符

成员操作符用来判断指定序列是否包含某个值，如果包含，则返回 True，否则返回 False，如表 7-5 所示。

表 7-5　成员操作符

操作符	描述
in	成员存在：判断一个元素是否存在某个数据结构内，存在返回 True，否则返回 False
not in	成员不存在：判断一个元素是否存在某个数据结构内，不存在返回 True，否则返回 False

例如：

```
x='python' in ['python','java','c++']          #x=True
x='python' not in ['python','java','c++']      #x=False
```

7.5.4　程序控制结构

程序控制结构是编程语言的核心基础，Python 的编程结构有 3 种：顺序结构、选择结构、循环结构，如图 7-27 所示。

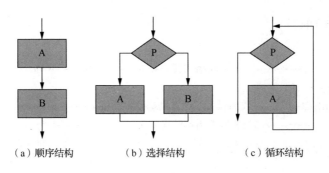

（a）顺序结构　　　（b）选择结构　　　（c）循环结构

图 7-27　程序控制结构

1．顺序结构

顺序结构程序的特点是依照次序从上到下将代码一个一个地执行，并返回相应的结果，这种结构较为简单，易于理解。

【例 7-3】简单的顺序结构应用。

源程序代码：

```
a=5          #将 5 赋值给变量 a
b=3          #将 3 赋值给变量 b
c=a+b        #将变量 a、b 的值相加赋值给变量 c
print(c)     #输出变量 c 的值
```

程序运行结果如图 7-28 所示。

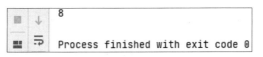

图 7-28　运行结果 5

2．选择结构

在学习 Python 基础语法和数据类型的过程中，已经接触过 Python 的程序代码了，它们都是从第一行向后一行一行地执行，也就是从头到尾顺序执行。然而，计算机程序不只要求顺序执行，有时为了实现更多逻辑，程序执行需要更多的流程控制。

（1）if 语句

if 语句是最简单的条件判断语句，它可以控制程序的执行流程，其语法格式如下：

```
if   判断条件：
     满足条件时要做的操作

     …
```

在上述语法格式中，当判断条件成立时，才可以执行下面的语句，判断条件不成立时，则不执行。其中，"判断条件"成立，指的是判断条件的结果为 True。

【例 7-4】if 语句的使用。

源程序代码：

```
score=78
print("----------if判断语句开始----------------")
if score>=60:
    print("-------我的《大学计算机基础》及格了---------")
print("----------if判断语句结束----------------")
```

程序运行结果如图 7-29 所示。

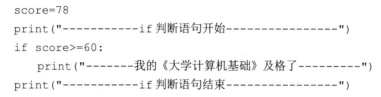

图 7-29　运行结果 6

【例 7-5】if 语句的使用。
源程序代码：

```
score=58
print("----------if判断语句开始----------------")
if score>=60:
    print("-------我的《大学计算机基础》及格了---------")
print("----------if判断语句结束----------------")
```

程序运行结果如图 7-30 所示。

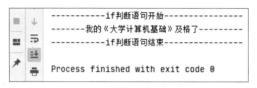

图 7-30　运行结果 7

从以上两个案例中可以发现，仅仅是 score 变量的值不一样，程序的输出结果就不同。由此可以看出 if 判断语句的作用为，当满足条件时才会执行指定代码，否则将不会执行。

（2）if-else 语句

使用 if 语句时，它只能实现满足条件时要做的操作。那么，如果条件不满足，需要做某些操作该怎么办呢？此时，可以使用 if-else 语句实现。if-else 语句的语法格式如下：

```
if 判断条件:
    满足条件时要执行的操作
    …
else:
    不满足条件时要执行的操作
    …
```

在上述语法格式中，只有判断条件成立时，才会执行满足条件时要执行的操作，否则，执行不满足条件要执行的操作。其中，"判断条件"成立，指的是判断条件的结果为 True；"判断条件"不成立，指的是判断条件结果为 False。

【例 7-6】if-else 的使用。

源程序代码：

```
score=78
if score>=60:
    print("-------happy，我的全国计算机等级二级 MS-Office 考过了--------")
else:
    print("----真郁闷，我的全国计算机等级二级 MS-Office 就差一点就过了----")
```

执行结果如图 7-31 所示。

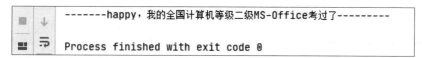

```
-------happy，我的全国计算机等级二级MS-Office考过了---------

Process finished with exit code 0
```

图 7-31　执行结果 8

（3）if-elif 语句

如果需要判断的情况大于两种，if 和 if-else 语句显然是无法完成判断的。这时，可以使用 if-elif 语句。利用该语句可以判断多种情况，其语法格式如下：

```
if 判断条件 1:
    满足条件 1 时要执行的操作
elif 判断条件 2:
    满足条件 2 时要执行的操作
elif 判断条件 3:
    满足条件 3 时要执行的操作
    ...
```

在上述语法格式中，if 必须和 elif 配合使用。上述语法格式的相关说明如下：

1）当满足判断条件 1 时，执行满足条件 1 时要做的操作，然后整个 if 语句结束。

2）如果不满足条件 1，那么判断是否满足条件 2，如果满足判断条件 2，则执行满足条件 2 时要做的操作，然后整个 if 语句结束。

3）当不满足判断条件 1 和判断条件 2 时，如果满足条件 3，则执行满足判断条件 3 时要做的操作，然后整个 if 语句结束。

【例 7-7】if-elif 语句的使用，当 score 成绩小于 60 分为不及格，大于等于 60 分小于 75 分为及格，大于等于 75 小于 90 分为良好，大于等于 90 分小于等于 100 分为优秀。

源程序代码：

```
score=95
if score>=0 and score<60:
```

```
        print("-------本次全国二级 MS-Office 成绩结果：不及格---------")
    elif score>=60 and score<75:
        print("-------本次全国二级 MS-Office 成绩结果：及格---------")
    elif score>=75 and score<90:
        print("-------本次全国二级 MS-Office 成绩结果：良好---------")
    elif score>=90 and score<=100:
        print("-------本次全国二级 MS-Office 成绩结果：优秀---------")
```

程序的运行结果如图 7-32 所示。

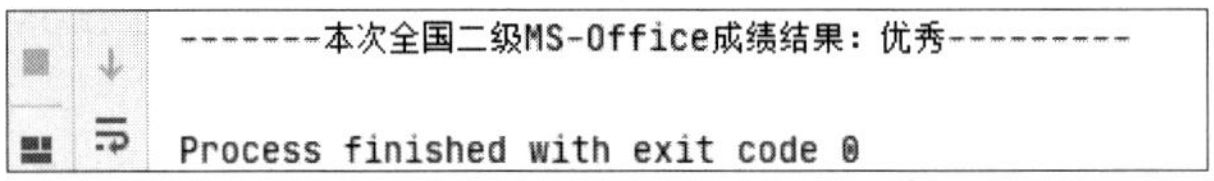

```
-------本次全国二级MS-Office成绩结果：优秀---------

Process finished with exit code 0
```

图 7-32　运行结果 9

（4）if-elif-else 语句

语法格式如下：

```
if 判断条件 1：
    满足条件 1 时要执行的操作
elif 判断条件 2：
    满足条件 2 时要执行的操作
elif 判断条件 3：
    满足条件 3 时要执行的操作
    …
else
    条件均不满足时要做的操作
```

【例 7-8】猜拳游戏。

源程序代码：

```
import random
player_input=input("请输入（0 剪刀、1 石头、 2 布：）")
player=int(player_input)
computer=random.randint(0,2)
if((player==0 and computer==2)or(player==1 and computer==0) or
(player==2 and computer==1)):
    print("计算机出的拳是%s,恭喜,你赢了"%computer)
elif((player==0 and computer==0)or(player==1 and computer==1) or
(player==2 and computer==2)):
    print("计算机出的拳是%s,打成平局"%computer)
else:
    print("计算机出的拳是%s,你输了,不要气馁,再接再厉"%computer)
```

由于计算机出的拳是随机的，因此，比赛结果可能出现 3 种情况，具体如图 7-33 所示。

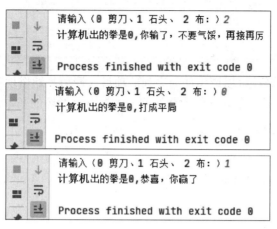

图 7-33 运行结果 10

3. 循环结构

在现实生活中，有很多循环的场景，如红绿灯交替变化是一个重复的过程。程序中，若想要重复执行某些操作，可以使用循环语句实现。Python 提供了两种循环语句，下面对这两种循环语句进行详细讲解。

（1）while 循环

while 循环的基本语法结构如下：

```
while 条件表达式：
    条件满足执行的循环语句
```

需要注意的是，在 while 循环中，同样需要注意冒号和缩进的使用。如果希望循环是无限的，可以通过设置条件表达式永远为 True 来实现。无限循环在处理服务器上客户端的实时请求时非常有用。下面通过一个案例来演示 while 循环。

【例 7-9】利用 while 循环计算 1～100 的和。

源程序代码：

```
i=1
sum_result=0
while i<=100:
    sum_result+=i
    i+=1
print(sum_result)
```

程序的运行结果如图 7-34 所示。

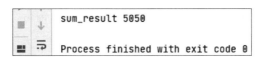

图 7-34　运行结果 11

（2）for 循环

Python 中的 for 循环可以遍历任何序列的项目（遍历：通俗地说，就是把这个循环中的第一个元素到最后一个元素依次都访问一遍）。for 循环的基本语法结构如下：

```
for 变量 in 序列:
    循环语句
```

【例 7-10】利用 for 循环将序列中的数据求和。

源程序代码：

```
sum_score=0
for score in [67,80,90,98,88]:
    sum_score=sum_score+score
print("sum_score=",sum_score)
```

程序的运行结果如图 7-35 所示。

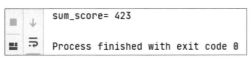

图 7-35　运行结果 12

考虑到人们在程序中使用的数值范围经常变化，Python 提供了一个内置 range 函数，它可以生产一个数字序列。range 函数在 for 循环中的基本格式如下：

```
for i in range(start,end)
    执行循环语句
```

程序在执行 for 循环时，循环计时器变量 i 被设置为 start，然后执行循环语句，i 依次被设置为从 start 开始、end 结束之间的所有值，每设置一个新值都会执行一次循环语句，当 i 等于 end 时，循环结束。示例代码如下：

```
for i in range(3):
    print(i)
print("--------------")
for i in range(5,7):          #start=5,end=7
    print(i)
print("-------------")
for i in range(0,10,3):       #start=0,end=10,每次增量为3
    print(i)
```

程序的运行结果如图 7-36 所示。

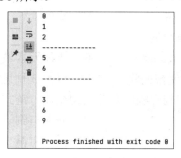

图 7-36　运行结果 13

习　　题

一、选择题

1. 算法的有穷性是指（　　）。
   A．算法程序的运行时间是有限的
   B．算法程序所处理的数据量是有限的
   C．算法程序的长度是有限的
   D．算法只能被有限的用户使用

2. 下列叙述中正确的是（　　）。
   A．算法就是程序
   B．设计算法时只需要考虑数据结构的设计
   C．设计算法时只需要考虑结果的可靠性
   D．以上 3 种说法都不对

3. 下列叙述中错误的是（　　）。
   A．算法的时间复杂度与问题规模无关
   B．算法的时间复杂度与计算机系统无关
   C．算法的时间复杂度与空间复杂度没有必然的联系
   D．算法的空间复杂度与算法运行输出结果的数据量无关

4. 下列叙述中正确的是（　　）。
   A．算法复杂度是指算法控制结构的复杂程度
   B．算法的时间复杂度是指算法执行的速度
   C．算法的时间复杂度是指算法执行所需要的时间
   D．算法的时间复杂度是指算法在执行过程中基本运算的次数

5. 设数据元素的集合 $D=\{1,2,3,4,5\}$，则满足下列关系 R 的数据结构中为线性结构的是（　　）。
   A．$R=\{(1,2),(3,4),(5,1)\}$　　　　B．$R=\{(1,3),(4,1),(3,2),(5,4)\}$
   C．$R=\{(1,2),(2,3),(4,5)\}$　　　　D．$R=\{(1,3),(2,4),(3,5)\}$

6. 支持子程序调用的数据结构是（   ）。

    A．栈　　　　　　B．树　　　　　　C．队列　　　　　D．二叉树

7. 下列关于栈叙述正确的是（   ）。

    A．栈顶元素最先能被删除　　　　B．栈顶元素最后才能被删除

    C．栈底元素永远不能被删除　　　　D．以上3种说法都不对

8. 线性表的链式存储结构与顺序存储结构相比，链式存储结构的优点是（   ）。

    A．节省存储空间　　　　　　　　B．插入与删除运算效率高

    C．便于查找　　　　　　　　　　D．排序时减少元素的比较次数

9. 设栈的顺序存储空间为 $S(1:50)$，初始状态为 top=0。现经过一系列入栈与退栈运算后，top=20，则当前栈中的元素个数为（   ）。

    A．30　　　　　　B．29　　　　　　C．20　　　　　　D．19

10. 设栈的顺序存储空间为 $S(1:m)$，初始状态为 top=m+1。现经过一系列入栈与退栈运算后，top=20，则当前栈中的元素个数为（   ）。

    A．30　　　　　　B．20　　　　　　C．m-19　　　　D．m-20

11. 下列与队列结构有关联的是（   ）。

    A．函数的递归调用　　　　　　　B．数组元素的引用

    C．多重循环的执行　　　　　　　D．先到先服务的作业调度

12. 设循环队列的存储空间为 $Q(1:m)$，初始状态为空。现经过一系列正常的入队与退队操作后，front=m，rear=m-1，此后从该循环队列中删除一个元素，则队列中的元素个数为（   ）。

    A．m-2　　　　　B．1　　　　　　C．m-1　　　　　D．0

13. 设循环队列的存储空间为 $Q(1:m)$，初始状态为 front=rear=m。现经过一系列的入队与退队运算后，front=rear=1，则该循环队列中的元素个数为（   ）。

    A．1　　　　　　B．2　　　　　　C．m-1　　　　　D．0 或 m

14. 设一棵度为3的树，其中度为2、1、0的结点数分别为3、1、6。该树中度为3的结点数为（   ）。

    A．1　　　　　　B．2　　　　　　C．3　　　　　　D．不可能有这样的树

15. 一棵二叉树中共有80个叶子结点与70个度为1的结点，则该二叉树中的总结点数为（   ）。

    A．219　　　　　B．229　　　　　C．230　　　　　D．231

16. 设二叉树共有150个结点，其中度为1的结点有10个，则该二叉树中的叶子结点数为（   ）。

    A．71　　　　　　　　　　　　　B．70

    C．69　　　　　　　　　　　　　D．不可能有这样的二叉树

17. 某二叉树的前序序列为ABCDEFG，中序序列为DCBAEFG，则该二叉树的后序序列为（   ）。

    A．EFGDCBA　　B．DCBEFGA　　C．BCDGFEA　　D．DCBGFEA

18. 下列选项中，会输出1、2、3这3个数的是（   ）。

A. for i in range(3):
   print(i)

B. for i in range(2):
   print(i+1)

C. aList=[0,1,2]
   for i in aList:
    print(i+1)

D. i=1
   while i<3
    print(i)
    i=i+1

19. 已知 $x=10$、$y=20$、$z=30$；以下语句执行后 x、y、z 的值是（　　）。

```
if x<y:
    z=x
    x=y
    y=z
```

  A. 10,20,30　　　B. 10,20,20　　　C. 20,10,10　　　D. 20,10,30

20. 取余运算表达式 $a=10\%3$ 的运算结果是（　　）。

  A. 3　　　　　B. 3.3　　　　　C. 1　　　　　D. 2

二、简答题

1. 举例说明结构化程序设计与面向对象程序设计思维方式的不同。

2. 对于数列 1、1、2、3、5、8、…，仔细观察这个数列的规律，编写 Python 程序，输出该数列从第 1 位到第 20 位的值。

3. 类与对象的区别是什么？

4. 深度为 h 的完全二叉树至少有多少个结点？最多有多少个结点？

5. 试分别画出具有 3 个结点的树和具有 3 个结点的二叉树的所有不同形态。

参 考 答 案

一、选择题

1. A　2. D　3. A　4. D　5. B
6. A　7. A　8. B　9. C　10. C
11. D　12. A　13. D　14. A　15. B
16. D　17. D　18. C　19. C　20. C

二、简答题

略

参 考 文 献

程勇，李婷婷，汪长岭，等，2018. 多媒体课件制作实用教程（基于 PowerPoint 平台）[M]. 2 版. 北京：清华大学出版社.

付兵，蒋世华，2019. Office 高级应用与 Python 综合案例教程[M]. 北京：科学出版社.

高万萍，王德俊，2019. 计算机应用基础教程（Windows 10，Office 2016）[M]. 北京：清华大学出版社.

何黎霞，刘波涛，2020. 大学计算机基础[M]. 北京：科学出版社.

刘文凤，2018. Windows 10 中文版从入门到精通[M]. 北京：北京日报出版社.

卢山，郑小玲，2018. Office 2016 办公软件应用案例教程[M]. 2 版. 北京：人民邮电出版社.

聂玉峰，邓娟，周凤丽，2020. 计算机应用基础[M]. 4 版. 北京：科学出版社.

张宁，2019. 玩转 Office 轻松过二级[M]. 北京：清华大学出版社.

周兵，2019. 大学计算机基础[M]. 北京：北京邮电大学出版社.